高等职业教育水利类新形态一体化教材

乡村振兴全科水利人才培养教材

水环境监测与评价

主　编　马焕春　汤　超　余从熙

副主编　陈　平　陈小林

中国水利水电出版社

www.waterpub.com.cn

·北京·

内 容 提 要

本书是全国水利水电类高职高专教材，按照项目化的工作内容进行设计。全书共有七个项目，内容紧密结合水环境监测与评价领域企业岗位高技能人才的实际需求，突出了教材的工程实用性和实践性。本书配套建设有演示文稿、微视频、习题解答等数字化教学资源，书中演示文稿和视频资源也可通过移动终端扫描二维码观看。

本书可作为环境保护专业应用型、技术技能型人才培养教学用书，也可作为环境保护领域的科技人员、管理人员及广大一线职工的培训教材及参考书。

图书在版编目（CIP）数据

水环境监测与评价 / 马焕春，汤超，余从熙主编. -- 北京：中国水利水电出版社，2021.6

高等职业教育水利类新形态一体化教材　乡村振兴全科水利人才培养教材

ISBN 978-7-5170-9407-4

Ⅰ. ①水… Ⅱ. ①马… ②汤… ③余… Ⅲ. ①水环境－环境监测－高等职业教育－教材②水环境－环境质量评价－高等职业教育－教材 Ⅳ. ①X832②X143

中国版本图书馆CIP数据核字(2021)第024185号

书　　名	高等职业教育水利类新形态一体化教材 乡村振兴全科水利人才培养教材 **水环境监测与评价** SHUIHUANJING JIANCE YU PINGJIA
作　　者	主　编　马焕春　汤　超　余从熙 副主编　陈　平　陈小林
出版发行	中国水利水电出版社 （北京市海淀区玉渊潭南路 1 号 D 座　100038） 网址：www.waterpub.com.cn E-mail：sales@waterpub.com.cn 电话：（010）68367658（营销中心）
经　　售	北京科水图书销售中心（零售） 电话：（010）88383994、63202643、68545874 全国各地新华书店和相关出版物销售网点
排　　版	中国水利水电出版社微机排版中心
印　　刷	清淞永业（天津）印刷有限公司
规　　格	184mm×260mm　16 开本　14.75 印张　359 千字
版　　次	2021 年 6 月第 1 版　2021 年 6 月第 1 次印刷
印　　数	0001—3000 册
定　　价	**52.00** 元

前言

教材是教学过程的重要载体，加强教材建设是深化职业教育教学改革的有效途径和推进人才培养模式改革的重要条件，数字化教材的建设就是依托现代的技术与手段，增强教材的可读性，提高知识的传播力。

本书是根据《教育部关于全面提高高等职业教育教学质量的若干意见》（教高〔2006〕16号）、《教育部关于推进高等职业教育改革创新引领职业教育科学发展的若干意见》（教职成〔2011〕12号）等文件精神，由重庆水利电力职业技术学院“水环境监测与评价”课程组组织编写的水利水电类高职高专教材。

本书以项目化的监测与评价工作为基点，以监测和评价工作过程为突破口，系统地介绍了生活饮用水水质监测、地表水环境监测、工业废水污染、水环境评价、建设项目环境影响评价等知识。

本书力求概念清晰，监测分析方法步骤清楚，理论上以适度够用为准，不苛求学科的系统性和完整性，力求结合专业培养技能，突出实用性，体现高等职业技术教育的特点，以学生为本，以培养学生应用能力为主线，以工作任务为载体，融“教、学、练、做”为一体。

参加本书编写的人员是重庆水利电力职业技术学院的马焕春、汤超、刘洁、秦娟和重庆市渝西水利电力勘测设计院有限公司的余从熙、陈平、陈小林。全书由马焕春、汤超、余从熙担任主编。

由于编者水平有限，不足之处在所难免，敬请各位读者批评指正。

编者

2020年6月

“行水云课”数字教材使用说明

“行水云课”水利职业教育服务平台是中国水利水电出版社立足水电、整合行业优质资源全力打造的“内容”+“平台”的一体化数字教学产品。平台包含高等教育、职业教育、职工教育、专题培训、行水讲堂五大版块，旨在提供一套与传统教学紧密衔接、可扩展、智能化的学习教育解决方案。

本套教材是整合传统纸质教材内容和富媒体数字资源的新型教材，将大量图片、音频、视频、3D动画等教学素材与纸质教材内容相结合，用以辅助教学。读者登录“行水云课”平台，进入教材页面后输入激活码激活，即可获得该数字教材的使用权限。可通过扫描纸质教材二维码查看与纸质内容相对应的知识点多媒体资源，完整数字教材及其配套数字资源可通过移动终端APP、“行水云课”微信公众号或中国水利水电出版社“行水云课”平台查看。

内页二维码具体标识如下：

- ◉为 PPT
- ▶为知识点视频

多媒体知识点索引

续表

续表

续表

续表

续表

续表

目录

项目一　认识水环境监测与评价

【知识目标】

了解环境监测的目的和分类；掌握环境监测过程；熟悉环境监测分析方法，并能够熟练使用常用的环境监测分析方法；了解我国的环境监测标准体系，熟悉常规监测指标；了解环境质量和环境质量评价以及环境影响和环境影响评价；掌握误差的表示方法，并且能够熟练地掌握误差、相对误差、绝对偏差、相对偏差、平均偏差、相对平均偏差、标准偏差、相对标准偏差和极差的计算；熟练掌握准确度和精密度的意义及表示方法；掌握可疑数据取舍的原则，并能够熟练应用狄克逊检验法和格鲁勃斯检验法对测量可疑数据进行计算分析以及取舍；了解测量结果统计检验方法，并能够熟练应用 t 检验法以及 F 检验法和 t 检验法的联合使用对测量结果进行监测检验分析；能够正确表述测量结果；掌握直线相关及回归的概念、意义，并能够将其熟练应用到水环境监测的数据分析及处理过程中。

【技能目标】

通过本项目的学习，能够进行误差、偏差和极差的计算，能够进行准确度和精密度的计算和检验，能够正确书写有效数字，并能够进行有效数字的计算和修约，能够进行可疑数据的取舍，能对测量结果进行统计检验，能够正确表述测量结果，能够熟练地将直线相关与回归方法应用到监测数据分析和处理过程中。

【重点难点】

本项目重点在于误差、偏差和极差的计算，准确度和精密度的计算和检验，有效数字的计算和修约，可疑数据的取舍。

任务一　环境监测与评价概述

知识点一　环 境 监 测 概 述

【任务描述】

了解环境，熟悉环境监测分析方法，熟悉我国的环境监测标准体系及常规监测指标。

【任务分析】

为更好地进行水环境监测工作，要熟悉环境监测的工作流程，能够制订环境监测的工作计划，确定环境监测的指标。

【知识链接】

1-1

环境监测的内容与过程

1-2

环境监测的内容与过程

一、环境监测的定义与内容

环境监测是运用现代科学技术方法监视和检测表征环境质量和变化趋势的各种数据，分析环境影响的过程与程度。

根据环境监测的定义，环境监测的内容主要包括以下5个方面：

（1）通过对环境因子定点、定时、长期监测，为研究环境背景值、环境容量、污染物总量控制、环境目标管理和环境质量预报提供基础数据。

（2）根据污染物的分布特点、迁移规律和影响因素，追踪污染源，预测污染趋势，为控制污染提供依据。

（3）为开展科学研究或进行环境质量评价提供依据。

（4）为保护人类健康，保护生态环境，合理使用自然资源，制定环境法规、标准、规划等提供依据。

（5）通过应急监测为正确处理污染事故提供服务。

二、环境监测的工作过程

环境监测的过程一般是接受任务、明确目的、资料收集与现场调查、监测方案设计、样品的采集、样品的运输和保存、样品的分析测定、数据处理、综合评价、监督控制和反馈处置等。

（1）接受任务。环境监测的任务主要来自环境保护主管部门的指令；单位、组织或个人的委托；申请和监测机构的安排三个方面。环境监测是一项具有技术性和执法性的政府行为，所以必须要有确切的任务来源依据。

（2）明确目的。根据任务下达者的要求和需求，确定针对性较强的监测工作的具体目的。

（3）资料收集与现场调查。根据任务要求的内容收集相关的资料，开展现场调查研究，以便掌握污染源的性质、来源及其相对位置、排放规律、污染受体的性质、水文、地理、气象等环境条件等。

（4）监测方案设计。根据有关技术规范、收集资料的整理情况以及现场调查结果，认真做好监测方案设计，并据此进行现场布点作业，做好标示和准备工作。

（5）样品的采集。依照设计方案和规定的操作程序，进行样品的采集工作。某些现场需要处置的样品，要按规范要求进行处置包装，并详细记录现场情况和采样实况，相关的采样人员要签字确认。

（6）样品的运输和保存。按照规范方法要求，将采集的样品和记录安全、及时地送往实验室，并注意办好交接手续。

（7）样品的分析测定。根据规定程序和分析方法，对样品进行分析，并记录检测信息。

（8）数据处理。对数据进行处理和统计检验，整理入库。

（9）综合评价。依据有关规定和标准进行综合分析，并结合现场调查资料对检测结果进行综合分析并作出合理解释，写出预测分析和对策建议报告。

（10）监督控制。根据环保部门指令或用户申请，对监测对象进行监督控制，保证法规政令落到实处。

（11）反馈处置。对监测结果的意见申诉和对策执行情况进行反馈处理，不断地修正工作，提高服务的质量。

1-3

环境监测的目的和分类

1-4

环境监测的目的和分类

三、环境监测的目的和分类

（一）环境监测的目的

环境监测的目的是准确、及时、全面地反映环境质量现状及发展趋势，为环境管理、污染源控制、环境规划等提供科学依据。

（1）根据环境质量标准评价环境质量。

（2）根据污染分布情况，追踪寻找污染源，为实现监督管理、控制污染提供依据。

（3）收集本底数据，积累长期监测资料，为研究环境容量、实施总量控制和目标管理、预测预报水环境质量提供数据。

（4）为保护人类健康，保护环境，合理使用自然资源，制定环境法规、标准、规划等服务。

（二）环境监测的分类

1. 按监测目的或任务分类

（1）监视性监测（又称为例行监测或常规监测）。包括对污染源的监测和环境质量的监测，以确定环境质量及污染源状况，评价控制措施的效果、衡量环境标准实施情况和跟进环境保护工作的进展。这是监测工作中量最大、面最广的工作。

（2）特定目的监测（又称为特例监测或应急监测）。

1）污染事故监测。在发生污染事故时及时深入事故地点进行应急监测，确定污染物的种类、扩散方向、速度和污染程度及危害范围，查找污染发生的原因，为控制污染事故提供科学依据。这类监测常采用流动监测（车、船等）、简易监测、低空航测、遥感等手段。

2）纠纷仲裁监测。主要针对污染事故纠纷、环境执法过程中所产生的矛盾进行监测，提供公证数据。

3）考核验证监测。包括人员考核、方法验证、新建项目的环境考核评价、排污许可证制度考核监测、“三同时”项目验收监测、污染治理项目竣工时的验收监测。

4）咨询服务监测。为政府部门、科研机构、生产单位提供的服务性监测。其为国家政府部门制定环境保护法规、标准、规划提供基础数据和手段。如建设新企业应进行环境影响评价，需要按评价要求进行监测。

（3）研究性监测（又称科研监测）。针对特定目的科学研究而进行的高层次监测，是通过监测了解污染机理、弄清污染物的迁移变化规律、研究环境受到污染的程度，例如环境本底的监测及研究、有毒有害物质对从业人员的影响研究、为监测工作本身服务的科研工作的监测（如统一方法和标准分析方法的研究、标准物质研制、预防监测）等。这类监测往往要求多学科合作进行。

2. 按监测对象分类

环境监测按监测对象的不同可分为水质监测、空气监测、土壤监测、固体废物监测、生物监测、噪声和振动监测、电磁辐射监测、放射性监测、热监测、光监测、卫生（病原体、病毒、寄生虫等）监测等。

3. 按专业部门分类

环境监测按专业部门的不同可分为气象监测、卫生监测、资源监测等。

另外，还可分为化学监测、物理监测、生物监测等。

4. 按监测区域分类

按监测区域不同可分为厂区监测和区域监测。

四、环境监测分析方法

1. 监测分析方法体系

1－5
环境监测分析方法

1－6
环境监测分析方法

（1）国家或行业的标准分析方法，其成熟性和准确度好，是评价其他监测分析方法的基准方法，也是环境污染纠纷的法定仲裁方法，如《水和废水标准分析方法》（第四版）。

（2）统一分析方法，是经研究和多个单位的实验验证的成熟的方法。

（3）试用方法，是指在国内少数单位研究和应用过，或直接从发达国家引进，供监测科研人员试用的方法。

标准分析方法和统一分析方法均可在环境监测与执法中使用。

2. 分析方法分类

（1）化学分析法。化学分析法是以特定的化学反应为基础的分析方法，分为重量分析法和容量分析法。

1）重量分析法。重量分析法是通过物理或化学反应将试样中待测组分与其他组分分离，然后用称量的方法测定该组分的含量的方法。

在重量分析中，一般首先采用适当的方法，使被测组分以单质或化合物的形式从试样中与其他组分分离。重量分析的过程包括分离和称量两个过程。根据分离方法的不同，重量分析法又可分为沉淀法、挥发法和萃取法等。

沉淀法是重量分析的主要方法。这种方法是利用沉淀反应使待测组分以难溶化合物的形式沉淀出来，再将沉淀物过滤、洗涤、烘干或灼烧，最后称重并计算其含量。

挥发法是利用物质的挥发性质，通过加热或其他方法使被测组分从试样中挥发逸出。

萃取法是利用被测组分与其他组分在互不相溶的两种溶剂中的分配系数不同，使被测组分从试样中定量转移至提取剂中，从而与其他组分分离。

重量分析适用于常量分析，准确度较高，但是操作复杂，对低含量组分的测定误差较大。

2）容量分析法（滴定分析法）。容量分析法又称滴定分析法，是一种重要的定量分析方法。此法将一种已知浓度的试剂溶液滴加到被测物质的试液中，根据完成化学反应所消耗的试剂量来确定被测物质的量。容量分析所用的仪器简单，具有方便、迅速、准确（可准确至0.1%）的优点，特别适用于常量组分测定和大批样品的例行分析。根据化学反应的原理不同，容量分析法又可分为酸碱滴定法、配位滴定法、沉淀滴定法、氧化还原滴定法。

（2）仪器分析法。仪器分析法是利用被测物质的物理或化学性质来进行分析的方法。根据分析原理和仪器的不同，环境监测中常用的有如下几类。

1）色谱分析法，包括气相色谱法、高效液相色谱法、离子色谱法、薄层色谱法等。

2）光学分析法，包括分子光谱法、原子光谱法。

3）电化学分析法，包括电导分析法、电位分析法、库仑分析法、伏安法、极谱法、离子选择电极法等。

4）放射分析法，包括同位素稀释法、中子活化分析法等。

5）质谱分析法。

6）其他监测分析方法：包括生物指示分析法、结构分析法、放射化学分析法、酶分析法等。

仪器分析法灵敏度高，检出量低，适合于微量、痕量和超痕量成分的测定；选择性好，很多的仪器分析方法可以通过选择或调整测定的条件，使共存的组分测定时，相互间不产生干扰；操作简便，分析速度快，容易实现自动化。

五、水环境监测指标

（一）物理性质指标

1. 水温

水温是水质的重要物理指标。水的物理、化学性质与水温有密切的关系。水中溶解性气体（如氧气、二氧化碳等）的溶解度，水中生物和微生物活动，非离子氨、盐度、pH 值以及碳酸钙饱和度等都受水温变化的影响。

水温为现场监测的项目之一，常用的测量仪器有水温计（图 1－1）和深水温度计（图 1－2），前者用于地表水、污水等浅层水温的测量，后者用于湖库等深层水温的测量。此外，还有颠倒温度计（图 1－3）和热敏电阻温度计。其中水温计、深水温度计和颠倒温度计应定期由计量检定部门进行校核。

1－7
物理性质指标

1－8
物理性质指标

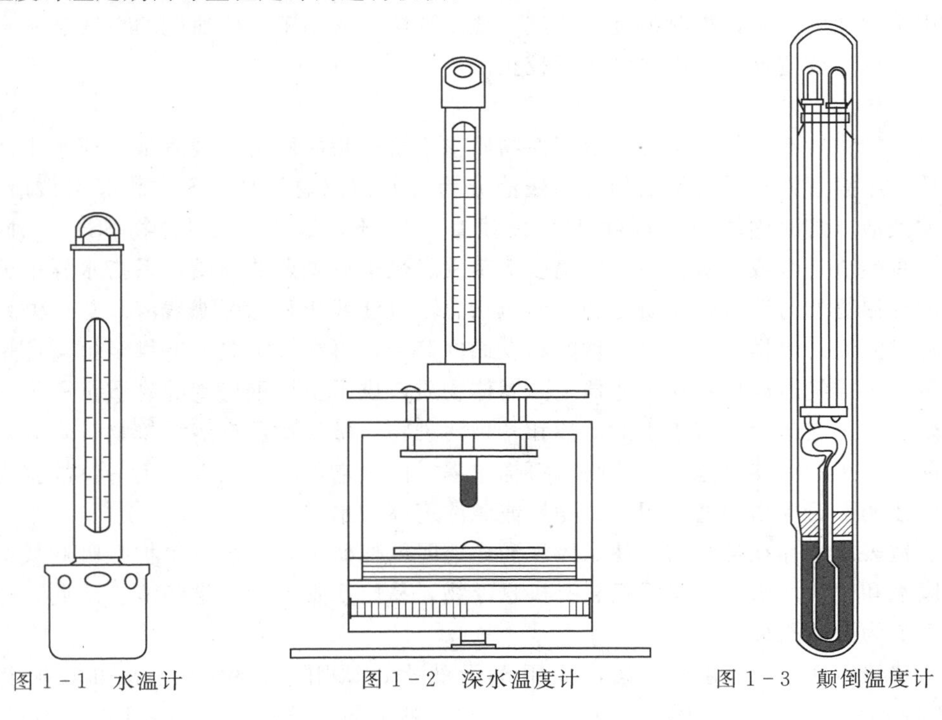

图 1－1　水温计　　图 1－2　深水温度计　　图 1－3　颠倒温度计

2. 色度

色度是水样颜色深浅的量度。纯水是无色透明的，天然水中由于含有泥沙、腐殖质、浮游生物、植物、金属离子及矿物质等，会表现出一定的颜色。生活污水和工业废水中成分复杂，其中溶解性的有机物、部分无机离子和有色悬浮物均可使水着色，是环境水体着色的主要原因。水的颜色会减弱水的透光性，影响水生生物的生长。

水的色度分为真色和表色。真色是指去除悬浮物后的水的颜色，是由水中的胶体物质和溶解性物质所造成的；表色是指没有去除悬浮物的水所具有的颜色。对于清洁或浊度很低的水，真色和表色相接近；对于着色很深的工业废水，二者差别较大。水质分析中的色度一般是指真色。

色度的常用测定方法有铂钴比色法和稀释倍数法。铂钴比色法适用于清洁水、轻度污染略带黄色调的水，以及比较清洁的地表水、地下水和饮用水等。稀释倍数法适用于污染较严重的地表水和工业废水。

3. 浊度

浊度是指水中悬浮物对光线透过时所发生的阻碍程度。色度是由水体中的溶解物质引起的，而浊度是由于水中含有泥沙、黏土、有机物、无机物、浮游生物和微生物等悬浮物质所造成的，这些物质可使光散射或吸收。浊度是水的感光指标之一，也是水体可能受到污染的标志之一，浊度高的水会明显阻碍光的投射，从而影响水生生物的生存。

测定浊度的方法有目视比浊法、分光光度法和浊度计法。目视比浊法适用于测定饮用水和水源水等低浊度水，最低检测浊度为1度；分光光度法适用于测定天然水、饮用水的浊度，最低检测浊度为3度；浊度计法一般用于水体浊度的在线连续自动监测，浊度计要定期用标准溶液进行校正。

4. 残渣

水样中含有的物质可分为溶解性物质与不溶性物质两类。残渣是表征水中溶解性物质、不溶解性物质含量的指标。残渣分为总残渣（总固体TS或总蒸发残渣）、总可滤残渣（溶解固体DS或溶解性蒸发残渣）、总不可滤残渣（悬浮物SS）三种。

总残渣是水或污水样在一定温度下蒸发、烘干后剩余的物质，系指水样中分散均匀的悬浮物质与溶解性物质之和，即包括总不可滤残渣和总可滤残渣。总可滤残渣量指将过滤后的水样放在称至恒重的蒸发皿内蒸干，再在一定温度下烘至恒重所增加的质量。水样经过滤后留在过滤器上的固体物质，烘干至恒重得到的物质量称为总不可滤残渣量，它包括不溶于水的泥沙和各种污染物、微生物及难溶无机物等，计算方法同前。常用的滤器有滤纸、滤膜、石棉坩埚。由于它们的滤孔大小不一，故报告结果时应注明。石棉坩埚通常用于过滤酸或碱浓度高的水样。

地表水中存在悬浮物，使水体浑浊，透明度降低，影响水生生物呼吸和代谢；工业废水和生活污水含大量无机、有机悬浮物，易堵塞管道、污染环境。因此，总不可滤残渣为必测指标。

残渣的测定采用质量法，适用于天然水、饮用水、生活污水和工业废水中20000mg/L以下残渣的测定。①103～105℃烘干的总残渣质量；②103～105℃烘干的总可滤残渣质量；③(180±2)℃烘干的总可滤残渣质量；④103～105℃烘干的总不可滤残渣质量（悬浮物）。

5. 电导率

电导率是以数字表示水溶液传导电流的能力。水溶液电导率的大小与溶液中所含离子的种类、总浓度以及溶液的温度、黏度等因素有关。

水的电导率与电解质浓度呈正比，二者具有线性关系。水中多数无机盐以离子状态存在，是电的良好导体；但是有机物不离解或离解极微弱，导电能力也很微弱，因此用电导率是不能反映这类污染因素的。

电导率常用电导率仪测定。

6. 透明度

透明度是指水样的澄清程度，清洁的水是透明的。透明度与浊度相反，水中悬浮物和胶体颗粒物越多，其透明度就越低。

透明度测定的方法有铅字法和塞氏盘法。铅字法为检验人员用透明度计（图1-4）测定水的透明度的一种方法。该方法受检验人员的主观影响较大，在保证照明等条件尽可能一致的情况下，应取多次或数人测定结果的平均值。它适用于天然水或处理后的水透明度的测定，如图1-5所示。塞氏盘法是现场测定透明度的方法，如图1-6所示。

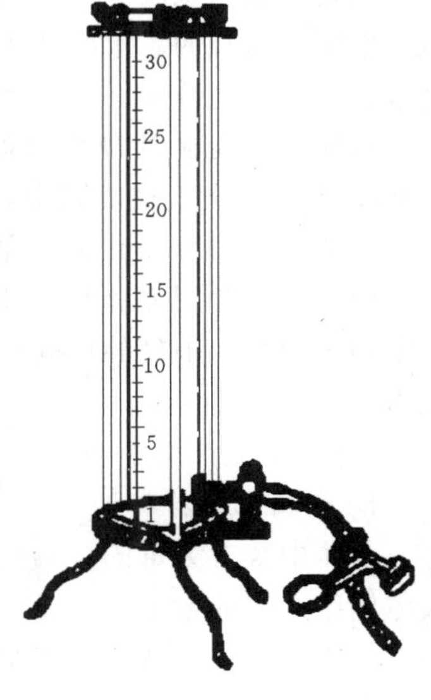

图1-4　透明度计

7. 矿化度

矿化度（M）是水化学成分测定的重要指标，用于评价水中的总含盐量，以"克/升（g/L）"表示，该项指标一般只用于天然水，是农田灌溉用水适用性评价的主要指标之一。按矿化度（M）的大小一般分为：淡水，$M<1$g/L；微咸水，$M=1\sim3$g/L；咸水，$M=3\sim10$g/L；盐水，$M=10\sim50$g/L；卤水，$M>50$g/L。

矿化度的测定方法有质量法、电导法、阳离子加和法、离子交换法、比重计法等，其中质量法是比较通用的方法。

图1-5　透明度测定的印刷铅字

高矿化度水在含有大量钙、镁的氯化物时，易于吸水，硫酸盐结晶水不易除去，这两种情况均可使测定结果偏高。采用加入碳酸钠提高烘干温度和快速称重的方法处理，可以消除其影响。

当水样中含有有机物时，蒸干的残渣有颜色，可用过氧化氢去除。

8. 臭

臭是检验原水和处理水质的必测项目之一。检验臭对评价水处理效果也有重要意义，并可作为追查污染源的一种手段。

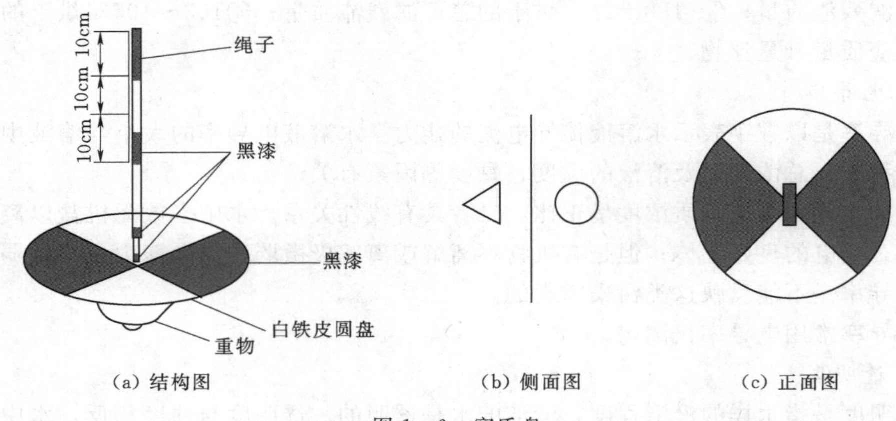

(a) 结构图　(b) 侧面图　(c) 正面图

图 1－6　塞氏盘

嗅觉细胞受刺激产生臭的感受是化学刺激。嗅觉是由产臭物质的气态分子在鼻孔中产生刺激引起的。水中产生臭的一些有机物和无机物，主要是由于生活污水、工业废水、大气物质分解，或微生物、生物活动的结果。

水样的采集在具塞磨口玻璃瓶中，并尽快分析。如需要保存水样，则至少采集500mL水样充满于玻璃瓶中，在4℃以下冷藏，并确保冷藏时不得有外来气味进入水中。不能用塑料容器盛装水样。

测定臭的常用方法有定性描述法和臭阈值法。前者适用于天然水、饮用水、生活污水和工业废水中臭的检验；后者适用于接近无臭的天然水到臭阈值高达数千的工业废水。

（二）化学性质指标

1. 金属化合物指标

水体中含有大量的金属化合物，它们一般都是以离子形式存在。有些金属元素是人体健康必需的常量和微量元素，如钠、镁、钙、铁等。有些是对人体健康有害的，如汞、铬、铅等。特别是当水体中金属离子的浓度达到一定数值的时候，其毒害作用就会更大，其毒性的大小与金属种类、理化性质、浓度及存在价态和形态有关。

(1) 汞。汞（Hg）及其化合物属于剧毒物质，可在人体内积蓄，水体中的无机汞可转变为有机汞，有机汞的毒性更大。有机汞通过食物链进入人体，引起全身中毒。天然水中含汞极少，一般不超过0.1μg/L。我国饮用水标准中汞的限值为0.001mg/L，工业污水中汞的最高允许排放浓度为0.05mg/L。

汞的测定方法有冷原子吸收法、冷原子荧光法、原子荧光法和双硫腙分光光度法等。

(2) 镉。镉（Cd）不是人体必需元素。镉的毒性很大，可在人体内积蓄，主要积蓄在肾脏，会引起泌尿系统的功能变化。镉的主要来源有：电镀、采矿、冶炼、燃料、电池和化学工业等排放的废水；废旧电池；水果和蔬菜，尤其是蘑菇中；奶制品和谷物。镉能够取代骨中钙，使骨骼严重软化，骨头寸断；会引起肠胃功能失调，干扰人体和生物体内锌的酶系统，导致高血压症上升。易受害的人群是矿业工作者、免疫力低下人群。

镉的测定方法有原子吸收分光光度法、电感耦合等离子体质谱法、双硫腙分光光度法、阳极溶出伏安法和示波极谱法等。

(3) 铅。铅 (Pb) 是一种可在人体和动物组织中积蓄的有毒金属，主要来源于各种油漆、涂料、蓄电池、冶炼、五金、机械、电镀、化妆品、染发剂、釉彩碗碟、餐具、燃煤、膨化食品、自来水管等。它通过皮肤、消化道、呼吸道进入体内与多种器官亲和，主要毒性效应是贫血症、神经机能失调和肾损伤，易受害的人群有儿童、老人、免疫力低下人群。铅对水生生物的安全浓度为 0.16mg/L，用含铅 0.1～4.4mg/L 的水灌溉水稻和小麦时，作物中铅含量明显增加。人体内正常的铅含量应该为 0.1mg/L，如果含量超标，则容易引起贫血，损害神经系统。而幼儿大脑受铅的损害要比成人敏感得多，一旦血铅含量超标，应该采取积极的排铅毒措施。

铅的测定方法有电感耦合等离子体质谱法、原子吸收分光光度法、双硫腙分光光度法、示波极谱法和阳极溶出伏安法等。

(4) 铜。铜 (Cu) 是人体必不可少的元素，人体缺乏铜会导致贫血、毛发异常、骨和动脉异常，以致脑障碍。但如体内铜含量过剩，则会引起肝硬化、腹泻、呕吐、运动障碍和知觉神经障碍。成人适宜摄入量为 2mg/(人・d)，可耐受最高摄入量为 8mg/(人・d)，过量摄入对人体有害，可能造成中毒，包括急性铜中毒、肝豆状核变性、儿童肝内胆汁淤积等病症。饮用水中铜的含量在很大程度上取决于水管和水龙头的种类，其含量可高达 1mg/L，说明通过饮水摄入的铜含量是很可观的。铜的毒性大小主要取决于其形态。铜的主要污染来源是铜锌矿的开采和冶炼、金属加工、机械制造、钢铁生产、石油化工和化学工业等部门排放的废水。

铜的测定方法有电感耦合等离子体质谱法、二乙基二硫代氨基甲酸钠分光光度法、邻菲啰啉分光光度法、原子吸收分光光度法，还有示波极谱法和阳极溶出伏安法。

(5) 锌。锌 (Zn) 是人体必需的微量元素之一，在人体生长发育、生殖遗传、免疫、内分泌等重要生理过程中起着极其重要的作用，被人们冠以“生命之花”“智力之源”“婚姻和谐素”的美称。碱性水中锌的浓度超过 5.0mg/L 时，会产生涩味，并出现乳白色浑浊。水中的锌浓度为 1.0mg/L 时，对水体的生物氧化过程有轻微的抑制作用。

锌的主要污染源是锌矿开采、冶炼加工、机械制造以及镀锌、仪器仪表、有机物合成和造纸等工业的排放废水。

锌的测定方法有电感耦合等离子体质谱法、原子吸收分光光度法和双硫腙分光光度法，还有示波极谱法和阳极溶出伏安法。

(6) 铬。铬 (Cr) 在化合物中常见的价态有三价和六价，价态不同，对生物的影响也迥然不同。三价铬是一种人体必需的微量元素，能参与人体的正常糖代谢过程，而水溶性的六价铬的毒性是三价铬的 100 倍，被列为对人体危害最大的化学物质之一，是国际公认的致癌金属物之一，也是“中国环境优先污染物黑名单”上优先监测的重金属之一。六价铬易被人体吸收而在人体内蓄积，因此我国把水中六价铬的含量规定为实施总量控制的指标之一。即使是六价铬，不同的化合物毒性也是不同的。当水中三价铬浓度为 1mg/L 时，水的浊度明显增加，六价铬的浓度为 1mg/L 时，水呈淡黄色且有涩味。

铬污染主要来源于劣质化妆品原料、皮革制剂、金属部件镀铬部分，工业颜料以及鞣革、橡胶和陶瓷原料等。

铬的测定方法有电感耦合等离子体质谱法、真空检测测管-电子比色法和二苯碳酰二肼分光光度法，还有硫酸亚铁铵滴定法等。

(7) 砷。砷（As）是人体非必需元素之一，但由于所处的环境中都含有砷，砷便成为人和动物肌体的构成元素。砷是一种毒性很高的原生质毒物，但元素砷的毒性很小，其化合物均有剧毒，其中三价砷化合物的毒性较其他砷化合物毒性更强。在正常情况下，人每天从食物和水、空气中摄入砷的总量为 100μg 左右，每天从粪便、尿、汗腺中排出的总量也约为 100μg，因此不会引起中毒。但当人体的摄入量超过排出量，就能引起不同程度的危害。砷中毒可使细胞正常代谢发生障碍，导致细胞死亡。砷使人体中毒的剂量为 0.052～0.01g，致死量为 0.06～0.2g。

砷的测定方法有电感耦合等离子体质谱法、原子荧光法、二乙基二硫代氨基甲酸银分光光度法和新银盐分光光度法等。

(8) 其他金属化合物。水体中的金属元素有些是人体必需的常量或微量元素，如 K、Ca、Na、Mg，有些是对人体有害的元素，如 Hg、Cr、Pb、Cd 等，随着“三废”污染的增加，水体中有害金属化合物的含量也不断增加。因此，根据水和废水的污染类型和对用水水质的要求不同，有时还需要测定其他金属元素。

常见其他金属化合物监测方法的详细内容可以查阅《水和废水监测分析方法》(第四版)（国家环境保护总局，2019）和其他水质监测资料。

2. 非金属无机化合物指标

水体中非金属无机污染物的种类很多，进行监测的项目主要有 pH 值、溶解氧(DO)、硫化物、氟化物、含氮化合物等。

1-11

非金属无机化合物指标

1-12

非金属无机化合物指标

(1) pH 值。pH 值是溶液中氢离子活度的负对数，即 $pH=-\lg\alpha H^{+}$；pH 值是最为常用和重要的水质监测指标之一，可以间接地表示水的酸碱程度。天然水的 pH 值在 6～9 之间，饮用水的 pH 值要求控制在 6.5～8.5，工业废水的 pH 值一般控制较为严格。

饮用水、地表水及工业废水 pH 值的测定采用玻璃电极法；色度和浑浊度很低的生活饮用水及水源水 pH 值的测定可采用比色法，pH 值可以准确到 0.1。

(2) 溶解氧（DO）。溶解于水中的分子态氧称为溶解氧，用 DO 表示。天然水中溶解氧的饱和含量与大气压力、水温及含盐量等因素有关。

清洁地表水的溶解氧接近饱和。当水体含有有机物或还原性污染物时，消耗水中的溶解氧，会使溶解氧含量降低，甚至可接近于 0，此时厌氧菌繁殖活跃，导致水质恶化。当水中的溶解氧低于 4.0mg/L 时，水中的鱼类将会窒息死亡。所以水中的溶解氧虽然不是污染物质，但是通过溶解氧的测量，可以大体估计水体中以有机物为主的还原性物质的含量，溶解氧含量是衡量水体水质的综合性指标。

水源水、地表水等清洁水中溶解氧（DO）的测定可采用碘量法；地表水、地下水、生活污水、工业废水和盐水中溶解氧的测定可采用电化学探头法。

（3）硫化物。地下水（特别是温泉水）及生活污水常含有硫化物，通常地表水中的硫化物含量不高。当地表水受到污染时，在厌氧条件下，水中的硫酸盐和含硫有机物在微生物的作用下分解产生硫化物。水中的硫化物包括溶解性的 H_2S、HS^-、S^{2-}，存在于悬浮物中的不溶性硫化物、酸可溶的金属硫化物，以及未电离的有机、无机类硫化物。

硫化氢易从水中逸散出来，产生臭味，且其为强烈的神经毒物，对黏膜有明显的刺激作用。硫化氢除自身能腐蚀金属外，还可以在微生物的作用下被氧化成硫酸，加剧其腐蚀性。因此，硫化物是水体污染的一项重要指标。

测定硫化物的水样需要进行预处理，常用以下预处理方法：

1）乙酸锌沉淀-过滤法。当水样中只含有少量硫代硫酸盐、亚硫酸盐等干扰物质时，可将现场采集并已固定的水样，用中速定量滤纸或玻璃纤维滤膜进行过滤，然后按含量高低选择适当方法，直接测定沉淀中的硫化物。

2）酸化-吹气法。若水样中存在悬浮物或水样浑浊度高、色度深时，可将现场采集固定后的水样加入一定量的磷酸，使水样中的硫化锌转变为硫化氢气体，利用载气将硫化氢吹出，用乙酸锌-乙酸钠溶液或2%氢氧化钠溶液吸收，进行测定。

3）过滤-酸化-吹气分离法。若水样污染严重，不仅含有不溶性物质及影响测定的还原性物质，并且浊度和色度都高时，宜用此法，即将现场采集且固定的水样，用中速定量滤纸或玻璃纤维滤膜过滤后，按酸化吹气法进行预处理。

预处理操作是测定硫化物的一个关键性步骤，应注意既消除干扰物的影响，又不致造成硫化物的损失。

硫化物的测定方法有亚甲基蓝分光光度法、直接显色分光光度法、碘量法、气相分子吸收光谱法、电子比色法和电位滴定法等。

（4）氟化物。氟广泛存在于自然水体中，是人体必需的微量元素之一，缺氟易患龋齿病，我国饮用水中适宜的氟浓度是0.5～1.0mg/L。当长期饮用氟含量高于1.0～1.5mg/L的水时，则易患斑齿病；如水中氟浓度高于4.0mg/L时，则可导致氟骨病。

氟化物污染主要来源于钢铁、有色冶金、铝加工、玻璃、陶瓷、电子、电镀、化肥农药以及含氟矿业等排放的工业废水。

氟化物水样预处理常用的方法有以下两种：

1）水蒸气蒸馏法。水中氟化物在含高氯酸（或硫酸）的溶液中，通入水蒸气，以氟硅酸或氢氟酸形式被蒸出。

2）直接蒸馏法。在沸点较高的酸溶液中，氟化物以氟硅酸或氢氟酸的形式被蒸出，使其与水中干扰物分离。

氟化物的测定方法有真空检测管-电子比色法、氟试剂分光光度法、茜素磺酸锆目视比色法、离子色谱法、氟离子选择电极法和硝酸钍容量法等。

（5）含氮化合物。含氮化合物包括无机氮和有机氮。自然界的氮循环本身是平衡的，但是由于含有大量含氮化合物的生活污水和工业废水被人们排放到水体中，氮自然循环平衡遭到破坏。由此可得，水质恶化是产生水体富营养化的主要原因。

有机氮在微生物作用下，逐渐被分解成无机氮，以氨氮、亚硝酸盐氮、硝酸盐氮的形式存在。因此，测定水样中各种形态的含氮化合物，有助于评价水体被污染和自净的情况。

1）氨氮。氨氮（NH_3-N）以游离氨（NH_3）或铵盐（NH_4^+）的形式存在于水中，两者的组成比例取决于水中的pH值和水温。当pH值偏高时，游离氨的比例较高；当pH值偏低时，铵盐的比例较高。

水样带有颜色或浑浊以及含有一些其他的干扰物质时，将会影响水样氨氮的测定，为消除干扰需对水样进行预处理。较为清洁的水，可采用絮凝沉淀法；对于污染严重的水或废水应采用蒸馏法。

氨氮的测定方法有电子比色法、连续流动-水杨酸分光光度法、流动注射-水杨酸分光光度法、纳氏试剂分光光度法、水杨酸分光光度法、蒸馏-中和滴定法、气相分子吸收光谱法和电极法等。

2）亚硝酸盐氮。亚硝酸盐氮（NO_2^--N）是氮循环的中间产物，不稳定。在水体中氧和微生物的作用下，可被氧化成硝酸盐；在缺氧的条件下也可被还原为氨。亚硝酸盐能使血液中正常携氧的低铁血红蛋白氧化成高铁血红蛋白，因而失去携氧能力而引起组织缺氧。亚硝酸盐是剧毒物质，成人摄入0.2～0.5g即可引起中毒，3g即可致死。亚硝酸盐在人体内外与仲胺类作用形成亚硝胺类，它在人体内达到一定剂量时是致癌、致畸、致突变的物质，可严重危害人体健康。

亚硝酸盐氮的测定方法有电子比色法、气相分子吸收光谱法、离子色谱法和分光光度法等。

3）硝酸盐氮。硝酸盐氮（NO_3^--N）是含氮有机物氧化分解的最终产物。如水体中仅有硝酸盐含量增高，氨氮（NH_3-N）、亚硝酸盐氮（NO_2^--N）含量均低甚至没有时，说明水体污染时间已久，现已趋向自净。硝酸盐被人体摄入后，经肠道中的微生物作用转变成亚硝酸盐而呈现毒性作用。

硝酸盐氮的测定方法有电子比色、紫外分光光度法、气相分子吸收光谱法、离子色谱法、酚二磺酸分光光度法、镉柱还原法和戴氏合金还原法等。

4）凯氏氮。凯氏氮是指以基耶达（Kjeldahl）法测得的含氮量。它包括氨氮和在此条件下能转化为铵盐而被测定的有机氮化合物。此类有机氮化合物主要有蛋白质、氨基酸、肽、胨、核酸、尿素以及合成的氮为负三价形态的有机氮化合物，但不包括叠氮化合物、硝基化合物等。

在水处理领域，一般认为：总氮＝总凯氏氮＋硝氮＋亚硝氮，凯氏氮＝有机氮＋氨氮。

凯氏氮的测定方法有气相分子吸收光谱法和蒸馏光度法等。

5）总氮。总氮的定义是水中各种形态无机氮和有机氮的总量。包括NO_3^-、NO_2^-和NH_4^+等无机氮和蛋白质、氨基酸和有机胺等有机氮，简称为TN，以每升水含氮毫克数计。

水中的总氮含量是衡量水质的重要指标之一，其测定有助于评价水体被污染和自净状况。地表水中氮、磷物质超标时，微生物大量繁殖，浮游生物生长旺盛，出现富营养化状态。

总氮的测定方法有碱性过硫酸钾消解紫外分光光度法和气相分子吸收光谱法等。

（6）其他非金属无机物。根据水体类型和对水质要求的不同，还可能需要测定其他非金属无机化合物，如氯化物、碘化物、硫酸盐、含磷化合物、余氯、二氧化氯等。对于这些项目的测定方法可以查阅《水和废水监测分析方法》和其他水质监测资料。

3. 有机物指标

（1）化学需氧量（COD）。水样在一定条件下，以氧化 1L 水样中还原性物质所消耗的氧化剂的量为指标，折算成每升水样全部被氧化后需要的氧的毫克数，以 mg/L 表示。它反映了水体受还原性物质污染的程度。水中的还原性物质有各种有机物、亚硝酸盐、硫化物、亚铁盐等，其中主要的是有机物。因此，化学需氧量（COD）又往往作为衡量水中有机物质含量多少的指标。化学需氧量越大，说明水体受有机物的污染越严重。

COD 的测定方法有电子比色法、快速消解分光光度法、重铬酸盐法、碘化钾碱性高锰酸钾法和氯气校正法等。

（2）高锰酸盐指数。高锰酸盐指数在以往的水质监测分析中也被称为锰法化学需氧量。但是，由于在规定条件下，水中有机物只能部分被氧化，锰法化学需氧量并不是理论上的需氧量，也不是反映水体中总有机物含量的尺度。因此，在我国新的环境水质标准中，已把该值改称高锰酸盐指数，国际标准化组织（ISO）建议高锰酸钾法仅限于测定地表水、饮用水和生活污水，不适用于工业废水。

按测定溶液的介质不同，高锰酸钾法可分为酸性高锰酸钾法和碱性高锰酸钾法。因为在碱性条件下高锰酸钾的氧化能力比酸性条件下稍弱，故常用于测定含氯离子浓度较高的水样，此时不能氧化水中的氯离子。

酸性高锰酸钾法适用于氯离子含量不超过 300mg/L 的水样。当高锰酸盐指数超过 5mg/L 时，应少取水样并经稀释后再测定。

（3）生化需氧量（BOD）。生化需氧量或生化耗氧量是指在溶解氧充足的条件下，好氧微生物在分解水中有机物的生物化学过程中所消耗的溶解氧的量，以 mg/L 表示。好氧微生物在分解水中有机物的同时，也会因氧化硫化物、亚铁等还原性无机物质消耗溶解氧，但这部分溶解氧所占比例很小。

有机物在微生物作用下好氧分解分为两个阶段：第一阶段称为碳化阶段，主要是含碳有机物被氧化为二氧化碳和水，完成碳化阶段在 20℃环境下大约需要 20d；第二阶段称为硝化阶段，主要是含氮有机化合物在硝化菌的作用下分解为亚硝酸盐和硝酸盐，完成硝化阶段在 20℃环境下大约需要 100d。这两个阶段同时进行，但各有主次。微生物分解有机物是一个缓慢过程，一般在碳化阶段开始 5～10d 后，硝化阶段才刚刚开始。目前国内外广泛采用（20±1）℃培养 5d 所消耗的溶解氧的量，即 BOD_5。

BOD_5 是反映水体被有机物污染程度的综合指标，也是研究污水的可生化降解性和生化处理效果，以及生化处理污水工艺设计和动力学研究中的重要参数。

BOD_5的测定方法有稀释接种法和微生物传感器快速测定法等。

(4) 总有机碳量（TOC）。水中有机物的种类很多，目前还不能全部进行分离鉴定。常以“总有机碳量（TOC）”表示。TOC是一个快速检定的综合指标，它以碳的数量表示水中所含有机物的总量。

总有机碳量的测定采用燃烧法，能将有机物全部氧化，比生化需氧量或化学需氧量更能反映有机物的总量。

近年来，国内外已研制成各种类型的TOC分析仪。按工作原理不同，TOC的测定可分为燃烧氧化-非分散红外吸收-光谱法、气相色谱法、湿法氧化-非分散红外吸收法、电导法等。其中燃烧氧化-非分散红外吸收光谱法只需要一次性转化，流程简单、重现性好，灵敏度高，因此这种类型的TOC分析仪在国内外被广泛采用。

(5) 总需氧量（TOD）。总需氧量（TOD）是指在水中能被氧化的物质，主要是有机物质在燃烧中变成稳定的氧化物时所需要的氧量，结果以O_2的mg/L表示。

TOD值能反映几乎全部有机物质经燃烧后变成CO_2、H_2O、NO、SO_2等所需要的氧量。它比BOD、COD和高锰酸盐指数更接近于理论需氧量值。但它们之间也没有固定的相关关系。有的研究者指出，$BOD_5/TOD=0.1\sim0.6$，$COD/TOD=0.5\sim0.9$，具体比值取决于废水的性质。

根据TOD和TOC的比例关系可粗略判断有机物的种类。对于含碳化合物，因为一个碳原子消耗两个氧原子，即$O_2/C=2.67$，因此从理论上说，TOD＝2.67TOC。若某水样的TOD/TOC≈2.67，可认为主要是含碳有机物；若TOD/TOC＞4.0，则应考虑水中有较大量含S、P的有机物存在；若TOD/TOC＜2.6，就应考虑水样中硝酸盐和亚硝酸盐含量可能较大，它们在高温和催化条件下分解放出氧，使TOD测定呈现负误差。

用TOD测定仪测定TOD的原理是：将一定量水样注入装有铂催化剂的石英燃烧管，通入含已知氧浓度的载气（氮气）作为原料气，则水样中的还原性物质在900℃下被瞬间燃烧氧化。测定燃烧前后原料气中氧浓度的减少量，便可求得水样的总需氧量值。

(6) 挥发酚。酚类为原生质毒，属高毒物质，人体摄入一定量会出现急性中毒症状；长期饮用被酚污染的水，可引起头痛、出疹、瘙痒、贫血及各种神经系统症状。当水中含酚0.1～0.2mg/L时，鱼肉有异味；大于5mg/L时，鱼中毒死亡。含酚浓度高的废水不宜用于农田灌溉，否则会使农作物枯死或减产。根据酚的沸点、挥发性和能否与水蒸气一起蒸出，常将酚分为挥发酚和不挥发酚。通常认为：沸点在230℃以下为挥发酚，一般为一元酚；沸点在230℃以上为不挥发酚。苯酚、甲酚、二甲酚均为挥发酚，二元酚、多元酚为不挥发酚。酚的主要来源有煤气洗涤、炼焦、合成氨、造纸、木材防腐和化工行业的工业废水。

挥发酚的测定方法有蒸馏后溴化容量法和蒸馏后4-氨基安替比林分光光度法等。

(7) 油类。环境水体中的油类包含矿物油（主要为石油）和动植物油，其中石油类主要来自工业废水和生活污水的污染，而动植物油则主要来源于生活污水的污染。

油类物质漂浮于水体表面，影响空气与水体界面氧的交换；分散于水中、吸附于悬浮微粒上或以乳化状态存在于水体中的油，会被微生物氧化分解，消耗水中的溶解氧，使水质恶化。

水中石油类物质检测方法很多，质量法是其中之一。质量法是测油时常用的分析方法，它不受油品种限制，但操作复杂，灵敏度低，只适于测定油含量在10mg/L以上的含油样品，用硫酸酸化水样，用石油醚萃取油，蒸出石油醚后，称其质量。

红外分光光度法可测定水中的总油、石油的含量，并通过总油和石油的差值计算出动植物油的含量，该方法重现性好、准确度高、灵敏度高、测定范围宽，是目前我国测定油类含量的标准方法。

（8）阴离子表面活性剂。阴离子表面活性剂是普通合成洗涤剂的主要活性成分，使用最广泛的阴离子表面活性剂是直链烷基苯磺酸钠（LAS）。

阳离子染料亚甲蓝与阴离子表面活性剂作用，生成蓝色的盐类，统称为亚甲蓝活性物质（MBAS），该生成物可被氯仿萃取，其色度与浓度呈正比，然后用分光光度计（652nm）测量氯仿层的吸光度。

（三）生物性指标

水环境中存在大量的水生生物，各类水生生物之间以及水生生物与其生存环境之间，既相互依存又相互制约。当水环境因受污染而发生变化时，水生生物将会产生不同的反应。根据这一原理，可以用水生生物来监测判断水环境质量状况。

用水生生物来监测水环境质量状况的方法很多，有生物群落法、细菌学检验法等。

1. 生物群落法

（1）指示生物。生物群落中生活着各种水生生物，如细菌、浮游生物、底栖动物和鱼类等。由于它们的群落结构、种类和数量的变化能够反映水环境质量状况，称之为指示生物。水环境的生存条件不同，水生生物的种类也不尽相同。一般情况，未受污染的天然水中生物的种类多，但是数量少；水体受到污染后，水中的生物种类多，数量也多。水质不同，生物的种类和数量也不同。因此，可以根据水环境中生物的种类和数量来评价水体的环境质量状况。

（2）监测方法。

1）污水生物系统法。水体受到有机物的污染后，水体的自净过程将导致河流自上游到下游形成一个污染程度不同的连续带，每一个带中都有各自的物理、化学和生物特征，并将形成独特的指示生物群落，可据此评价水质状况。污水生物体系各污染带的生物及化学特征见表1-1。

表1-1　污水生物体系各污染带的生物及化学特征

特征	多污带	α-中污带	β-中污带	寡污带
化学过程	因还原和分解作用而产生腐败现象	氧化过程在水和底泥中出现	氧化过程进行得更全面、强烈	因氧化使矿化作用达到完成阶段
溶解氧	没有或极微量	少量，$2\times10^{-6}\sim6\times10^{-6}$	较多，$6\times10^{-6}\sim8\times10^{-6}$	很多，$>8\times10^{-6}$

续表

特征	多污带	α-中污带	β-中污带	寡污带
BOD	很高，$>10\times10^{-6}$	高，$5\times10^{-6}\sim10\times10^{-6}$	较低，$2.5\times10^{-6}\sim5\times10^{-6}$	低，$<2.5\times10^{-6}$
硫化氢的生成	具有强烈的硫化氢气味	无较强的硫化氢气味	无	无
水中的有机物	高分子有机物大量存在	高分子有机物分解产生氨基酸等	大部分有机物已完成无机化过程	有机物全部分解
底泥	因黑色硫化铁存在而常呈黑色	因硫化铁氧化成氢氧化铁而不呈黑色	有 Fe_2O_3 存在	大部分氧化
水中细菌	大量存在，>100 万个/mL	较多，>10 万个/mL	数量减少，<10 万个/mL	数量少，<100 个/mL
栖息生物的生态学特征	所有动物都是细菌的摄食者，都能耐受 pH 值的强烈变化，有耐低溶解氧的厌氧性生物，对硫化氢、氨等毒性有强烈的抗性	摄食动物占优势，肉食性动物增加，对溶解氧和 pH 值的变化有高度的适应性，能够容忍氨，对硫化氢的耐受性较弱	对溶解氧和 pH 值变化适应性差，对腐败性毒物无长时间耐性	对溶解氧和 pH 值的变化适应性很差，对腐败性毒物如硫化氢等的耐性极差
植物	无硅藻、绿藻、接合藻以及高等植物出现	出现蓝藻、绿藻、接合藻及硅藻等	出现多种硅藻、绿藻、接合藻，是鼓藻的主要分布区	水中藻类少，但着生藻类多
动物	以微型动物为主，原生动物占优势	微型动物占大多数	多种多样	多种多样
原生动物	有变形虫、纤毛虫，但无太阳虫、双鞭毛虫、吸管虫	逐渐出现太阳虫、吸管虫，但仍无双鞭毛虫	太阳虫、吸管虫等中等耐污性差的种类出现，双鞭毛虫也出现	仅有鞭毛虫、纤毛虫有少量出现
后生动物	有虫、蠕形动物、昆虫幼虫等少量出现，没有水螅、淡水海绵、苔藓动物和小型甲壳类、贝类和鱼类出现	有贝类、甲壳类、昆虫出现，但无淡水海绵、苔藓动物出现，鱼类中的鲤、鲫、鲶等可在此栖息	淡水海绵、苔藓动物、水螅、贝类、小型甲壳类、两栖动物、鱼类均有多种出现	除各种动物外，昆虫幼虫种类极多

2）生物指数法。生物指数法是根据生物种类的敏感度或种类组成情况来评价环境质量的指数。贝克（Beck）于 1955 年提出了一种建议的计算生物指数的方法，他根据生物对有机物的耐性，将从采样点采到的底栖大型无脊椎动物分成两大类，Ⅰ类为对有机物污染缺乏耐性的种类，Ⅱ类为对有机物污染有中等耐受的种类，利用它们来进行水体污染的评价。其计算公式为

$$贝克生物指数(BI)=2S_{\mathrm{I}}+S_{\mathrm{II}} \tag{1-1}$$

式中　S_{I}——Ⅰ类动物种类数；

S_{II}——Ⅱ类动物种类数。

根据计算得的 BI 值对水环境污染分级，见表 1-2。

表 1-2　水环境污染分级

BI	0	1～10	>10
污染分级	严重污染	中度污染	清洁

3）群落多样性指数法。香农（Shannon）和维纳（Wiener）提出，根据生物群落的种类和个体数量来评价水环境质量，能够定量地反映生物群落结构的种类、数量及群落中种类组成比例变化的信息。其理论基础是“清洁的水域中生物种类多，但每种个体的数量少；污染水域中生物种类少，但每种个体的数量多”这一生物学规律。

香农-维纳多样性指数计算公式为

$$\overline{d}=\sum_{i=1}^{S}(n_i/N)\ln(n_i/N)\quad(i=1,2,\cdots,S)\tag{1-2}$$

式中　$\overline{d}$——生物种类多样性指数；

n_i——单位面积上第 i 种生物的个体数；

N——单位面积上各类生物的总个体数；

S——生物种类数。

根据计算得到的 $\overline{d}$ 值对水环境污染状况分级，见表 1-3。

表 1-3　按 $\overline{d}$ 值进行污染级

$\overline{d}$	<1.0	1.0～3.0	>3.0
污染分级	重污染	中污染	寡污染

2. 细菌学检验法

（1）细菌总数的测定。细菌总数是指水样在营养琼脂上有氧条件下 37℃培养 48h，所得 1mL 水样所含菌落的总数。它是判断饮用水、水源水、地表水等污染程度的标志，其主要测定程序如下：

1）灭菌。要求对用作细菌检验的器皿、培养基等进行灭菌，以确保所检出的细菌皆来自所测水样。

2）制备营养琼脂培养基。将 10g 蛋白胨、3g 牛肉膏、5g 氯化钠、10～20g 琼脂混合溶于 1000mL 的蒸馏水中，加热使混合物溶解，调整 pH 值为 7.4～7.6，分装于玻璃容器中（如用含杂质较多的琼脂时，应先过滤），经 103.43kPa（121℃）灭菌 20min，储存于冷暗处备用。

3）培养。以无菌操作方法用灭菌吸管吸取 1mL 充分混匀的水样，注入灭菌平皿中，倾注约 15mL 已融化并冷却到 45℃左右的营养琼脂培养基，并立即旋摇平皿，使水样于培养基充分混匀。每个水样应做一平行接种，同时另用一个平皿只倾注营养琼脂培养基做空白对照。待冷却凝固后，翻转平皿，使底面向上，置于（36±1)℃培养箱内培养 48h，进行菌落计数。

4）菌落计数。既可用肉眼直接观察，也可以用放大镜检查，对平皿菌落进行计数，求出 1mL 水样中的平均菌落数。

（2）总大肠菌群的测定。总大肠菌群是指一群在 35℃培养 48h 能够发酵乳糖、产酸产气、需氧和兼性厌氧的革兰氏阴性无芽孢杆菌。

总大肠菌群的检验方法有发酵法、滤膜法和酶底物法。发酵法用于各种水样的测定（包括底泥），但操作烦琐，用时较长。滤膜法操作简单、快速，但不适合浑浊水样。

(3) 其他细菌的测定。在44.5℃温度下能生长并发酵乳糖产酸产气的大肠菌群称为粪大肠菌群。用提高培养温度的方法，造成不利于来自自然环境的大肠菌群生长的条件，使培养出来的菌群主要为来自粪便中的大肠菌群，从而更准确地反映水质受粪便污染的情况。粪大肠菌群的测定可以用多管发酵法和滤膜法。粪链球菌群的测定也采用多管发酵法或滤膜法。沙门氏菌群测定时需要先用滤膜法浓缩水样，然后进行培养和平板分离，再进行生物化学和血清学鉴定，查最大可能数表（MPN），然后计算每升水样中的沙门氏菌数。以上三种细菌为水质的生物监测选择项目。

六、我国环境标准体系

1-17

我国环境标准体系

环境标准（environmental standards）是为了保护人群健康，防治环境污染，促使生态良性循环，合理利用资源，促进经济发展，依据环境保护法和有关政策，对有关环境的各项工作所做的规定。环境标准是制定国家环境政策的依据，是国家环境政策的具体体现，是执行环保法规的基本保证，通过环境标准的实施可以实现科学管理环境，提高环境管理水平。环境标准是监督管理的最重要的措施之一，是行使管理职能和执法的依据，也是处理环境纠纷和进行环境质量评价的依据，是衡量排污状况和环境质量状况的主要尺度。

1-18

我国环境标准体系

1. 环境标准概述

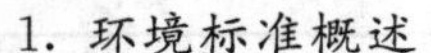

(1) 环境标准的作用。

1）环境标准既是环境保护和有关工作的目标，又是环境保护的手段。它是制定环境保护规定和计划的重要依据。

2）环境标准是判断环境质量和衡量环保工作优劣的准绳。评价一个地区环境质量的优劣，评价一个企业对环境的影响，只有与环境标准相比较才能有意义。

3）环境标准是执法的依据。环境问题的诉讼、排污费的收取、污染治理的目标等的执法依据都是环境标准。

4）环境标准是组织现代化生产的重要手段和条件。通过实施标准可以制止任意排污，促使企业对污染进行治理和管理，采用先进的无污染、少污染工艺，更新设备，综合利用资源和能源等。

(2) 环境标准的类型和分级。我国的环境标准分为环境质量标准、污染物排放标准（或污染控制标准）、环境基础标准、环境方法标准、环境标准样品标准和环保仪器设备标准六类。

环境标准分为国家环境标准、地方环境标准，其中环境基础标准、环境方法标准、环境标准物质标准和环保仪器设备标准等只有国家标准。所谓国家标准，是指由国家规定的，各种环境要素中各类有害物质在一定时间和范围内的容许含量，它是衡量全国各地环境质量的准绳，是各地进行环境管理的依据。地方环境标准是根据国家环境标准、结合当地自然地理特点、经济技术水平、工农业发展水平，人口密度及政治文化等要素制定的，是国家环境标准在地方的具体体现。当需要在全国环境保护工作范围内有统一的技术要求而又没有国家环境标准时，应制定国家生态环境部标准，国家生态环境部标准是环境保护行业标准。

国务院环境保护行政主管部门负责制定国家环境标准。省级人民政府对国家环境质量标准中未作规定的项目，可以制定地方环境质量标准；对国家污染物排放标准中未作规定的项目，可以制定地方污染物排放标准；对国家污染物排放标准已作规定的项目，可以制定严于国家污染物排放标准的地方污染物排放标准。

1）环境质量标准：国家为保护人群健康和生存环境，对污染物（或有害因素）容许含量（或要求）所作的规定。环境质量标准体现国家的环境保护政策和要求，是衡量环境是否受到污染的尺度，是环境规划、环境管理和制定污染物排放标准的依据。

2）污染物排放标准：国家对人为污染源排入环境的污染物的浓度或总量所做的限量规定。其目的是通过控制污染源排污量的途径来实现环境质量标准或环境目标，污染物排放标准按污染物形态分为气态、液态、固态以及物理性污染物（如噪声）排放标准。

3）环境基础标准：在环境标准化工作范围内，对有指导意义的符号、代号、指南、程序、规范等所做的统一规定，它是制定其他环境标准的基础。

4）环境方法标准：在环境保护工作中以试验、检验、分析、抽样、统计计算为对象制定的标准。

5）环境标准样品标准：环境标准样品是在环境保护工作中，用来标定仪器、验证测量方法、进行量值传递或质量控制的材料或物质。对这类材料或物质必须达到的要求所做的规定称为环境标准样品标准。

6）环保仪器设备标准：为了保证污染治理设备的效率和环境监测数据的可靠性与可比性，对环境保护仪器、设备的技术要求所做的统一规定。

2. 常用水环境质量标准

(1)《地表水环境质量标准》(GB 3838—2002)。

(2)《地下水质量标准》(GB/T 14848—2017)。

(3)《海水水质标准》(GB 3097—1997)。

(4)《生活饮用水卫生标准》(GB 5749—2006)。

(5)《城市供水水质标准》(CJ/T 206—2005)。

(6)《渔业水质标准》(GB 11607—1989)。

(7)《农田灌溉水质标准》(GB 5084—2005)。

(8)《城市污水再生利用　城市杂用水水质》(GB/T 18920—2020)。

瓶装饮用纯净水、无公害食品畜禽饮用水质、各种工业用水水质标准等。

3. 常用污染物排放标准

(1)《污水综合排放标准》(GB 8978—1996)。

(2) 工业水污染物排放标准。

1)《造纸工业水污染物排放标准》(GB 3544—2008)。

2）《甘蔗制糖工业水污染物排放标准》（DB 45/893—2013）。

3）《石油炼制工业水污染物排放标准》（GB 3551—1983）。

4）《纺织染整工业水污染物排放标准》（GB 4287—2012）。

【任务准备】

准备一项水环境监测的工作任务。

【任务实施】

根据工作任务，制订水环境监测工作过程的计划。

【思考题与习题】

1. 简述环境监测的内容。

2. 环境监测的类型有哪些？

3. 简述环境监测的工作过程。

4. 环境监测的分析方法有哪些？

5. 水环境监测指标有哪些类型？

知识点二　环境评价概述

【任务描述】

了解环境质量的含义；了解环境质量评价的类型及方法；了解环境影响评价的含义、类型及评价的方法。

1-19

环境质量和环境质量评价

1-20

环境质量和环境质量评价

【任务分析】

能够进行环境质量评价及影响评价的分类。

【知识链接】

一、环境质量和环境质量评价

1. 环境质量

环境质量是环境系统客观存在的一种本质属性，是能用定性和定量的方法加以描述的环境系统所处的状态。环境始终处于不停的运动和变化之中，作为表示环境状态的环境质量，也是处于不停的运动和变化之中。引起环境质量变化的原因主要有两个方面：一方面是由于人类的生活和生产行为引起环境质量的变化；另一方面是由于自然的原因引起环境质量的变化。

2. 环境质量评价

（1）环境质量评价。环境质量评价是按照一定的评价标准和评价方法对一定区域范围内的环境质量进行说明、评定和预测。

（2）环境质量评价的类型。按时间因素划分：环境质量回顾评价、环境质量现状评价和环境质量影响评价。

按研究问题的空间范围划分：单项工程环境质量评价、城市环境质量评价、区域（流域）环境质量评价和全球环境质量评价。

按环境要素划分：大气环境质量评价、水体环境质量评价、土壤环境质量评价和噪声环境质量评价等。

按评价内容划分：健康影响评价、经济影响评价、生态影响评价、风险评价和美学景观评价等。

按评价规模划分：单个基本建设项目环境影响评价和区域性的环境质量综合评价等。

（3）环境质量评价的方法。最常用的环境质量评价方法是数理统计法和环境质量指数法。

数理统计法是对环境监测数据进行统计分析，求出有代表性的统计值，然后对照相关标准，作出环境质量评价。数理统计法是环境质量评价的基础方法，其得出的统计值可作为其他评价方法基础数据资料，其作用是不可取代的。数理统计法得出的统计值可以反映各污染物的平均水平及其离散程度、超标倍数和频率、浓度的时空变化等。

环境质量指数法是将大量监测数据经统计处理后求得其代表值，以环境标准作为评价标准，把它们代入相应公式，换算成定量和客观地评价环境质量的无量纲数值的方法，这个无量纲数值指标称为“环境质量指数”，也称“环境污染指数”。

环境质量指数可分为单要素的环境质量指数和总环境质量指数两大类。单要素的环境质量指数有大气质量指数、水质指数、土壤质量指数等，它们或是由若干个用单独某一个污染物或参数反映环境质量的“分指数”，或是用该要素若干污染物或参数按一定原理合并构成反映几个污染物共同存在下的“综合质量指数”。若干个单要素环境质量指数按一定原理综合成“总环境质量指数”，用于评价这几个主要环境因素作用下形成的“总环境质量”。

环境质量指数法的特点，是能适应综合评价某个环境因素乃至几个环境因素的总环境质量的需要。此外，大量监测数据经过综合计算成为几个环境质量指数后，可提纲挈领地表达环境质量，既综合概括，又简明扼要。环境质量指数可用于评价某地环境质量各年（月、日）的变化情况，比较环境治理前后环境质量的改变即考核治理效果，以及比较同时期各城市（各监测点）的环境质量。它也适用于向管理部门和公众提供关于环境质量状况的信息。

环境影响和环境影响评价

二、环境影响和环境影响评价

1．环境影响

环境影响是指人类活动（经济活动、政治活动和社会活动）对环境的作用和导致的环境变化，以及由此引起的对人类社会和经济的效应。

环境影响和环境影响评价

按影响的来源，环境影响可分为直接影响、间接影响和累积影响。按影响效果，环境影响可分为有利影响和不利影响。按影响性质，环境影响可分为可恢复影响和不可恢复影响。另外，环境影响还可分为短期影响和长期影响，地方和区域影响或国家和全球影响，建设阶段影响和运行阶段影响等。

2．环境影响评价

环境影响评价是我国的一项基本环境保护法律制度。《中华人民共和国环境影响评价法》给出的环境影响评价的法律定义为：对规划和建设项目实施后可能造成的环境影响进行分析、预测和评估，提出预防或者减轻不良环境影响的对策和措施，进行跟踪监测的方法与制度。

3．环境影响评价的分类

按照评价对象，环境影响评价可以分为规划环境影响评价和建设项目环境影响评价。

按照环境要素，环境影响评价可以分为大气环境影响评价、地表水环境影响评价、地下水环境影响评价、声环境影响评价、生态环境影响评价和固体废物环境影响评价。

按照时间顺序，环境影响评价一般分为环境质量现状评价、环境影响预测评价和环境影响后评价。其中，环境影响后评价是在规划或开发建设活动实施后，对环境的实际影响程度进行系统调查和评估的影响评价。检查对减少环境影响措施的落实程度和效果，验证环境影响评价的结论的正确可靠性，判断评价提出的环保措施的有效性，对一些在评价时尚未认识到的影响进行分析研究，并采取补救措施，消除不利影响。

4．环境影响评价的方法

环境影响评价的主要方法有列表清单法、矩阵法、网络法、图形叠置法、组合计算辅助法、指数法、环境影响预测模型、环境影响综合评价模型等。这些方法应用的原理、需要的设备条件及最后结果的表示方式都不一样。在结果的表述中，有的是定量的数据，有的则是定性的描述。

环境影响评价方法正在不断改进，科学性和实用性不断提高。目前已从孤立处理单个环境参数发展到综合参数之间的联系，从静态考虑开发行为对环境生态的影响，发展到用动态观点来研究这些影响。

5．环境影响评价的原则

（1）依法评价原则。环境影响评价过程中应贯彻我国环境保护相关的法律法规、标准、政策，分析建设项目与环境保护政策、资源能源利用政策、国家产业政策和技术等有关政策和规划的相符性，并关注国家或地方在法律法规、标准、政策、规划及相关主体功能区等方面的新动向。

（2）早期介入原则。环境影响评价应尽早介入工程前期工作中，重点关注选址（或选线）、工艺路线（或施工方案）的环境可行性。

（3）完整性原则。根据建设项目的工程内容及其特征，对工程内容、影响时段、影响因子和作用因子进行分析、评价，突出环境影响评价重点。

（4）广泛参与原则。环境影响评价应广泛吸收相关学科和行业的专家、有关单位和个人及当地环境保护管理部门的意见。

【任务准备】

准备一项水环境评价的工作任务。

【任务实施】

根据工作任务，确定水环境评价的类型，制定评价的工作方案。

【思考题与习题】

1．简述环境质量的含义。

2．环境质量评价有哪些类型？

3. 简述环境影响的含义。

4. 环境影响评价有哪些类型？

5. 环境质量评价及环境影响评价的方法有哪些？

6. 简述环境影响评价的原则。

任务二　水环境实验室的管理

知识点一　实验室的环境要求

【任务描述】

熟悉水环境实验室的环境要求。

【任务分析】

根据水环境实验室的要求，能够编制实验环境要求设计文件。

【知识链接】

一般来说，实验室应该使其中的各种仪器设备、装置、化学试剂等免受环境的影响及有害气体的侵入，不同功能的实验室由于性质不同，对环境有特殊的要求。

一、天平室

（1）温度和湿度的要求。

1）1级、2级精度天平，工作温度应为（20±2)℃，温度波动不大于0.5℃/h，相对湿度应为50％～60％。

2）分度值在0.001mg的3级、4级精度天平，工作温度应为18～26℃，温度波动不大于0.5℃/h，相对湿度应为50％～75％。

3）一般生产企业实验室常用的3～5级天平，在称量精度要求不高的情况下，工作温度可以放宽到17～33℃，但温度波动仍不大于0.5℃/h，相对湿度可放宽到50％～90％。

4）天平室安置在底层时应注意做好防潮工作。

（2）天平设置应避免阳光直射，不宜靠近窗户安放天平，也不宜在室内安装暖气片及大功率灯泡，以免局部温度的不均匀影响称量的精度。

（3）天平应放置在有防震措施的地方。

（4）天平室只能使用抽排气装置进行通风。

（5）天平室应专室专用，以避免相互干扰。

二、精密仪器室

（1）精密仪器室尽可能保持温度、湿度恒定，一般温度在15～30℃，有条件的最好控制在18～25℃，湿度在60％～70％，需要恒温的仪器可装双层门窗及空调装置。

（2）大型精密仪器应安装在专用的实验室，一般有独立工作台。

（3）精密电子仪器以及对电磁场敏感的仪器，应远离强磁场，必要时可加装电磁屏蔽。

（4）实验室地板应致密以及防静电，一般不要使用地毯。

（5）大型精密仪器室的供电电压应稳定，并应设计有专用地线。

（6）精密仪器室应具有防火、防噪声、防潮、防腐蚀、防尘、防有害气体侵入的功能。

三、化学分析室

（1）室内的温度、湿度要求较精密仪器实验室略宽松（可放宽至35℃），但温度波动不能过大（≤2℃/h）。

（2）室内照明宜用柔和的自然光，要避免直射阳光。

（3）室内应配专用的给水和排水系统。

（4）分析室的建筑应耐火或用不易燃烧的材料建成；门应向外开，以利于发生意外时人员的撤离。

（5）由于实验过程中常产生有毒或易燃的气体，因此实验室要有良好的通风条件。

四、加热室

（1）加热室操作台应使用防火、耐热的防火材料，以保证安全。

（2）当有可能因热量散发而影响其他实验室工作时，应注意采用防热或隔热措施。

（3）设置专用排气系统，以排出试样加热、灼烧过程中排放的废气。

五、通风柜室

（1）室内应有机械通风装置，以排除有害气体，并有新的空气供给操作空间。

（2）通风柜室的门、窗不宜靠近天平室及精密仪器室的门窗。

（3）通风柜室内应配备专用的给水、排水设施，以便操作人员接触有害物质时能够及时清洗。

（4）通风柜室也可以附设于加热室或化学分析室，但排气系统应加强，以免废气干扰其他实验的进行。

六、试样制备室

（1）保证通风，避免热源、潮湿和杂物对试样的干扰。

（2）设置粉尘、废气的收集和排除装置，避免制样过程中的粉尘、废气等有害物质对其他试样的干扰。

七、储存室

分析试剂储存室和仪器储存室，存放非危险性化学药品和仪器，要求阴凉通风、避免阳光暴晒，且不要靠近加热室等。

八、危险物品储存室

（1）通常应设置在远离主建筑、结构坚固并符合防火规范的专用储存室。有防火门窗，通风良好，远离火源、热源，避免阳光暴晒。

（2）室内温度宜在30℃以下，相对湿度不超过85%。

（3）采用防爆型照明灯具，备有消防器材。

（4）储存室内应使用防火材料制作的防火隔间、储物架，储存腐蚀性物品的柜、架，应进行防腐蚀的处理。

（5）危险试样应分类分别存放，挥发性试剂存放时，应避免相互干扰。

（6）门窗应设遮阳板，并且朝外开。

【任务准备】

准备修建实验室的案例。

【任务实施】

根据实验室的环境要求，设计实验室的环境要求文件。

【思考题与习题】

1. 简述天平室的环境要求。

2. 简述精密仪器室的环境要求。

3. 简述化学分析室的环境要求。

4. 简述危险物品储存室的环境要求。

知识点二　实验室的管理制度

【任务描述】

熟悉实验室的各类管理制度。

【任务分析】

能够根据实验室的要求，制定合适的管理制度文件。

【知识链接】

一、实验室安全制度

（1）实验室内需设各种必备的安全设施（通风处、防尘罩、排气管道及消防灭火器材等），并应定期检查，保证随时可供使用。使用电、气、水、火时，应按有关使用规则进行操作，保证安全。

（2）实验室内各种仪器、器皿应有规定的放置处所，不得任意堆放，以免错拿错用，造成事故。

（3）严格遵守实验室规章制度，尤其在使用易燃、易爆和剧毒试剂时，必须遵照有关规定进行操作。

（4）下班时要有专人负责检查实验室的门、窗、水、电、煤气等，切实关好，不得疏忽大意。

（5）实验室的消防器材应定期检查，妥善保管，不得随意挪用。实验室发生意外事故时，应迅速切断电源、火源，立即采取有效措施，随时处理，并上报有关领导。

二、药品使用管理制度

（1）实验室使用的化学试剂应有专人负责保管，分类存放，定期检查使用和管理情况。

（2）易燃、易爆物品应存放在阴凉通风的地方，并有相应的安全保障措施。易燃、易爆试剂要随用随领，不得在实验室内大量积存。保存在实验室内的少量易燃品和危险品应严格控制、加强管理。

（3）剧毒试剂应由专人负责管理，加双锁存放，经批准才能使用，须两人共同称量、登记用量。

（4）取用化学试剂的器皿（如药匙、量杯等）必须分开，每种试剂用一件器皿，起码要清洗后再用，不得混用。

（5）使用氰化物时，切要注意安全，不在酸性条件下使用，并严防溅洒沾污。氰化物废液必须经处理再倒入下水道，并用大量流水冲稀。其他剧毒试液也应注意经适当转化处理后再进行清洗排放。

（6）使用有机溶剂和挥发性强的试剂的操作应在通风良好的地方或通风橱内进行。任何情况下，都不允许用明火直接加热有机溶剂。

（7）稀释浓硫酸试剂时，应按规定要求操作和储存。

三、仪器使用管理制度

（1）各种精密贵重仪器及贵重器皿（如铂器皿和玛瑙研钵等）要有专人管理，分别登记造册、建卡立档。仪器档案应包括仪器说明书，验收和调试记录，仪器的各种初始参数，定期保养维修、检定、校准及使用情况的登记记录等。

（2）精密仪器的安装、调试、使用和保养维修均应严格遵照仪器说明书上的要求。上机人员应该经过考核，考核合格方可上机操作。

（3）使用仪器前应先检查仪器是否正常。仪器发生故障时，应立即查清原因，排除故障后方可继续使用，严禁仪器“带病”运转。

（4）仪器使用完后，应将各部件恢复到所要求的位置，及时做好清理工作，盖好防尘罩。

（5）仪器的附属设备应妥善安放，并经常进行安全检查。

四、样品管理制度

（1）由于环境样品的特殊性，要求样品的采集、运送和保存等各环节都必须严格遵守有关规定，以保证其真实性和代表性。

（2）监测站的技术负责人应和采样人员、测试人员共同议定详细的工作计划，周密地安排采样和实验室测试间的衔接、协调，以保证自采样开始至结果报出的全过程中，样品都具有代表性。

（3）样品容器除一般情况外的特殊处理，应由实验室负责进行。对于需在现场进行处理的样品，应注明处理方法和注意事项，所需试剂和仪器应准备好，同时提交给采样人员。对采样有特殊要求时，应对采样人员进行培训。

（4）样品容器的材质应符合监测分析的要求，容器应密塞、不渗不漏。

（5）样品的登记、验收和保存要按以下规定执行。

1）采好的样品应及时贴好样品标签，填好采样记录。将样品连同样品登记表、送样单在规定的时间内送交指定的实验室。填写样品标签和采样记录需使用防水墨汁，严寒季节不宜使用圆珠笔时，可用铅笔填写。

2）如需对采集的样品进行分装，分装的容器应和样品容器材质相同，并填写同样的样品标签，注明“分样”字样。同时对“空白”和“副样”也都要分别注明。

3）实验室应有专人负责样品的登记、验收，其内容如下：样品名称和编号；样品采集点的详细地址和现场特征；样品的采集方式，是定时样、不定时样还是混合样；监测分析项目；样品保存所用的保存剂的名称、浓度和用量；样品的包装、保管状况；采样日期和时间；采样人、送样人及登记验收人签名。

4）在样品验收的过程中，如发现编号错乱、标签缺损、字迹不清、监测项目不明、规格不符、数量不足及采样不合要求，可拒收并建议补采或重采样品。如无法补采或重采，应经有关领导批准方可收样，完成测试后，应在报告中注明。

5）样品应按规定方法妥善保存，并在规定的时间内安排测试，不得无故拖延。

6）样品记录、样品登记表、送样单和现场测试的原始记录应完整、齐全、清晰，并与实验室测试记录汇总保存。

【任务准备】

准备实验室制度建设的案例。

【任务实施】

根据案例要求，制定实验室管理制度文件。

【思考题与习题】

1. 简述实验室的安全要求。

2. 简述实验室药品、仪器使用要求。

3. 简述实验室样品管理要求。

知识点三　实验用水选择及纯度分析

【任务描述】

熟悉实验室用水的要求以及特殊水制备的要求。

【任务分析】

根据不同实验目的，能制备不同要求的实验用水，能分析实验用水的纯度。

【知识链接】

一、实验用水的选择

1. 分析实验室用水

分析实验室用水是分析工作中用量最大的试剂，水的纯度直接影响分析结果的可靠性。

根据《分析实验室用水国家标准》（GB/T 6682—2008）规定，分析实验室用水共分为三个级别：一级水、二级水和三级水。

一级水用于有严格要求的分析实验，包括对颗粒有要求的实验，如高效液相色谱分析用水。一级水可用二级水经过石英设备蒸馏或交换混床处理后，再经 0.2μm 微孔滤膜过滤来制取。

二级水用于无机痕量分析等实验，如原子吸收光谱分析用水。二级水可用多次蒸馏或离子交换等方法制取。

三级水用于一般化学分析实验。三级水可用蒸馏或离子交换等方法制取。

各级用水在储存期间，其沾污的主要来源是容器可溶成分的溶解，空气中二氧化碳和其他杂质。因此，一级水不可储存，临使用前制备；二级水、三级水可适量制备，分别储存于预先经过同级水清洗过的相应容器中。

分析实验室用水应符合表1-4所列的规定。

表1-4　分析实验室用水的技术要求

指标名称	一级水	二级水	三级水
pH值范围（25℃）	—	—	5.0～7.5
电导率（25℃）/(mS/m)	≤0.01	≤0.10	≤0.50
可氧化物质含量［以（O）计］/(mg/L)	—	≤0.08	≤0.4
吸光度（254nm，1cm光程）	≤0.001	≤0.01	—
蒸发残渣（105℃±2℃）/（mg/L）	—	≤1.0	≤2.0
可溶性硅［以（SiO_2）计］/(mg/L)	≤0.01	≤0.02	—

注　1. 由于在一级水、二级水的纯度下，难以测定其真实的pH值，因此，对一级水、二级水的pH值范围不做规定。

2. 由于在一级水的纯度下，难以测定可氧化物质和蒸发残渣，对其限量不做规定。可用其他条件和制备方法来保证一级水的质量。

2. 特殊要求的水的制备

（1）无氯水。加亚硫酸钠等还原剂将水中余氯还原为氯离子，以N，N-二乙基对本二胺（DPD）检查不显色。继续用附有缓冲球的全玻蒸馏器进行蒸馏制取无氯水。

（2）无氨水。向水中加入硫酸至pH值<2，使水中各种形体的氨或胺最终都变成不挥发的盐类，用全玻蒸馏器进行蒸馏，即可制取无氨纯水。

（3）无二氧化碳水。

煮沸法：将蒸馏水或去离子水煮沸至少10min（水多时），或使水量蒸发10%以上（水少时），加盖放冷即可制得无二氧化碳纯水。

曝气法：将惰性气体或纯氮通入蒸馏水或去离子水至饱和，即得无二氧化碳纯水。制得的无二氧化碳水应储存于一个附有碱石灰且用橡皮塞盖严的瓶中。

（4）无铅（无重金属）水。用氢型强酸性阳离子交换树脂柱处理原水，即得无铅（无重金属）的纯水。储存器应预先进行无铅处理，用6mol/L硝酸溶液浸泡过夜后以无铅水洗净。

（5）无砷水。一般蒸馏水和去离子水大多能达到无砷的要求。应注意避免使用软质玻璃制成的蒸馏器、树脂管和储水瓶。进行痕量砷分析时，必须使用石英蒸馏器、聚乙烯的离子交换树脂柱管和储水器。

（6）无酚水。

加碱蒸馏法：向水中加入氢氧化钠至水的pH值>11，使水中酚生成不挥发的酚钠后，用全玻璃蒸馏器蒸馏制得（蒸馏之前，可同时加入少量高锰酸钾溶液使水呈紫红色，再进行蒸馏）。

活性炭吸附法：将粒状活性炭在150～170℃烘烤2h以上进行活化，放在干燥器内冷至室温。装入预先盛有少量水（避免炭粒间存留气泡）的层析柱中，使蒸馏水或去离子水缓慢通过柱床。其流速视柱容大小而定，一般以每分钟不超过100mL为宜。开始流出的水（略多余装柱时预先加入的水量）需再次返回柱中，然后正式收集。此柱所能净化的水量，一般约为多用炭粒表观容积的1000倍。

(7) 不含有机物的蒸馏水。加入适量高锰酸钾的碱性溶液于水中，使其呈紫红色，再以全玻璃蒸馏器进行蒸馏即得。在整个蒸馏过程中，应始终保持水呈紫红色，否则应随时补加高锰酸钾。

(8) 无浊度水。将蒸馏水以适宜流速通过孔径为 0.2μm 的滤膜过滤，即可制得无浊度水。

(9) 无臭水。将蒸馏水通过盛有 12～40 目颗粒活性炭的玻璃管（内径 76mm，高 460mm，活性炭顶部、底部加一层玻璃棉，防止炭粒冲出或洗出），流速为 100mL/min。制得无臭水储于玻璃容器中。

二、水的纯度分析

电导率是以数字表示的水溶液传导电流的能力。溶液电导率的大小与溶液中所含离子的种类、总浓度以及溶液的温度、黏度等因素有关。单位以西门子每米（S/m）表示。

水电导率与水质关系

水的电导率与电解质浓度呈正比，二者具有线性关系。水中多数无机盐是以离子状态存在，是电的良好导体，但是有机物不离解或离解极微弱，导电也很微弱，因此用电导率是不能反映这类污染因素的。

水电导率与水质关系

不同类型的水有不同的电导率。新鲜蒸馏水的电导率为 0.5～2μS/cm，但放置一段时间后，因吸收了二氧化碳，增加到了 2～4μS/cm；超纯水的电导率小于 0.1μS/cm；天然水的电导率为 50～500μS/cm；矿化水的电导率可达 500～1000μS/cm；含酸、碱、盐的工业废水电导率往往超过 10000μS/cm；海水的电导率约为 30000μS/cm。

在电解质的溶液里，离子的移动具有导电作用。在相同温度下测定水样的电导 G，它与水样的电阻 R 呈倒数关系，即

$$G=\frac{1}{R} \tag{1-3}$$

在一定条件下，水样的电导随着离子含量的增加而升高，而电阻则降低。因此，电导率 γ 就是电流通过单位面积 A 为 1cm^2，距离 L 为 1cm 的两铂黑电极的导电能力，即

$$\gamma=G\times\frac{L}{A}=\frac{1}{R}\times\frac{L}{A}=\frac{Q}{R} \tag{1-4}$$

式中　Q——电极常数或电导池常数，$Q=\frac{L}{A}$，cm^{-1}。

电导率随温度变化而变化，温度每升高 1℃，电导率增加约 2%，通常规定 25℃ 为测定电导率的标准温度。如测定时水样的温度不是 25℃，必须进行温度校正，经验公式为

$$\gamma_t=\frac{\gamma_s}{1+\alpha(t-25)} \tag{1-5}$$

式中　γ_t——测定温度为 t 时的电导率，μS/cm；

γ_s——25℃的电导率，μS/cm；

α——各种离子电导率的平均温度系数，取0.022；

t——测定时的温度，℃。

一般采用电导仪或电导率仪来测定水的电导率。它的基本原理是：首先选用已知电导率（γ）的标准氯化钾（KCl）溶液，测出该溶液的电阻（R），求出电导仪的电导池常数（Q）。然后测定水样的电阻，即可求出水样的电导率。

表1-5　　不同浓度KCl溶液的电导率

浓度/(mol/L)	0.0001	0.0005	0.001	0.005	0.01	0.02	0.05	0.1	0.2	0.5	1
电导率/(μS/cm)	14.94	73.90	147.0	717.80	1413	2767	6668	12890	24800	58670	111900

【任务准备】

拟定实验任务，确定对实验水质的要求。

【任务实施】

根据拟定的实验任务，制备相应的实验用水。

【思考题与习题】

1. 简述实验用水的要求。
2. 试述不同类型实验用水的制备方法。
3. 如何分析实验用水的纯度？

知识点四　试剂与试液的选用

【任务描述】

了解实验室中化学试剂的分类以及选用原则。

1-31

试剂与试液的选用

【任务分析】

能够根据水环境监测实验分析的要求，选择合适的化学试剂。

【知识链接】

1-32

试剂与试液的选用

实验室中所用化学试剂、试液应根据实际需要，合理选用相应规格的试剂，按规定浓度和需要量正确配置。试剂和配好的试液须要按规定要求妥善保存，注意空气、温度、光、杂质等的影响。另外要注意保存时间，一般浓度的溶液稳定性较好，稀溶液稳定性较差。通常，较稳定的试剂，其10^{-3} mol/L溶液可储存一个月以上，10^{-4} mol/L溶液只能储存一周，而10^{-5} mol/L溶液须当日配制，故许多试液常配制成浓的储存液，临用时稀释成所需浓度。配制溶液均需注明配制日期和配制人员，以备查核追溯。由于各种原因，有时需对试剂进行提纯和精制，以保证分析质量。

我国化学试剂按照用途可以分为通用试剂和专用试剂，通用试剂包含一般试剂、基准试剂和高纯试剂，专用试剂包含色谱试剂、生化试剂、光谱试剂、分光纯试剂、指示剂。

（1）基准试剂：可以用作基准物质的试剂，可直接配制标准溶液或校正、标定其他化学试剂。对基准试剂的基本要求是纯度高（＞99.9%）；组成恒定，并与其化学式完全相符；性质稳定。基准试剂类型：无机分析基准试剂、有机分析基准试剂、pH值基准试剂、分子量基准试剂（聚乙烯基苯等）。

（2）高纯试剂：纯度较高，一般在99.99%以上。高纯试剂是指试剂主体成分的含量，而不是指试剂中某种杂质的含量。按纯度可细分为：高纯、超纯、特纯等。用“9”的多少表示纯度，如99.99%，99.999%等，这种纯度是100%减去杂质含量得来的。一般只考虑试剂中的阳离子、某些非金属（硫、磷、硅等）的阴离子或气体杂质的含量。

（3）专用试剂：具有专门用途的试剂，在特定用途中的干扰杂质成分只需控制在不致产生明显干扰的限度下即可。

按试剂的纯度分为：高纯（又称超纯或特纯）、光谱纯、分光纯、基准纯、优级纯、分析纯和化学纯。优级纯、分析纯、化学纯试剂统称为通用化学试剂，此外还有基准试剂、生化试剂和生物染色剂等门类。其门类、等级及标识见表1－6。

表1－6　　化学试剂的门类、等级及标识

门类	质量级别（中文标识）	代号	标签颜色	备　注
通用试剂	优级纯	GR	深绿色	主体成分含量高，杂质含量低，主要用于精密的分析研究和测试工作
	分析纯	AR	金光红色	主体成分含量略低于优级纯，杂质含量略高，用于一般的分析研究和重要的测试工作
	化学纯	CP	中蓝色	品质略低于分析纯，但高于实验试剂（LR），用于工厂、教学的一般分析和实验工作
	实验试剂	LT	黄色	品质略低于化学纯，用于普通的化学实验和科学研究
基准试剂			深绿色	用于标定容量分析标志溶液及pH计定位的标准物质，纯度高于优级纯，检测的杂质项目多，但总含量低
生化试剂		BR	咖啡色	用于生命科学研究的试剂种类特殊，纯度并非一定很高
生物染色剂		BS	玫瑰红色	用于生物切片、细胞等的染色，以便显微观测

选用化学试剂的原则有以下两点。

（1）根据分析任务的不同，选用不同等级的试剂。

1）进行痕量分析，选用高纯或优级纯试剂，降低空白值。

2）用于标定标准滴定溶液浓度的试剂，应选用基准试剂，其纯度一般要求达100%±0.05%。

3）进行仲裁分析，应选用优级纯和分析纯试剂。

（2）根据分析方法的不同，选用不同等级的试剂。

1）配合滴定中，常选用分析纯试剂，以免杂质金属离子会对指示剂起封闭作用。

2）分光光度法、原子吸收分析等，选用纯度较高的试剂，以降低试剂的空白值。

【任务准备】

拟定实验任务。

【任务实施】

根据拟定的实验任务，选择合适的化学试剂。

【思考题与习题】

1. 简述化学试剂的类型及使用范围。

2. 试述化学试剂的选用原则。

知识点五　实验室安全事故的预防与应急处理

【任务描述】

熟悉实验室常见安全事故的预防与处理措施。

【任务分析】

通过对实验室常见事故预防与处理措施的学习，能够在工作和学习过程中很好地预防事故的发生，一旦发生事故，能够运用相关知识及时有效处理，减小事故影响的后果及范围。

1-33

化学灼伤和割伤的预防与处理

1-34

化学灼伤和割伤的预防与处理

【知识链接】

一、化学灼伤和割伤的预防与处理

化学灼伤在化学实验过程中是经常出现的安全事故，例如：眼睛灼伤是眼内溅入碱金属、溴、磷、浓酸、浓碱等化学药品和其他具有刺激的物质对眼睛造成的灼伤。皮肤灼伤有酸灼伤，如氢氟酸能腐烂指甲、骨头，滴在皮肤上，会形成痛苦的、难以治愈的烧伤，还有碱灼伤、溴灼伤等，其中溴灼伤是很危险的，被溴灼伤后的伤口一般不轻易愈合，必须严加防范。在烧熔和加工玻璃品时容易被烫伤。在切割玻管或向木塞、橡皮塞中插入温度计、玻管等物品时容易发生割伤。

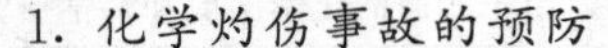

1. 化学灼伤事故的预防

(1) 最重要的是保护好眼睛！在化学实验室里应该一直佩戴护目镜（平光玻璃或有机玻璃眼镜），防止眼睛受刺激性气体熏染，防止任何化学药品特别是强酸、强碱、玻璃屑等异物进入眼内。

(2) 禁止用手直接取用任何化学药品，使用毒品时除用药匙、量器外必须佩戴橡皮手套，实验后马上清洗仪器用具，立即用肥皂洗手。

(3) 尽量避免吸入任何药品和溶剂蒸气。处理具有刺激性的、恶臭的和有毒的化学药品时，如 H_2S、NO_2、Cl_2、Br_2、CO、SO_2、SO_3、HCl、HF、浓硝酸、发烟硫酸、浓盐酸、乙酰氯等，必须在通风橱中进行。通风橱开启后，不要把头伸入橱内，并保持实验室通风良好。

(4) 严禁在酸性介质中使用氰化物。

(5) 禁止口吸吸管移取浓酸、浓碱、有毒液体，应该用洗耳球吸取。禁止冒险品尝药品试剂，不得用鼻子直接嗅气体，而应该是用手向鼻孔扇入少量气体。

(6) 不要用乙醇等有机溶剂擦洗溅在皮肤上的药品，这种做法反而增加皮肤对药品的吸收速度。

(7) 实验室里禁止吸烟进食，禁止赤膊、穿拖鞋。

2. 化学灼伤的急救

(1) 眼睛灼伤或掉进异物，一旦眼内溅入任何化学药品，立即用大量水缓缓彻底冲洗。实验室内应备有专用洗眼水龙头。

洗眼时要保持眼皮张开，可由他人帮助翻开眼睑，持续冲洗15min。忌用稀酸中和溅入眼内的碱性物质，反之亦然。对因溅入碱金属、溴、磷、浓酸、浓碱或其他刺激性物质的眼睛灼伤者，急救后必须迅速送往医院检查治疗。

(2) 玻璃屑进入眼睛内是比较危险的。这时要尽量保持平静，绝不可用手揉擦，也不要试图让别人取出碎屑，尽量不要转动眼球，可任其流泪，有时碎屑会随泪水流出。用纱布轻轻包住眼睛后，将伤者急送医院处理。

若系木屑、尘粒等异物，可由他人翻开眼睑，用消毒棉签轻轻取出异物，或任其流泪，待异物排出后，再滴入几滴鱼肝油。

(3) 皮肤灼伤。

1) 酸灼伤：先用大量水冲洗，以免深度受伤，再用稀 $NaHCO_3$ 溶液或稀氨水浸洗，最后用水洗。

氢氟酸能腐烂指甲、骨头，滴在皮肤上，会形成痛苦的、难以治愈的烧伤。皮肤若被灼烧后，应先用大量水冲洗20min以上，再用冰冷的饱和硫酸镁溶液或70%酒精浸洗30min以上；或用大量水冲洗后，用肥皂水或2%～5% $NaHCO_3$ 溶液冲洗，用5% $NaHCO_3$ 溶液湿敷。局部外用可的松软膏或紫草油软膏及硫酸镁糊剂。

2) 碱灼伤：先用大量水冲洗，再用1%硼酸或2%HAc溶液浸洗，最后用水洗。

3) 溴灼伤：这是很危险的。被溴灼伤后的伤口一般不易愈合，必须严加防范。凡用溴时都必须预先配制好适量的20% $Na_2S_2O_3$ 溶液备用。一旦有溴沾到皮肤上，立即用 $Na_2S_2O_3$ 溶液冲洗，再用大量水冲洗干净，包上消毒纱布后就医。

在受上述灼伤后，若创面起水泡，均不宜把水泡挑破。

3. 烫伤、割伤等外伤

在烧熔和加工玻璃物品时最容易被烫伤；在切割玻管或向木塞、橡皮塞中插入温度计、玻管等物品时最容易发生割伤。玻璃质脆易碎，对任何玻璃制品都不得用力挤压或造成张力。在将玻管、温度计插入塞中时，塞上的孔径与玻管的粗细要吻合。玻管的锋利切口必须在火中烧圆，管壁上用几滴水或甘油润湿后，用布包住用力部位轻轻旋入，切不可用猛力强行连接。

外伤急救方法如下：

(1) 割伤。先取出伤口处的玻璃碎屑等异物，用水洗净伤口，挤出一点血，涂上红汞药水后用消毒纱布包扎。也可在洗净的伤口上贴上“创可贴”，可立即止血，且易愈合。若严重割伤大量出血时，应先止血，让伤者平卧，抬高出血部位，压住附近动脉，或用绷带盖住伤口直接施压，若绷带被血浸透，不要换掉，再盖上一块施压，并立即送医院治疗。

1-35

实验室防火知识

(2) 烫伤。一旦被火焰、蒸气、红热的玻璃、铁器等烫伤时，立即将伤处用大量水冲淋或浸泡，以迅速降温避免高温烧伤。若起水泡不宜挑破，用纱布包扎后送医院治疗。对轻微烫伤，可在伤处涂些鱼肝油或烫伤油膏或万花油后包扎。

二、实验室防火

(一) 实验室的防火措施

1-36

实验室防火知识

实验室着火事故的发生，与易燃物质的性质密切相关，也与操作者粗心大意的工作态度有直接的关系，因此，根据实验室起火发生的原因，可采取下列针对性措施加以预防。

1. 预防加热过程着火

加热操作是实验室分析检验中不可缺少的一项基本操作，而多数着火原因均是由加热引起的，因此加热时应采取如下措施：

（1）严禁在加热的热源附近放置易燃物品。

（2）灼烧的物品不能直接放在木制的操作台上，应放置在石棉板上。

（3）蒸馏、蒸发和回流易燃物时，绝不允许用明火直接加热，可采用水浴、砂浴等方式加热。

（4）在蒸馏、蒸发和回流可燃液体时，操作人员不能离开现场，要注意仪器和冷凝器的正常运行。

（5）加热用的酒精灯、煤气灯、电炉等加热器使用完毕后，应立即关闭。

（6）禁止用火焰检查可燃气体（如乙炔气等）泄露的地方，应该用肥皂水来检查漏气。

（7）倾注或使用易燃液体时，附近不得有明火。

（8）点燃煤气灯时，必须先关闭风门，划着火柴，再开煤气，最后调节风量。停用时要先闭风，后闭煤气。

（9）身上或手上沾有易燃物时，应立即清洗干净，不得靠近火源，以防着火。

（10）实验室内不宜存放过多的易燃物品，且应低温存放，远离火源。

2. 预防化学反应过程着火

正常的化学反应可以给分析实验室带来预期的结果，但有的化学反应却带来危险，特别是对性质不清楚的反应，更应引起注意，以防止突发性事故的发生。

（1）检验人员对其所进行的实验室，必须熟悉其反应的原理和所用化学试剂的特性，对于有危险的实验，应事先做好防护措施以及事故发生后的处理方法。

（2）严禁可燃物与氧化剂一起研磨，以防发生燃烧或爆炸。

（3）易燃液体的废液应设置专用储器收集，不得倒入下水道，以免引起燃爆事故。

（4）检验人员在工作中不要使用不知其成分的物质，如果必须进行性质不明的实验，试料用量先从最小剂量开始，同时要采取安全措施。

（5）要及时销毁残存的易燃物品，消除隐患。

（二）实验室的灭火

主要原则是一旦发生火灾，工作人员应冷静沉着，快速选择合适的灭火器材进行扑救，同时要注意自身的安全保护。

1. 灭火的紧急措施

（1）防止火势扩展，首先切断电源，关闭煤气阀门，快速移走附近的可燃物。

（2）根据起火的原因及性质，采取妥当的措施扑救火焰。

（3）火势较猛时，应根据具体情况，选用适当的灭火器，并立即联系火警，请求救援。火源类型及灭火器的选用见表1-7。

表 1-7　　火源类型及灭火器的选用

火　源　类　型	灭火器的选用
木材、纸张、棉花	水、酸碱式和泡沫式灭火器
可燃性液体，如石油化工产品、食品油脂等	泡沫式灭火器、二氧化碳灭火器、干粉灭火器和 1211 灭火器
可燃气体如煤气、石油液化气等；电器设备、精密仪器、档案资料	1211 灭火器、干粉灭火器
可燃性金属，如钾、铝、钠、钙、镁等	干砂土、7150 灭火器

注　1. 1211 即二氟一氯一溴甲烷，它在火焰中气化时产生一种抑制和阻断燃烧链反应的自由基，使燃烧中断。

2. 7150 即三甲氧基硼氧六环，它受热分解，吸收大量热，并且在可燃金属表面形成氧化硼保护膜，将空气隔绝，使火熄灭。

2. 灭火时的注意事项

（1）一定要根据火源类型选择合适的灭火器材。如能与水发生猛烈作用的金属钠、过氧化物等失火时，不能用水灭火；比水轻的易燃物品失火时，不能用水灭火。

（2）电器设备及电线着火时必须关闭总电源，再用四氯化碳灭火器熄灭已燃烧的电线及设备。

（3）在回流加热时，由于安装不当或冷凝效果不佳而失火，应先切断加热源，再进行扑救。但绝对不可以用其他物品堵住冷凝管上口。

（4）实验过程中，若敞口的器皿发生燃烧，在切断加热源后，再设法找一个适当材料盖住器皿口，使火熄灭。

（5）扑救有毒气体火情时，一定要注意防毒。

（6）衣服着火时，不可慌张乱跑，应立即用湿布等物品灭火，如燃烧面积较大，可躺在地上打滚，熄灭火焰。

3. 灭火器的维护

（1）灭火器应定期检查并按时更换药液。

（2）在使用前必须检查喷嘴是否畅通，如有阻塞，应用铁丝疏通后再使用，以免造成爆炸。

（3）使用后应彻底清洗，并及时更换已损坏的零件。

（4）灭火器应安放在固定明显的地方，不得随意挪动。

1-37

实验室防爆知识

1-38

实验室防爆知识

三、实验室防爆

1. 实验室发生爆炸事故的原因

实验室发生爆炸事故的原因大致如下：

（1）随便混合化学药品，氧化剂和还原剂的混合物在受热、摩擦或撞击时会发生爆炸。

（2）密闭体系中进行蒸馏、回流等加热操作。

（3）在加压或减压实验中使用不耐压的玻璃仪器。

（4）反应过于激烈而失去控制。

(5) 易燃易爆气体如氢气、乙炔等烃类气体、煤气和有机蒸气等大量逸入空气，引起爆燃。

(6) 一些本身容易爆炸的化合物，如硝酸盐类、硝酸酯类、三碘化氮、芳香族多硝基化合物、乙炔及其重金属盐、重氮盐、叠氮化物、有机过氧化物（如过氧乙醚和过氧酸）等，受热或被敲击时会爆炸。强氧化剂与一些有机化合物接触，如乙醇和浓硝酸混合时会发生猛烈的爆炸反应。

(7) 搬运钢瓶时不使用钢瓶车，而让气体钢瓶在地上滚动，或撞击钢瓶表头，随意调换表头，或气体钢瓶减压阀失灵等。

(8) 在使用和制备易燃、易爆气体（如氢气、乙炔等）时，不在通风橱内进行，或在其附近点火。

(9) 煤气灯用完后或中途煤气供应中断时，未立即关闭煤气龙头；或煤气泄漏，未停止实验，即时检修。

(10) 氧气钢瓶和氢气钢瓶放在一起。

2. 实验室常见的爆炸事故

实验操作不规范、粗心大意或违反操作规程等都能酿成爆炸事故。

(1) 配制溶液时，错将水往浓硫酸里倒，或者配制浓的氢氧化钠时未等冷却就将瓶塞塞住摇动，这些都会发生爆炸。

(2) 减压蒸馏时，若使用平底烧瓶或锥瓶做蒸馏瓶或接收瓶，因其平底处不能承受较大的负压而发生爆炸。

(3) 对使用的四氢呋喃，乙醚等蒸馏时，由于这类试剂放久后会产生一定的过氧化物，在对这些物质进行蒸馏前，未进行检验有无过氧化物并除掉过氧化物的操作，当过氧化物被浓缩达到一定程度或蒸干易发生爆炸。

(4) 制备易燃气体时，一定要注意附近不要有明火，在制备和检验氧气时，一定要注意不要混有其他易燃气体。例如氧气制备、氢气制备，实验中若操作不慎易发生爆炸。

(5) 金属钾、钠、白磷遇火都易发生爆炸。

3. 爆炸事故的预防与急救

爆炸的毁坏力极大，危害十分严重，瞬间殃及人身安全，必须在思想上引起足够的重视。为预防爆炸事故发生，必须遵守以下几点：

(1) 凡是有爆炸危险的实验，应安排在专门防爆设施（或通风柜）中进行。

(2) 高压实验必须在远离人群的实验室中进行。

(3) 在做高压、减压实验时，应使用防护屏或防爆面罩。

(4) 绝不允许随意混合各种化学药品，例如：高锰酸钾和甘油。

(5) 在点燃氢气、一氧化碳等易燃气体之前，必须先检查并确保纯度。银氨溶液不能留存，某些强氧化剂（如氯酸钾、硝酸钾、高锰酸钾等）或其混合物不能研磨，否则都会发生爆炸。

(6) 钾、钠应保存在煤油中，而磷可保存在水中，取用时用镊子。一些易燃的有机溶剂，要远离明火，用后立即盖好瓶塞。

如果发生爆炸事故，应首先将受伤人员撤离现场，送往医院急救，同时立即切断电源，关闭煤气和水龙头，并迅速清理现场以防引发其他着火、中毒等事故。如已引发了其他事故，则按相应办法处理。

【任务准备】

拟定实验室事故。

【任务实施】

根据拟定的实验室事故，进行事故处理演练。

【思考题与习题】

1. 简述实验室常见的事故。

2. 化学灼伤与割伤的预防与急救措施有哪些？

3. 实验室防火措施有哪些？

4. 实验室防爆措施有哪些？

任务三　水环境监测数据处理与结果统计

知识点一　误差的来源及分类

【任务描述】

了解真值的含义，掌握误差的概念及类型。

1－39
误差的来源及分类

1－40
误差的来源及分类

【任务分析】

通过对误差及来源的分析，能够正确判断误差的类型。

【知识链接】

一、真值

真值即真实值，即在某一时刻和某一位置或状态下，某量的效应体现出的客观值或实际值称为真值。真值通常是一个未知量，一般说的真值是指理论真值、约定真值和相对真值。

（1）理论真值也称绝对真值：如三角形内角和为180°。

（2）约定真值也称规定真值：由国际计量大会定义的国际单位制，包括基本单位、辅助单位和导出单位。由国际单位制所定义的真值叫约定真值。

（3）标准器（包括标准物质）的相对真值：高一级标准器的误差为低一级标准器或普通仪器误差的1/5（或1/3～1/20）时，则可认为前者是后者的相对真值。

二、误差及其分类

由于被测量的数据通常不能以有限位数表示，同时由于认识能力不足和科学技术水平的限制，测量值与真值不一致，这种不一致在数值上表现为误差。任何测量结果都有误差，并存在于一切测量全过程之中。

误差按其性质和产生原因，可以分为系统误差、随机误差和过失误差。

1. 系统误差

系统误差又称可测误差、恒定误差或偏倚（bias），是指在重复性条件下，对同一被测量进行无限多次测量所得结果的平均值与被测量的真值之差。

系统误差是由分析过程中某些固定的原因引起的一类误差，它具有重复性、单向性、可测性。即在相同的条件下，重复测定时会重复出现，使测定结果系统偏高或系统偏低，其数值大小也有一定的规律。系统误差包括：

（1）方法误差，系由选择的方法不够完善所致。如重量分析中沉淀的溶解损失，滴定分析中指示剂选择不当。

（2）仪器误差，系由仪器本身的缺陷所致。如天平两臂不等，砝码未校正，滴定管、容量瓶未校正。

（3）试剂误差，系由所用试剂有杂质所致。如去离子水不合格，试剂纯度不够，含待测组分或干扰离子等。

（4）恒定的个人误差，系由测量者感觉器官的差异、反应的敏捷程度和固有习惯所致。如对仪器标尺读取读数时的始终偏右或偏左。

（5）恒定的环境误差，系由测量时环境因素的显著改变所致。如室温的明显变化，溶液中某组分挥发造成溶液浓度的改变等。

2. 随机误差

随机误差又称偶然误差或不可测误差，是由于在测定过程中一系列有关因素微小的随机波动而形成的具有相互抵偿性的误差。其产生的原因是分析过程中种种不稳定随机因素的影响，如室温、相对湿度和气压等环境条件的不稳定，分析人员操作的微小差异以及仪器的不稳定等。随机误差的大小和正负都不固定，但多次测量就会发现，绝对值相同的正负随机误差出现的概率大致相等，因此它们之间常能互相抵消，所以可以通过增加平行测定的次数和取平均值的办法减小随机误差。

3. 过失误差

过失误差又称粗差，是由测量过程中犯了不应有的错误造成的，如水样的丢失或沾污、仪器出现异常而未被发现、读数错误、记录或计算错误等，过失误差无一定的规律可循。

过失误差一经发现，必须及时改正。只要分析人员有严谨的科学作风，细致的工作态度和强烈的责任感，过失误差是可以避免的。

【任务准备】

拟定一系列实验的案例。

【任务实施】

根据实验的案例，对误差进行分析，判断误差的类型。

【思考题与习题】

1. 简述误差的来源。
2. 简述误差的类型。

知识点二　准确度和精密度的计算与检验

【任务描述】

了解准确度和精密度的概念，掌握准确度和精密度的计算和检验方法。

【任务分析】

通过对相关知识的学习，能够计算实验数据的准确度和精密度，并且能够对其进行检验。

1-41

准确度和精密度的计算

1-42

准确度和精密度的计算

【知识链接】

一、准确度

准确度指测定结果与真值接近的程度。一个分析方法或分析测量系统的准确度是反映该方法或该测量系统存在的系统误差和随机误差的综合指标，它决定着分析结果的可靠性。

准确度用绝对误差或相对误差表示。误差越小，准确度越高。

（1）绝对误差：是指测量值（x）与真值（μ）之差，绝对误差（E）有正负之分可表示为

$$E=x-\mu \tag{1-6}$$

（2）相对误差：是指绝对误差与真值之比（常以百分数表示），相对误差 RE（%）为

$$RE=\frac{x-\mu}{\mu}\times 100\% \tag{1-7}$$

二、精密度

精密度是指各次测定结果相互接近的程度。分析方法的精密度是由随机误差决定的，通常用绝对偏差和相对偏差、平均偏差和相对平均偏差、标准偏差和相对标准偏差、极差表示。

1. 绝对偏差和相对偏差

（1）绝对偏差：即某一测量值 x_i 与多次测量平均值$\overline{x}$之差，以 d_i 表示，即

$$d_i=x_i-\overline{x} \tag{1-8}$$

（2）相对偏差：为绝对偏差与均值之比（常用百分数表示），即

$$相对偏差=\frac{d_i}{\overline{x}}\times 100\% \tag{1-9}$$

2. 平均偏差和相对平均偏差

（1）平均偏差：为绝对偏差的绝对值之和的平均值，以$\overline{d}$表示，即

$$\overline{d}=\frac{\sum_{i=1}^{n}|x_i-\overline{x}|}{n}=\frac{1}{n}\sum_{i=1}^{n}|d_i|=\frac{1}{n}(|d_1|+|d_2|+\cdots+|d_n|) \tag{1-10}$$

（2）相对平均偏差：为平均偏差与测量均值之比（常用百分比表示），即

$$相对平均偏差=\frac{\overline{d}}{\overline{x}}\times 100\% \tag{1-11}$$

3. 标准偏差和相对标准偏差

（1）差方和：亦称离差平方和或平方和，是指绝对偏差的平方之和，以 S 表示，即

$$S=\sum_{i=1}^{n}(x_i-\overline{x})^2 \tag{1-12}$$

（2）样本方差：用 s^2 或 V 表示，即

$$s^2=\frac{1}{n-1}\sum_{i=1}^{n}(x_i-\overline{x})^2=\frac{1}{n-1}S \tag{1-13}$$

（3）样本标准偏差：用 s 或 s_D 表示，即

$$s=\sqrt{\frac{1}{n-1}\sum_{i=1}^{n}(x_i-\overline{x})^2}=\sqrt{\frac{1}{n-1}S}=\sqrt{\frac{\sum x_i^2-\frac{(\sum x_i)^2}{n}}{n-1}} \tag{1-14}$$

（4）样本的相对标准偏差：又称变异系数，是样本标准偏差在样本均值中所占的百分数，记为 C_V 或 RSD，即

$$C_V=RSD=\frac{s}{\overline{x}}\times 100\% \tag{1-15}$$

（5）总体方差和总体标准偏差：分别以 σ^2 和 σ 表示，即

$$\sigma^2=\frac{1}{N}\sum_{i=1}^{N}(x_i-\mu)^2 \tag{1-16}$$

$$\sigma=\sqrt{\sigma^2}=\sqrt{\frac{1}{N}\sum_{i=1}^{N}(x_i-\mu)^2}=\sqrt{\frac{\sum x_i^2-\frac{(\sum x_i)^2}{N}}{N}} \tag{1-17}$$

4. 极差

极差是指一组测量值中最大值（x_{max}）与最小值（x_{min}）之差，表示误差的范围，以 R 表示，即

$$R=x_{max}-x_{min} \tag{1-18}$$

为了满足某些特殊需要，有时用平行性、重复性和再现性表示不同情况下分析结果的精密度。

（1）平行性：指在同一实验室中，当分析人员、分析设备和分析时间都相同时，用同一分析方法对同一样品进行的双份或多份平行样测定结果之间的符合程度。

（2）重复性：指在同一实验室中，当分析人员、分析设备和分析时间中至少有一样不相同时，用同一分析方法对同一样品进行两次或两次以上独立测定结果之间的符合程度。

（3）再现性：指在不同实验室中，分析人员、分析设备，甚至分析时间都不相同，用同一分析方法对同一样品进行的多次结果之间的符合程度。

三、准确度与精密度的关系

准确度是由系统误差和随机误差决定的，所以要获得很高的准确度，则必须有很高的精密度，而精密度是由随机误差决定的，与系统误差无关。因此，分析结果的精密度很高，并不等于准确度也很高。故而即使有系统误差存在，并不妨碍结果的精密度。两者关系如图 1-7 所示。

结论：精密度是保证准确度的前提；精密度好，准确度不一定好，可能有系统误差存在；精密度不好，衡量准确度无意义。

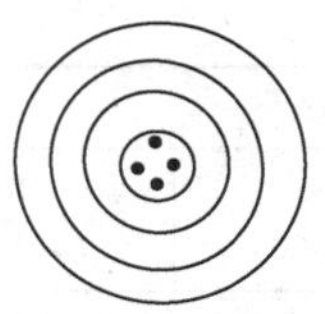
(a) 准确且精密

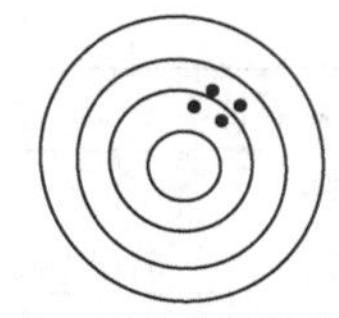
(b) 不准确但精密

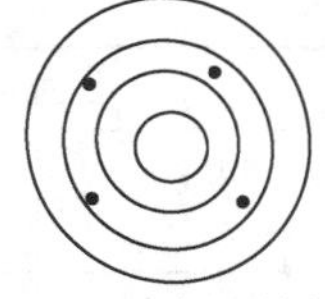
(c) 准确但不精密

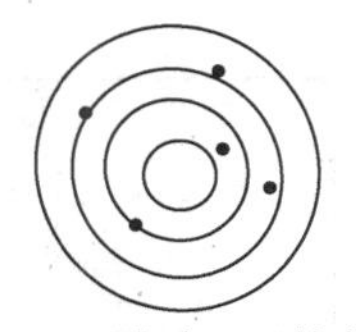
(d) 不准确且不精密

图 1－7　准确度与精密度的关系图

四、准确度和精密度的检验

1－43

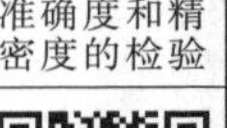
准确度和精密度的检验

1－44

准确度和精密度的检验

1. 准确度检验

准确度检验一般有两种方法。

（1）误差检验：即检验测定结果与真值的一致程度。测定结果误差检验一般用 u 检验或 t 检验，其中平行（或重复）测定次数较少的误差检验多采用 t 检验法。常规测定中，t 检验常用于以下两种情况下的误差分析：

1）测定均值与真值的一致性检验。如果测量结果的平均值 $\overline{x}$ 与真值 μ 的不一致是由随机误差引起的，这样差异必然很小，则可认为测量结果与分析方法是可靠的。相反，如果这种不一致是由系统误差引起的，则这种差异必然很显著，则说明测量结果与分析方法不可靠。显著性差异的检验方法如下：

$$t_{计}=\frac{|\overline{x}-\mu|}{s}\sqrt{n} \tag{1-19}$$

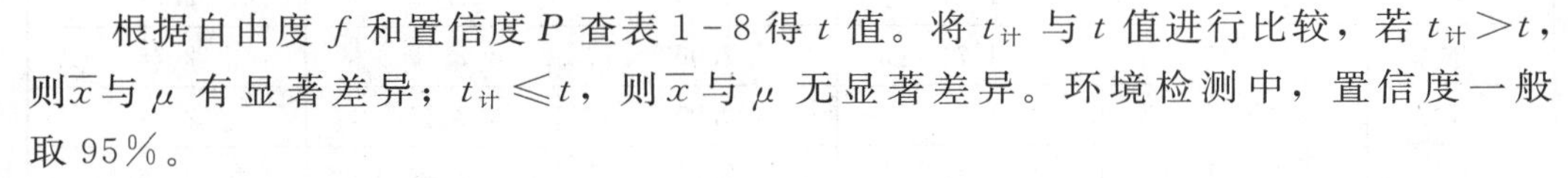

根据自由度 f 和置信度 P 查表 1－8 得 t 值。将 $t_{计}$ 与 t 值进行比较，若 $t_{计}>t$，则 $\overline{x}$ 与 μ 有显著差异；$t_{计}\leqslant t$，则 $\overline{x}$ 与 μ 无显著差异。环境检测中，置信度一般取 95%。

一旦发现有显著性差异，就要设法找到产生误差的原因。

表 1－8　　t 值

自由度 f	置信度（显著性水平 α）				
	80%（α=0.200）	90%（α=0.100）	95%（α=0.050）	98%（α=0.020）	99%（α=0.010）
1	3.078	6.31	12.71	31.82	63.66
2	1.89	2.92	4.30	6.96	9.92
3	1.64	2.35	3.18	4.54	5.84
4	1.53	2.13	2.78	3.75	4.60
5	1.44	2.02	2.57	3.37	4.03
6	1.44	1.94	2.45	3.14	3.71
7	1.41	1.89	2.37	3.00	3.50
8	1.40	1.86	2.31	2.90	3.36
9	1.38	1.83	2.26	2.82	3.25
10	1.37	1.81	2.23	2.76	3.17

续表

自由度 f	置信度（显著性水平 α）				
	80% (α=0.200)	90% (α=0.100)	95% (α=0.050)	98% (α=0.020)	99% (α=0.010)
11	1.36	1.80	2.20	2.72	3.11
12	1.36	1.78	2.18	2.68	3.05
13	1.35	1.77	2.16	2.65	3.01
14	1.35	1.76	2.14	2.62	2.98
15	1.34	1.75	2.13	2.60	2.95
16	1.34	1.75	2.12	2.58	2.92
17	1.33	1.74	2.11	2.57	2.90
18	1.33	1.73	2.10	2.55	2.88
19	1.33	1.73	2.09	2.54	2.86
20	1.33	1.72	2.09	2.53	2.85
21	1.32	1.72	2.08	2.52	2.83
22	1.32	1.72	2.07	2.51	2.82
23	1.32	1.71	2.07	2.50	2.81
24	1.32	1.71	2.06	2.49	2.80
25	1.32	1.71	2.06	2.49	2.79
26	1.31	1.71	2.06	2.48	2.78
27	1.31	1.70	2.05	2.47	2.77
28	1.31	1.70	2.05	2.47	2.76
29	1.31	1.70	2.05	2.46	2.76
30	1.31	1.70	2.04	2.46	2.75
40	1.30	1.68	2.02	2.42	2.70
60	1.30	1.67	2.00	2.39	2.66
120	1.29	1.66	1.98	2.36	2.62
∞	1.28	1.64	1.96	2.33	2.58
自由度 f	0.100	0.050	0.025	0.010	0.005
	P（单侧概率）				

2）两组平均值的一致性检验。如果无合适的标准样品，可采用公认的已成熟的或标准的老方法与新方法进行比较，如果两方法测定的$\overline{x}_1$和$\overline{x}_2$不存在显著差异，则新方法可靠；如果有显著差异，是由系统误差造成的，说明新方法不可靠。此时t检验法检验。

两种测定结果的均值、方差及样本容量分别为$\overline{x}_1$、s_1^2、n_1和$\overline{x}_2$、s_2^2、n_2，有

$$t_{计}=\frac{|\overline{x}_1-\overline{x}_2|}{s_{合}}\sqrt{\frac{n_1 n_2}{n_1+n_2}} \tag{1-20}$$

$$s_{合}=\sqrt{\frac{(n_1-1)s_1^2+(n_2-1)s_2^2}{n_1+n_2-2}} \tag{1-21}$$

根据自由度 $f_{总}=n_1+n_2-2$ 和所定的置信度 P 在 t 值表（表 1-8）中查出相应的 t。若 $t_{计}<t$，则$\overline{x}_1$ 与$\overline{x}_2$ 之间无显著差异，说明方法可靠；若 $t_{计}>t$，则$\overline{x}_1$ 与$\overline{x}_2$ 之间有显著差异，说明方法不可靠。

（2）计算加标回收率：即在样品测定的同时设置加标质控样，计算质控样的加标回收率。

$$回收率=\frac{加标水样测定值-水样测定值}{加标量}\times 100\%$$

回收率用百分数表示，回收率越接近 100%，方法的准确度越高。

2. 精密度检验

（1）精密度的表征指标。

1）极差：极差与精密度的关系是极差越小，精密度越大。

2）标准差：标准差与精密度的关系是标准差越小，精密度越大。

3）方差：方差与精密度的关系是方差越小，精密度越大。

（2）精密度的检验——F 检验法。F 检验法，又叫方差齐性检验，是英国统计学家 Fisher 提出的一种精密度检验方法。F 检验法主要通过比较两组数据的方差 s^2，确定它们的精密度是否有显著性差异。F 检验确定两组数据精密度之间有没有显著性差异，是检验两组数据均值间是否存在系统误差的前提条件。

两种测定结果的均值、方差及样本容量分别为$\overline{x}_1$、s_1^2、n_1 和$\overline{x}_2$、s_2^2、n_2，按下式计算 $F_{计}$ 值。

$$F_{计}=\frac{s_{大}^2}{s_{小}^2} \tag{1-22}$$

然后由两组测定的自由度 $f_{大}$ 和 $f_{小}$，对应表 1-9 查出相应的 F 值。

如果 $F_{计}>F$，则说明两组数据有显著差异；如果 $F_{计}<F$，则说明两种数据无显著差异，需进一步做 t 检验，以便确定是够有系统误差存在。

表 1-9　　置信度 95%时的 F 值（单边）

$f_{大}$	$f_{小}$									
	2	3	4	5	6	7	8	9	10	∞
2	19.00	19.16	19.25	19.30	19.33	19.36	19.37	19.38	19.39	19.50
3	9.55	9.25	9.12	9.01	8.94	8.88	8.84	8.81	8.78	8.53
4	6.94	6.59	6.39	6.26	6.16	6.09	6.04	6.00	5.96	5.63
5	5.79	5.41	5.19	5.05	4.95	4.88	4.82	4.78	4.74	4.36
6	5.14	4.76	4.53	4.39	4.28	4.21	4.15	4.10	4.06	3.67
7	4.74	4.35	4.12	3.97	3.87	3.79	3.73	3.68	3.63	3.23

续表

$f_{大}$	$f_{小}$									
	2	3	4	5	6	7	8	9	10	∞
8	4.46	4.07	3.84	3.69	3.58	3.50	3.44	3.39	3.34	2.93
9	4.26	3.86	3.63	3.48	3.37	3.29	3.23	3.18	3.13	2.71
10	4.10	3.71	3.48	3.33	3.22	3.14	3.07	3.02	2.97	2.54
∞	3.00	2.60	2.37	2.21	2.10	2.01	1.94	1.88	1.83	1.00

注　$f_{大}$为大方差数据的自由度；$f_{小}$为小方差数据的自由度。

【任务准备】

准备相关实验数据等。

【任务实施】

根据实验数据，对其进行分析，计算其准确度和精密度，通过对准确度和精密度进行检验。

【思考题与习题】

1. 简述准确度和精密度的表示方法。

2. 分析准确度和精密度之间的关系。

3. 有粗盐试样，经测定其氯的质量分数为 76.19、75.23、77.91、75.66、75.68、75.58、75.80。①计算结果的平均值 $\overline{x}$ 和标准偏差 s；②求出该组数据的精密度（标准偏差 s、相对标准差 C_V 和极差）；③ 若该样品的真值含氯量为 75.50，求出该组的准确度（平均绝对误差和平均相对误差）。

4. 某实验室实验人员用两种方法分别测定同一样品的结果如下：

A：1.25　1.27　1.22　1.24

B：1.31　1.35　1.33　1.34

检验两种方法测定的结果有无显著差异？

知识点三　有效数字及其运算规则

【任务描述】

了解有效数字的含义，掌握有效数字的修约规则，掌握有效数字的运算规则，掌握水环境监测记数的规则。

【任务分析】

在进行实验数据处理时，必须知道有效数字的运算与修约规则，正确进行结果的计算及表达。

【知识链接】

一、有效数字

有效数字是指在分析工作中实际能够测量到的数字，也就是说是有效数字的位数反映了测量的准确度。记录和报告的测量结果只应包含有效数字，对有效数字的位数不能任意增减。因此，记录测量结果的原始数据必须根据有效数字的保留规则正确书写。

有效数字是由全部可靠数字和最后一位不确定的可疑数字构成。通过直读获得的准确数字为可靠数字；通过估读得到的那部分数字为可疑数字。

由于有效数字构成的测定值必定是近似值，而有效数字位数的识别对于记录、计算、修约起着很大的作用。

数字中的“0”有双重意义。当它用于指示小数点的位置，而与测量的准确度无关时，它不是有效数字；当它用于表示与测量准确度有关的数值大小时，则为有效数字。这与“0”在数值中的位置有关。

(1) 非零数字左边的“0”不是有效数字，仅起定位的作用。如 0.0032 是两位有效数字，0.0009 是一位有效数字。

(2) 非零数字中间的“0”是有效数字。如 2.0054 是五位有效数字，0.0102 是三位有效数字。

(3) 数值中最后一个非零数字后面的“0”是有效数字。如 3.500 是四位有效数字，0.3050 是四位有效数字。

(4) 以“0”结尾的整数，有效数字的位数难以判断，必须要依靠计量仪器的精度加以判断。如 250mg，若用普通的托盘天平称量的话，则为 0.25g，有效数字为两位，若用万分之一的分析天平称量的话，则为 0.2500g，有效数字为四位。在这种情况下，最好写成指数形式，前者为 2.5×10^{-1}g，后者为 2.500×10^{-1}g。

还有像 pH 值、lg$K$ 等对数值，其有效数字的位数仅取决于小数部分数字的位数，整数部分只是起到定位作用，如 pH 值＝7.00，只有两位有效数字，pH 值＝7.0，只有一位有效数字等。

特别地，当第一位有效数字为 8 或 9 时，因为与多一个数量级的数相差不大，可将这些数字的有效数字位数视为比有效数字数多一位。例如 8.314 是五位有效数字，96845 是六位有效数字。

二、有效数字的修约规则

对于水环境监测中的数字修约，《环境监测质量管理技术导则》(HJ 630—2011) 推荐《数值修约规则及极限数值的表示和判定》(GB/T 8170—2008) 规定的数字修约规则进行数字的修约。

这个修约的规则可以用这样的口诀来概括：四舍六入五单双，五后非零则近一，五后皆零视奇偶，奇进偶舍，修约一次性。分述如下。

(1) 拟舍弃数字的最左一位数字小于 5，则舍去，保留其余各位数字不变。

例如：将 12.1398 修约到一位小数，得 12.1。

(2) 拟舍弃数字的最左一位数字大于 5，则进一，即保留数字的末位数加 1。

例如：将 12.1698 修约到一位小数，得 12.2。

(3) 拟舍弃数字最左一位数字是 5，且其后有非“0”数字时则进一，即保留数字的末位数加 1。

例如：将 12.1501 修约到一位小数，得 12.2。

(4) 拟舍弃数字的最左一位数字是 5，且其后无数字或均为“0”时，若所保留的末位数字为奇数（1、3、5、7、9）则进一，若为偶数（0、2、4、6、8）则舍去。

例如：将12.1500修约到一位小数，得12.2。

将12.2500修约到一位小数，得12.2。

（5）负数修约，先将它的绝对值按前述规定进行修约，再在所得的值前加负号。

例如：将－12.4600修约到一位小数，得－12.5。

（6）拟修约数字应在确定修约位数后一次修约获得结果，不能分步连续修约。

例如：将13.4546修约到保留到整数。

正确做法：13.4546→13（一次性修约）。

错误做法：13.4546→13.455→13.46→13.5→14（多次修约）。

三、有效数字的运算规则

数据分析计算处理本身不能提高结果的精确程度，只能如实地反映测量可能达到的精度。因此在有效数字的计算中必须遵循如下计算规则。

1-47

有效数字的运算规则

1-48

有效数字的运算规则

（1）加减运算时，数值加减后的结果，其小数点后的位数应和参加运算的数中小数点后面位数最少的相同。运算时，可先取各数值比小数点后位数最少的数值多留一位小数，进行加减，然后按照上述规则修约。例如：210.2＋2.46＋3.758≈210.2＋2.46＋3.76＝216.42。最后计算结果只保留一位小数为216.4。

（2）乘除运算时，运算结果的有效数字位数应和参加运算的各数值中有效数字位数最少者相同。在实际运算中，先将个近似值修约值比有效数字位数最少者多保留一位有效数字，再将计算结果按规则进行修约。

例如：5.21×0.021×1.0432≈5.21×0.021×1.04＝0.1137864。

最后的计算结果用两位有效数字表示为0.11。

（3）在进行对数或反对数运算时，运算结果小数点后边有效数字的位数应和真数的有效数字的位数相同。

例如：lg6.0＝0.78，lg6.00＝0.778。

pH值＝7.00，则 $[H^+]=1.0\times10^{-7}$ mol/L。

（4）在进行乘方、开方、三角函数等运算时，计算结果有效数字的位数和原数相同。

例如：$3.65^2=13.3$；$\sqrt{3.65}=1.91$；sin25.3＝0.427。

（5）求四个或四个以上准确度接近的数值的平均值时，其有效数字可增加一位。

例如：4.70、4.72、4.77、4.79、4.80的平均值为4.756。

（6）计算式中的系数、常数（如π）、倍数、分数和自然数时，可视为无限多位有效数字，其位数多少视情况而定。

四、记数规则

（1）记录的有效数字位数要和仪器的测量精度一致，即只能保留一位可疑数字。

在称量物质时，以g为单位，用合格的万分之一的天平称量时，有效数字可以记录到小数点后面第四位，如12.0050g；用普通的托盘天平称量时，有效数字可以记录到小数点后边第二位，如12.00g。

分光光度法中，吸光度值一般可以记录到小数点后面三位。

(2) 用于表示方法或分析结果的精密度时，通常只取一位有效数字，只有当测量次数很多时才取两位，且最多只能取两位有效数字。

(3) 在容量分析中，用合格的量器（移液管、滴定管、容量瓶等）量取溶液时，以 mL 为单位。100mL 以下的，体积的有效数字位数可以记录到小数点后边第二位，如 5.00mL、10.00mL、25.00mL 等；大于等于 100mL 的，体积的有效数字位数可以记录到小数点后边第一位，如 150.0mL。

(4) 用 100～500mL 的量筒量取水样时，取三位有效数字较为合理，如 100mL、200mL、500mL。

(5) 分析测定结果的有效数字所能达到的位数，不能超过方法检出限有效数字所能达到的位数。例如，一种方法的最低检出浓度为 0.02mg/L，则分析结果呈报 1.305mg/L 就不合理，应报 1.31mg/L。

(6) 在数值计算中，某些倍数、分数、不连续物理量的数值以及不经测量而完全根据理论计算或定义得到的数值，其有效数字的位数可视为无限。这类数值在计算中需要几位就可以写几位。例如：数学中的常数 π、e；三角形面积公式 $S=1/2ah$ 中的 1/2；1m＝100cm 中的 100；测定的次数 n、差方和自由度 f；$Fe_2(SO_4)_3 \cdot 9H_2O$ 中的下标 2、4、3、9、2；$K_2Cr_2O_7$ 中的氧化还原基本单元 $1/6K_2Cr_2O_7$ 时的摩尔质量中的 1/6 等。

【任务准备】

准备相关实验数据。

【任务实施】

根据实验数据，分析有效数字的位数、实验数据的精度，进行数据的运算以及修约。

【思考题与习题】

1. 简述有效数字的修约规则。

2. 简述有效数字的运算规则。

3. 下列表达式中的有效数字位数。

100.00cm±0.100cm 的有效数字是____位。

100.00cm±0.10cm 的有效数字是____位。

100.00cm±0.1cm 的有效数字是____位。

4. 对某数进行直接测量，有如下说法，正确的是（　　）。

A. 有效数字的位数由所使用的量具所决定

B. 有效数字的位数由被测量的大小决定

C. 有效数字的位数由使用的量具与被测量的大小共同确定

5. 6.2345 保留四位有效数字为________，6.051 保留两位有效数字为________。

知识点四　可疑数据的取舍

【任务描述】

了解什么是可疑数据，熟悉判断可疑数据的方法。

【任务分析】

能够进行可疑数据取舍的计算分析。

【知识链接】

1-49

可疑数据的取舍

1-50

可疑数据的取舍

在一定的条件下，进行重复测定得到的一系列数据具有一定的分散性，这种分散性反映了随机误差的大小，也就是说这些数据可以认为是来自同一总体的。如果实验条件发生了改变，使实验中出现了系统误差，则测定的这些数据就有可能不是来自同一总体。与正常数据不是来自同一总体，明显歪曲实验结果的测量数据称为离群数据。可能会歪曲实验结果，但尚未经检验断定其是离群数据的测量数据，称为可疑数据。

在数据处理时，对于离群数据要剔除，对于可疑数据要检验，使测定结果更符合实际。只有经过统计检验判断确实属于离群数据的测量数据才可以剔除。所以，对可疑数据的取舍必须要采用统计的方法进行判别，即离群数据的统计检验。检验的方法很多，先介绍最常用的两种。

一、狄克逊（Dixon）检验法

该法适用于一组测量值的一致性检验和剔除离群值，此法中对最小可疑值和最大可疑值进行检验的公式因样本的容量（n）的不同而异，检验的步骤如下：

（1）将一组测量值按从小到大的顺序排列：x_1，x_2，x_3，…，x_n（$3 \leqslant x_n \leqslant 25$）。其中最小可疑值为 x_1，最大可疑值为 x_n。

（2）按表1-10计算求 Q 值。

表1-10　　狄克逊检验条件 Q 计算公式

n 值范围	可疑数据为最小值 x_1 时	可疑数据为最大值 x_n 时	n 值范围	可疑数据为最小值 x_1 时	可疑数据为最大值 x_n 时
3～7	$Q=\frac{x_2-x_1}{x_n-x_1}$	$Q=\frac{x_n-x_{n-1}}{x_n-x_1}$	11～13	$Q=\frac{x_3-x_1}{x_n-x_1}$	$Q=\frac{x_n-x_{n-2}}{x_n-x_2}$
8～10	$Q=\frac{x_2-x_1}{x_{n-1}-x_1}$	$Q=\frac{x_n-x_{n-1}}{x_n-x_2}$	14～25	$Q=\frac{x_3-x_1}{x_{n-2}-x_1}$	$Q=\frac{x_n-x_{n-2}}{x_n-x_3}$

（3）根据给定的显著水平（α）和样本容量（n），从表1-11查得临界值（Q_α）。

表1-11　　狄克逊检验临界值（Q_α）

n	显著性水平（α）		n	显著性水平（α）		n	显著性水平（α）	
	0.05	0.01		0.05	0.01		0.05	0.01
3	0.941	0.988	11	0.576	0.679	19	0.462	0.547
4	0.765	0.889	12	0.546	0.642	20	0.450	0.535
5	0.642	0.780	13	0.521	0.615	21	0.440	0.524
6	0.560	0.698	14	0.546	0.641	22	0.430	0.514
7	0.507	0.637	15	0.525	0.616	23	0.421	0.505
8	0.554	0.683	16	0.507	0.595	24	0.413	0.497
9	0.512	0.635	17	0.490	0.577	25	0.406	0.489
10	0.477	0.597	18	0.475	0.561			

（4）若 $Q \leqslant Q_{0.05}$，则可疑值为正常值，予以保留；若 $Q_{0.05} < Q \leqslant Q_{0.01}$，则可疑值为偏离值；若 $Q > Q_{0.01}$，则可疑值为离群值，应剔除。

偏离值是介于离群值和正常值之间的测量数据。对于偏离值的处理要慎重，能够找到原因的偏离值才能作为离群值考虑，否则就不作为离群值考虑。

二、格鲁勃斯（Grubbs）检验法

此法适用于检验多组测量值均值的一致性和剔除多组测量值中的离群均值；也可用于检测一组测量值的一致性和剔除一组测量值中的离群值。一般采用单侧检验，其检测的步骤如下：

（1）有 L 组测定值，每组 n 个测定值的均值分别为 $\overline{x}_1$，$\overline{x}_2$，…，$\overline{x}_i$，…，$\overline{x}_L$，其中最大均值记为 $\overline{x}_{max}$，最小均值记为 $\overline{x}_{min}$。

（2）计算样本的总体均值（$\overline{\overline{x}}$）和标准偏差（$s_{\overline{x}}$）。

$$\overline{\overline{x}} = \frac{1}{L}\sum_{i=1}^{L}\overline{x}_i$$

$$s_{\overline{x}} = \sqrt{\frac{1}{L-1}\sum_{i=1}^{L}(\overline{x}_i - \overline{\overline{x}})^2} \tag{1-23}$$

（3）可疑均值为最大值（$\overline{x}_{max}$）时，统计量（T）为

$$T = \frac{\overline{x}_{max} - \overline{\overline{x}}}{s_{\overline{x}}} \tag{1-24}$$

（4）可疑均值为最小值（$\overline{x}_{min}$）时，统计量（T）为

$$T = \frac{\overline{\overline{x}} - \overline{x}_{min}}{s_{\overline{x}}} \tag{1-25}$$

（5）根据测定值组数和给定的显著性水平（α），从表 1－12 中查得临界值（T_α）。

表 1－12　格鲁勃斯检验临界值（T_α）

n	显著性水平（α）		n	显著性水平（α）		n	显著性水平（α）	
	0.05	0.01		0.05	0.01		0.05	0.01
3	1.153	1.155	11	2.234	2.485	19	2.532	2.854
4	1.463	1.492	12	2.285	2.050	20	2.557	2.884
5	1.672	1.749	13	2.331	2.607	21	2.580	2.912
6	1.882	1.944	14	2.371	2.659	22	2.603	2.939
7	1.938	2.097	15	2.409	2.705	23	2.624	2.963
8	2.032	2.221	16	2.443	2.747	24	2.644	2.987
9	2.110	2.322	17	2.475	2.785	25	2.663	3.009
10	2.176	2.410	18	2.504	2.821			

（6）若 $T \leqslant T_{0.05}$，则可疑值为正常值，予以保留；若 $T_{0.05} < T \leqslant T_{0.01}$，则可疑值为偏离值；若 $T > T_{0.01}$，则可疑值为离群值，应剔除。

对于偏离值的处理同样要慎重，能够找到原因的偏离值才能作为离群值考虑，否则就不作为离群值考虑。

【任务准备】

准备相关实验数据。

【任务实施】

根据实验数据，判断是否有可疑数据。

【思考题与习题】

1. 简述可疑数据的判断方法。

2. 有粗盐试样，经测定其中氯的质量分数为 76.19、75.23、77.91、75.66、75.68、75.58、75.80。用狄克逊检验法和格鲁勃斯检验法检验最小值和最大值是否有舍弃数据。

知识点五　监测结果表述

【任务描述】

1-51

监测结果表述、直线相关和回归

1-52

监测结果表述、直线相关和回归

熟悉监测结果表述的方式。

【任务分析】

能够正确表述水环境监测的结果。

【知识链接】

一、用算术平均值（$\overline{x}$）代表集中趋势

测定过程中排除系统误差和过失误差之后，只存在随机误差，根据正态分布的原理，当测定次数无限多（$n \to \infty$）时总体均值（$\overline{x}_t$）应和真值（μ）很接近，但实际只能测定有限次数。因此样本的算术平均值是代表集中趋势表达监测结果的最常用方式。

二、用算术平均值和标准偏差表示测定结果的精密度（$\overline{x} \pm s$）

算术平均值代表集中趋势，标准偏差表示离散程度。算术平均值代表性的大小与标准偏差的大小有关，即标准偏差大，算术平均值代表性小，反之亦然，故而监测结果常以（$\overline{x} \pm s$）表示。

三、用算术平均值和标准偏差与变异系数（$\overline{x} \pm s$，C_V）表示结果

标准偏差大小还与所测均值水平或测量单位有关。不同水平或单位的测定结果之间，其标准偏差是无法进行比较的，而变异系数是相对值，故可在一定范围内用来比较不同水平或单位测定结果之间的变异程度。

【任务准备】

准备相关实验数据。

【任务实施】

根据实验数据，进行实验结果的表述。

【思考题与习题】

1. 简述监测结果表述的方法。

2. 有粗盐试样，经测定其中氯的质量分数为 76.19、75.23、75.91、75.66、75.68、75.58、75.80。用三种方法表述粗盐中氯的质量分数。

知识点六　直线相关和回归

【任务描述】

掌握直线回归方程的求解，掌握相关系数的求解及其显著性检验。

【任务分析】

相关分析是水环境监测常用的一种数据处理方法，通过学习能够求解直线回归方程，会计算相关系数，并且能够检验相关系数的意义。

【知识链接】

两个变量 x 和 y 之间存在三种关系：第一种是完全无关；第二种是有确定关系；第三种是有相关关系，即两个变量之间既有关系又无确定关系。研究变量与变量之间关系的统计方法称为回归分析和相关分析。回归分析主要是用于找出描述变量间关系的定量表达式，以便由一个变量的值而求出另一个变量的值；而相关分析用于描述变量之间关系的密切程度，即当自变量 x 变化时，因变量 y 大体上按照某种规律变化。

一、直线回归方程

两个变量之间建立的关系式叫回归方程式，最简单的直线回归方程为

$$y=ax+b \tag{1-26}$$

式中　a、b——常数，当 x 为某一特定值时，实际 y 值在按计算所得 y 值左右波动。

上述回归方程可根据最小二乘法来建立。即首先测定一系列的 x_1，x_2，…，x_n 和相对应的 y_1，y_2，…，y_n，然后按下式求常数 a 和 b。

$$a=\frac{n\sum x_i y_i-\sum x_i\sum y_i}{n\sum x_i^2-(\sum x_i)^2} \tag{1-27}$$

$$b=\frac{\sum x_i^2\sum y_i-\sum x_i\sum x_i y_i}{n\sum x_i^2-(\sum x_i)^2}=\overline{y}-\overline{ax} \tag{1-28}$$

二、相关系数及其显著性检验

相关系数是表示两个变量之间关系的性质和密切程度的指标，符号为 γ，其值在 $-1\sim+1$ 之间。公式为

$$\gamma=\frac{\sum(x_i-\overline{x})(y_i-\overline{y})}{\sqrt{\sum(x_i-\overline{x})^2\sum(y_i-\overline{y})^2}} \tag{1-29}$$

γ 值可以有如下几种情况：

（1）若 x 增大，y 也相应增大，称 x 与 y 呈正相关。此时 $0<\gamma<1$，若 $\gamma=1$，称完全正相关。

（2）若 x 增大，y 相应减小，称 x 与 y 呈负相关。此时 $-1<\gamma<0$，若 $\gamma=-1$，称完全负相关。

（3）若 y 与 x 的变化无关，称 x 与 y 不相关，此时 $\gamma=0$。

若总体中 x 与 y 不相关，在抽样时由于偶然误差，可能计算得 $\gamma\neq0$。所以应检验 γ 值有无显著意义，方法如下：

1）求出 γ 值。

2）按式 $t=|\gamma|\sqrt{\frac{n-2}{1-\gamma^2}}$，求出 t 值，n 为变量配对数，自由度 $n'=n-2$。

3）查表 1-8 t 值表（一般单侧检验）。若 $t>t_{0.01}$，$P<0.01\gamma$，有非常显著意义而相关；若 $t<t_{0.01}$，$P>0.01\gamma$，关系不显著。

【任务准备】

准备相关实验数据。

【任务实施】

根据所给定的实验数据，求解直线回归方程，会计算相关系数，并对相关系数进行检验。

【思考题与习题】

1. 欲以图形显示两变量 x 和 y 的关系，最好创建（　　）。

A. 直方图　　B. 圆形图　　C. 柱形图　　D. 散点图

2. 关于相关系数，下面不正确的描述是（　　）。

A. 当 $0\leqslant|r|\leqslant1$ 时，表示两变量不完全相关

B. 当 $r=0$ 时，表示两变量间无相关

C. 两变量之间的相关关系是单相关

D. 如果自变量增长引起因变量的相应增长，就形成正相关关系

3. 当变量 x 按一定数量变化时，变量 y 也随之近似地以固定的数量发生变化，这说明 x 与 y 之间存在（　　）。

A. 正相关关系　　B. 负相关关系　　C. 直线相关关系　　D. 曲线相关关系

4. 当 x 按一定数额增加时，y 也近似地按一定数额随之增加，那么可以说 x 与 y 之间存在（　　）关系。

A. 直线正相关　　B. 直线负相关　　C. 曲线正相关　　D. 曲线负相关

5. 评价直线相关关系的密切程度，当 r 为 0.5～0.8 时，表示（　　）。

A. 无相关　　B. 低度相关　　C. 中等相关　　D. 高度相关

6. 两变量的相关系数为 0.8，说明（　　）。

A. 两变量不相关　　B. 两变量负相关

C. 两变量不完全相关　　D. 两变量完全正相关

7. 两变量的线性相关系数为 0，表明两变量之间（　　）。

A. 完全相关　　B. 无关系

C. 不完全相关　　D. 不存在线性相关

8. 如果变量 x 和变量 y 之间的相关系数为 -1，说明这两个变量之间是（　　）。

A. 低度相关　　B. 完全相关　　C. 高度相关　　D. 完全不相关

9. 相关分析和回归分析相辅相成，又各有特点，下面正确的描述有（　　）。

A. 在相关分析中，相关的两变量都不是随机的

B. 在回归分析中，自变量是随机的，因变量不是随机的

C. 在回归分析中，因变量和自变量都是随机的

D. 在相关分析中，相关的两变量都是随机的

10. 当所有的观察值 y 都落在直线 $y_c=a+bx$ 上时，则 x 与 y 之间的相关系数为（　　）。

A. $r=0$　　B. $r=1$　　C. $-1<r<1$　　D. $0<r<1$

11. 对于有线性相关关系的两变量建立的直线回归方程 $y=a+bx$ 中，回归系数 b（　　）。

A. 肯定是正数　　B. 显著不为 0

C. 可能为 0　　D. 肯定为负数

12. 年劳动生产率 x（千元）和工人工资 y（元）之间的回归方程为 $y=10+70x$，这意味着年劳动生产率每提高 1 千元时，工人工资平均（　　）。

A. 增加 70 元　　B. 减少 70 元　　C. 增加 80 元　　D. 减少 80 元

13. 产量 x（千件）与单位成本 y（元）之间的回归方程为 $y=77-3x$，这表示产量每提高 1000 件，单位成本平均（　　）。

A. 增加 3 元　　B. 减少 3000 元　　C. 增加 3000 元　　D. 减少 3 元

14. 两变量 x 和 y 的相关系数为 0.8，则其回归直线的判定系数为（　　）。

A. 0.50　　B. 0.80　　C. 0.64　　D. 0.90

15. 在完成了构造与评价一个回归模型后，可以（　　）。

A. 估计未来所需样本的容量

B. 计算相关系数和判定系数

C. 以给定的因变量的值估计自变量的值

D. 以给定的自变量的值估计因变量的值

16. 对相关系数的显著性检验，通常采用的是（　　）。

A. T 检验　　B. F 检验　　C. Z 检验　　D. Q 检验

17. 在回归分析中，两个变量（　　）。

A. 都是随机变量　　B. 都不是随机变量

C. 自变量是随机变量　　D. 因变量是随机变量

项目二　生活饮用水水质监测

水是生命之源，人类在生活和生产活动中都离不开水，生活饮用水水质的优劣与人类健康密切相关。随着社会经济发展、科学进步和人民生活水平的提高，人们对生活饮用水的水质要求不断提高，饮用水水质标准也相应地不断发展和完善，水质监测的方法也愈加完善。由于生活饮用水水质标准的制定与人们的生活习惯、文化、经济条件、科学技术发展水平、水资源及其水质现状等多种因素有关，不仅各国之间，而且同一国家的不同地区之间，对饮用水水质的要求都存在着差异。

【知识目标】

熟练掌握生活饮用水水质监测的相关知识，并能够熟练应用。

【技能目标】

掌握生活饮用水采样准备的相关知识；掌握生活饮用水水样采集保存、管理与运输的相关知识；掌握生活饮用水水样测定的相关知识。

【重点难点】

生活饮用水水样采集及测定的相关知识。

任务一　生活饮用水采样准备

【任务描述】

了解水样容器的类型、选择原则，掌握不同水样容器的清洗方法。熟悉采样前的准备工作要求，能够合理地进行采样前的准备工作。

2-1

生活饮用水采样准备

2-2

生活饮用水采样准备

【任务分析】

制订采样计划，选择采样容器，清洗采样容器。

【知识链接】

一、制订采样计划

采样前应根据水质检验目的和任务制订采样计划，内容包括采样目的、检验指标、采样时间、采样地点、采样方法、采样频率、采样数量、采样容器与清洗、采样体积、样品保存方法、样品标签、现场测定项目、采样质量控制、运输工具和条件等。

二、选择采样容器

（1）应根据待测组分的特性选择合适的采样容器。

（2）容器的材质应化学稳定性强，且不应与水样中组分发生反应，容器壁不应吸收或吸附待测组分。

（3）采样容器应可适应环境温度的变化，抗震性能强。

（4）采样容器的大小、形状和重量应适宜，能严密封口，并容易打开，且易清洗。

（5）应尽量选用细口容器，容器的盖和塞的材料应与容器材料统一。在特殊情况下需用软木塞或橡胶塞时应用稳定的金属箔或聚乙烯薄膜包裹，最好有蜡封。有机物和某些微生物检测用的样品容器不能用橡胶塞，碱性液体检测用的样品容器不能用玻璃塞。

（6）对无机物、金属和放射性元素测定水样应使用有机材质的采样容器，如聚乙烯塑料容器等。

（7）对有机物和微生物学指标测定水样应使用玻璃材质的采样容器。

（8）特殊项目测定的水样可选用其他化学惰性材料材质的容器。如热敏物质应选用热吸收玻璃容器；温度高、压力大的样品或含痕量有机物的样品应选用不锈钢容器；生物（含藻类）样品应选用不透明的非活性玻璃容器，并存放阴暗处；光敏性物质应选用棕色或深色的容器。

三、清洗采样容器

1. 测定一般理化指标采样容器的洗涤

将容器用水和洗涤剂清洗，除去灰尘、油垢后用自来水冲洗干净，然后用质量分数10%的硝酸（或盐酸）浸泡8h，取出沥干后用自来水冲洗3次，并用蒸馏水充分淋洗干净。

2. 测定有机物指标采样容器的洗涤

用重铬酸钾洗液浸泡24h，然后用自来水冲洗干净，用蒸馏水淋洗后置烘箱内180℃烘4h，冷却后再用纯化过的己烷、石油醚冲洗数次。

3. 测定微生物学指标采样容器的洗涤和灭菌

（1）容器洗涤。将容器用自来水和洗涤剂洗涤，并用自来水彻底冲洗后用质量分数10%的盐酸溶液浸泡过夜，然后依次用自来水、蒸馏水清洗。

（2）容器灭菌。热力灭菌是最可靠且普遍应用的方法。热力灭菌分干热和高压蒸汽灭菌两种。干热灭菌要求160℃下维持2h；高压蒸汽灭菌要求121℃下维持15min，高压蒸汽灭菌后的容器如不立即使用，应于60℃将瓶内冷凝水烘干。

【任务准备】

在实验室内选择适合的容器并清洗干净。

【任务实施】

须熟悉采样前的准备工作，选择适合的容器并清洗干净，为后面的采样工作顺利进行做好充分的准备。

【思考题与习题】

1. 生活饮用水采样准备工作有哪些？
2. 采样容器如何选择？
3. 采样容器怎样清洗？

任务二　生活饮用水水样采集

2-3

生活饮用水水样采集

2-4

生活饮用水水样采集

【任务描述】

掌握生活饮用水样品采集的方法及要求，并能够熟练应用。

【任务分析】

采样前的准备；采样的方法；采样容器；采样注意事项；采样记录。

【知识链接】

一、一般要求

1. 理化指标

采样前应先用水样荡洗采样器、容器和塞子 2～3 次（油类除外）。

2. 微生物学指标

同一水源、同一时间采集几类检测指标的水样时，应先采集供微生物学指标检测的水样。采样时应直接采集，不得用水样刷洗已灭菌的采样瓶，并避免手指和其他物品对瓶口的沾污。

3. 注意事项

（1）采样时不可搅动水底的沉积物。

（2）采集测定油类的水样时，应在水面至水面下 300mm 采集柱状水样，全部用于测定。不能用采集的水样冲洗采样器（瓶）。

（3）采集测定溶解氧、生化需氧量和有机污染物的水样时应注满容器，上部不留空间，并进行水封。

（4）含有可沉降固体（如泥沙等）的水样，应分离除去沉积物。分离方法为：将所采水样摇匀后倒入筒形玻璃容器（如量筒），静置 30min，将已不含沉降性固体但含有悬浮性固体的水样移入采样容器并加入保存剂。测定总悬浮物和油类的水样除外。需要分别测定悬浮物和水中所含组分时，应在现场将水样经 0.45μm 膜过滤后，分别加入固定剂保存。

（5）测定油类、BOD_5、硫化物、微生物学、放射性等项目要单独采样。

（6）完成现场测定的水样，不能带回实验室供其他指标测定使用。

二、水源水的采集

水源水是指集中式供水水源地的原水。水源水采样点通常应选择汲水处。

（1）表层水。在河流、湖泊可以直接汲水的场合，可用适当的容器如水桶采样。从桥上等地方采样时，可将系着绳子的桶或带有坠子的采样瓶投入水中汲水。注意不能混入漂浮于水面上的物质。

（2）一定深度的水。在湖泊、水库等地采集具有一定深度的水时，可用直立式采水器。这类装置的原理是在下沉过程中水从采样器中流过，当达到预定深度时容器能自动闭合而汲取水样。在河水流动缓慢的情况下使用上述方法时最好在采样器下系上适宜质量的坠子，当水深流急时要系上相应质量的铅鱼，并配备绞车。

（3）泉水和井水。对于自喷的泉水可在涌口处直接采样。采集不自喷泉水时，应将停滞在抽水管中的水取出，新水更替后再进行采样。

从井水采集水样，应在充分抽取后进行，以保证水样的代表性。

三、出厂水的采集

出厂水是指集中式供水单位水处理工艺过程完成的水。出厂水的采样点应设在出厂进入输送管道以前的地点。

四、末梢水的采集

末梢水是设置出厂水经过输水管网输送至终端（用户龙头）处的水。末梢水的采集应注意采样时间。夜间可能析出可沉积于管道的附着物，取样时应打开龙头放水数分钟，排出沉积物。采集用于微生物学指标检验的样品前应对水龙头进行消毒。

五、二次供水的采集

二次供水是指集中式供水在入户之前经过再度储存、加压和消毒或深度处理，通过管道或容器输送给用户的供水方式。

二次供水的采集应包括水箱（或蓄水池）进水、出水以及末梢水。

六、分散式供水的采集

分散式供水是指用户直接从水源取水，未经任何设施或仅有简易设施的供水方式。分散式供水的采集应根据实际使用情况确定。

七、采样体积

根据测定指标的测试方法、平行样检测所需样品量等情况计算并确定采样体积。测试指标不同，测试方法不同，保存方法也就不同，样品采集时应分类采集，表 2-1 提供的生活饮用水中常规检验指标的取样体积可供参考。非常规指标和有特殊要求指标的采样体积应根据检测方法的具体要求确定。

表 2-1　生活饮用水中常规检验指标的取样体积

指标分类	容器材质	保存方法	取样体积/L	备注
一般理化指标	聚乙烯	冷藏	3～5	
挥发性酚与氰化物	玻璃	加入氢氧化钠（NaOH），pH 值≥12，如有游离余氯，加亚砷酸钠去除	0.5～1	
金属	聚乙烯	加入硝酸（HNO_3），pH 值≤2	0.5～1	
汞	聚乙烯	加入硝酸（HNO_3）（1+9，含重铬酸钾 50g/L）至 pH 值≤2	0.2	用于冷原子吸收法测定
耗氧量	玻璃	每升水样加入 0.8mL 浓硫酸（H_2SO_4），冷藏	0.2	
有机物	玻璃	冷藏	0.2	水样应充满容器至溢流并密封保存
微生物	玻璃（灭菌）	每 125mL 水样中加入 0.1mg 硫代硫酸钠除去残留余氯	0.5	
放射性	聚乙烯		3～5	

八、水样的过滤和分离

在采样时或采样后不久，用滤纸、滤膜或砂芯漏斗、玻璃纤维等过滤样品或将样品离心分离都可以除去其中的悬浮物、沉淀、藻类及其他微生物。在分析时，过滤的目的主要是区分过滤态和不可过滤态，在滤器的选择上要注意可能的吸附损失，如测有机项目时一般选用砂芯漏斗和玻璃纤维过滤，而在测定无机项目时常用0.45μm的滤膜过滤。

【任务准备】

掌握生活饮用水样品采集的方法及要求，并能够熟练应用，选择适合的采样容器等，为采样做好准备。

【任务实施】

到某生活饮用水源采集样品。

【思考题与习题】

1. 水样采集前需要做什么准备?
2. 水样采集的方法有哪些?
3. 水样采集容器有哪些?
4. 水样采集时有哪些注意事项?

任务三　生活饮用水水样保存、管理与运输

【任务描述】

2-5

生活饮用水水样保存、管理与运输

2-6

生活饮用水水样保存、管理与运输

掌握不同水质指标保存方法及要求，并且能够熟练应用。掌握水样运输的方法及要求。

【任务分析】

水样的保存、水样的管理与运输。

【知识链接】

一、水样保存

1. 保存措施

(1) 应根据测定指标选择适宜的保存方法，主要有冷藏、加入保存剂等。

(2) 水样在4℃冷藏保存，储存于暗处。

2. 保存剂

(1) 保存剂不能干扰待测物的测定；不能影响待测物的浓度。如果是液体，应校正体积的变化。保存剂的纯度和等级应达到分析的要求。

(2) 保存剂可预先加入采样容器中，也可在采样后立即加入。易变质的保存剂不能预先添加。

3. 保存条件

(1) 水样的保存期限主要取决于待测物的浓度、化学组成和物理化学性质。

(2) 水样保存没有通用的原则。常用的保存方法见表2-2。由于水样的组分、浓度和性质不同，同样的保存条件下不能保证适用于所有类型的样品，在采样前应根据

样品的性质、组成和环境条件来选择适宜的保存方法和保存剂。

注意：水样采集后应尽快测定；水温、pH 值、游离余氯等指标应在现场测定；其余项目的测定也应在规定的时间内完成。

表 2-2　　采样容器和水样的保存方法

项目	采样容器	保存方法	保存时间
浊度[a]	G，P	冷藏	12h
色度[a]	G，P	冷藏	12h
pH 值[a]	G，P	冷藏	12h
电导率[a]	G，P	—	12h
碱度[b]	G，P	—	12h
酸度[b]	G，P		30d
COD	G	每升水样加入 0.8mL 浓硫酸（H_2SO_4），冷藏	24h
DO[a]	溶解氧瓶	加入硫酸锰，碱性碘化钾（KI）叠氮化钠溶液，现场固定	24h
BOD_5^b	溶解氧瓶	—	12h
TOC	G	加硫酸（H_2SO_4），pH 值≤2	7d
F[b]	P	—	14d
Cl[b]	G，P		28d
Br[b]	G，P	—	14h
I^{-b}	G	氢氧化钠（NaOH），pH 值=12	14h
SO_4^{2-b}	G，P		28d
PO_4^{3-}	G，P	加入氢氧化钠（NaOH），硫酸 NaOH 调至 pH 值=7、三氯甲烷（$CHCl_3$）0.5%	7d
氨氮[b]	G，P	每升水样加入 0.8mL 浓硫酸（H_2SO_4）	24h
NO_2^- N[b]	G，P	冷藏	尽快测定
NO_3^- N[b]	G，P	每升水样加入 0.8mL 浓硫酸（H_2SO_4）	24h
硫化物	G	每 100mL 水样加入 4 滴乙酸锌容易（220g/L）和 1mL 氢氧化钠（40g/L），暗处放置	7d
氰化物、挥发酚类[b]	G	加入氢氧化钠（NaOH），pH 值≥12，如有游离余氯，加亚砷酸钠除去	24h
B	P		14d
一般金属	P	加入硝酸（HNO_3），pH 值≤2	14d
Cr^{6+}	G，P（内壁无磨损）	加入氢氧化钠（NaOH），pH 值=7～12	尽快测定
As	G，P	加入硫酸（H_2SO_4），至 pH 值≤2	7d
Ag	G，P（棕色）	加入硝酸（HNO_3），pH 值≤2	14d
Hg	G，P	加入硝酸（HNO_3）（1+9，含重铬酸钾 50g/L）至 pH 值≤2	30d
卤代烃类[b]	G	现场处理后冷藏	4h
苯并（α）芘[b]	G		尽快测定

续表

项目	采样容器	保存方法	保存时间
油类	G（广口瓶）	加入盐酸（HCl）至pH值≤2	7d
农药类[b]	G（衬聚四氟乙烯盖）	加入抗坏血酸0.01～0.02g除去残留余氯	24h
除草剂类	G	加入抗坏血酸0.01～0.02g除去残留余氯	24h
邻苯二甲酸酯类[b]	G	加入抗坏血酸0.01～0.02g除去残留余氯	24h
挥发性有机物[b]	G	用盐酸（HCl）（1+10）调至pH值≤2，加入抗坏血酸0.01～0.02g除去残留余氯	12h
甲醛、乙醛、丙烯醛[b]	G	每升水样加入1mL浓硫酸	24h
放射性物质	P		5d
微生物[b]	G（灭菌）	每125mL水样中加入0.1mg硫代硫酸钠除去残留余氯	4h
生物[b]	G，P	当不能现场测定时用甲醛固定	12h

a　表示应现场测定。

b　表示应低温（0～4℃）避光保存。

G　为硬质玻璃瓶；P为聚乙烯瓶（桶）。

二、水样管理

（1）除用于现场测定的样品外，大部分水样都需要运回实验室进行分析。在水样的运输和实验室管理过程中应保证其性质稳定、完整、不受沾污、损坏和丢失。

（2）现场测试样品：应严格记录现场检测结果并妥善保管。

（3）实验室测试样品：应认真填写采样记录或标签。并粘贴在采样容器上，注明水样编号、采样者、日期、时间及地点等相关信息。在采样时还应记录所有野外调查及采样情况，包括采样目的、采样地点、样品种类、编号、数量，样品保存方法及采样时的气候条件等。

三、水样运输

（1）水样采集后应立即送回实验室，根据采样点的地理位置和各项目的最长可保存时间选用适当的运输方式，在现场采样工作开始之前就应安排好运输工作，以防延误。

（2）样品装运前应逐一与样品登记表、样品标签和采样记录进行核对，核对无误后分类装箱。

（3）塑料容器要塞紧内塞，拧紧外盖，贴好密封袋，玻璃瓶要塞紧磨口塞，并用细绳将瓶塞与瓶颈拴紧，或用封口胶、石蜡封口。待测油类的水样不能用石蜡封口。

（4）需要冷藏的样品，应配备专门的隔热容器，并放入制冷剂。

（5）冬季应采取保温措施，以防样品瓶冻裂。

（6）为防止样品在运输过程中因震动、碰撞而导致损失或沾污，最好将样品装箱运输。装运的箱和盖都需要用泡沫塑料或瓦楞纸板作衬里或隔板，并使箱盖适度压住样品瓶。

（7）样品箱应有“切勿倒置”和“易碎物品”的明显标识。

【任务准备】

查阅规范，做好水样保存、运输和管理工作。

【任务实施】

对于采集回来的生活饮用水样妥善保存，运回实验室以便进行测样和管理工作。

【思考题与习题】

1. 生活饮用水水样保存方法有哪些？

2. 生活饮用水水样应如何管理与运输？

任务四　生活饮用水的测定

知识技能点一　pH 值的测定

【任务描述】

虽然生活饮用水的 pH 值对消费者的健康没有直接影响，但它是技术上最重要的水质参数之一，在水处理的所有阶段都必须谨慎控制 pH 值，以保证水的澄清和消毒取得满意效果，因此通过测量 pH 值能够帮助检验生活饮用水的处理效果。

【任务分析】

为了测定水样的 pH 值，能够准确配置 pH 标准缓冲溶液，熟练地使用 pH 计，准确进行水样测定。

【知识链接】

一、测定原理

以玻璃电极为指示剂，饱和甘汞电极为参比电极，插入溶液中组成原电池。当氢离子浓度发生变化时，玻璃电极和参比电极之间的电动势也随着变化，在 25℃时，每单位 pH 值标度相当于 59.1mV 电动势变化值，在仪器上直接以 pH 值的读数表示。仪器上有温度差异补偿装置。

二、试剂

（1）苯二甲酸氢钾标准缓冲溶液：称取 10.21g 在 105℃烘干 2h 的苯二甲酸氢钾（$KHC_8H_4O_4$），溶于纯水中，并稀释至 1000mL，此溶液的 pH 值在 20℃时为 4.00。

（2）混合磷酸盐标准缓冲溶液：称取 3.40g 在 105℃烘干 2h 的磷酸二氢钾（KH_2PO_4）和 3.55g 磷酸氢二钠（Na_2HPO_4），溶于纯水中，并稀释至 1000mL。此溶液的 pH 值在 20℃时为 6.88。

（3）四硼酸钠标准缓冲溶液：称取 3.81g 四硼酸钠（$Na_2B_4O_7 \cdot 10H_2O$），溶于纯水中，并稀释至 1000mL，此溶液的 pH 值在 20℃时为 9.22。不同温度下 pH 标准缓冲溶液的 pH 值见表 2－3。

表 2-3　　pH 标准缓冲溶液在不同温度时的 pH 值

温度/℃	标准缓冲溶液 pH 值		
	苯二甲酸氢钾缓冲溶液	混合磷酸盐缓冲溶液	四硼酸钠缓冲溶液
0	4.00	6.98	9.46
5	4.00	6.95	9.40
10	4.00	6.92	9.33
15	4.00	6.90	9.18
20	4.00	6.88	9.22
25	4.01	6.86	9.18
30	4.02	6.85	9.14
35	4.02	6.84	9.10
40	4.04	6.84	9.07

注　1. 配制下列缓冲溶液所用纯水均为新煮沸并放冷的蒸馏水。配成的溶液应储存在聚乙烯瓶或硬质玻璃瓶内。此类溶液可以稳定 1～2 个月。

2. 可直接使用市面上购买的成套的 pH 缓冲试剂进行配制。

三、仪器

(1) 精密酸度计，测量范围为 0～14pH 值单位；读数精度小于等于 0.02pH 值单位。

(2) pH 复合玻璃电极。

(3) 温度计，测量范围为 0～50℃。

(4) 塑料烧杯，容量为 50mL。

四、分析步骤

(1) 玻璃电极在使用前应放入纯水中浸泡 24h 以上。

(2) 仪器校正：仪器开启 30min 后，按仪器使用说明书操作。

(3) 测定：用洗瓶以纯水缓缓淋洗 pH 复合玻璃电极数次，再以水样淋洗 6～8 次，然后插入水样中，1min 后直接从仪器上读出 pH 值。

五、注意事项

(1) 球泡前端不应有气泡，如有气泡应适当用力甩去。

(2) 电极从浸泡瓶中取出后，应在去离子水中晃动并甩干，不要用纸巾擦拭球泡，否则由于静电感应电荷转移到玻璃膜上，会延长电势稳定的时间，更好的方法是使用被测溶液冲洗电极。

(3) pH 复合电极插入被测溶液后，要搅拌晃动几下再静止放置，这样会加快电极的响应。尤其使用塑壳 pH 复合电极时，搅拌晃动要厉害一些，因为球泡和塑壳之间会有一个小小空腔，电极浸入溶液后有时空腔中的气体来不及排除会产生气泡，使球泡或液接界与溶液接触不良，因此必须用力搅拌晃动以排除气泡。

(4) 在黏稠性试样中测试之后，电极必须用去离子水反复冲洗多次，以取出黏附在玻璃膜上的试样。有时还需先用其他溶剂洗去试样，再用水洗去溶剂，浸入浸泡液中活化。

(5) 避免接触强酸强碱或腐蚀性溶液，如果测试此类溶液，应尽量减少浸入时间，使用后仔细清洗干净。

(6) 避免在无水乙醇、浓硫酸等脱水性介质中使用，它们会损坏球泡表面的水合凝胶层。

(7) 塑壳 pH 复合电极的外壳的 PC 材料在有些溶剂中会溶解，不能测量四氯化碳、三氯乙烯、四氢呋喃等。

【任务准备】

实验方案，实验所需试剂和溶液，酸度计、pH 复合玻璃电极等。

【任务实施】

按照实验方案，采集生活饮用水或水源水，采用玻璃电极法测定生活饮用水或水源水的 pH 值。

【思考题与习题】

1. 样品温度为 10℃，此时仪表显示的是 10℃还是 20℃下的 pH 值？

2. 什么是 pH 复合电极？

知识技能点二　浊度的测定

【任务描述】

浊度是反映水源水及饮用水物理性状的一项指标，水源水的浊度是由于悬浮物或胶态物，或者两者造成在光学方面的散射或吸收而产生的。浊度对饮用水微生物指标有明显的影响。它干扰细菌和病毒的测定，更重要的是浊度会促进细菌的生长繁殖，营养物质吸附在颗粒的表面上，使附着的细菌较那些游离的细菌生长繁殖更快。浊度还影响消毒，削弱消毒剂对微生物的杀灭作用（高浊度能保护微生物不受消毒作用的影响），增加需氯量与需氧量。因此通过测定浊度来控制饮用水的水质。

【任务分析】

为了测定水样的浊度，能够准确配置浊度标准溶液，熟练地使用浊度仪，准确进行水样测量。

【知识链接】

一、测定原理

在相同条件下用福尔马肼标准混悬液散射光的强度和水样散射光的强度进行比较。散射光的强度越大，表示浊度越高。

二、试剂

(1) 纯水。取蒸馏水经 0.2μm 膜滤器过滤。

(2) 硫酸肼溶液（10g/L）。称取硫酸肼［$(NH_2)_2 \cdot H_2SO_4$，又名硫酸联胺］1.000g 溶于纯水并于 100mL 容量瓶中定容。

(3) 环六亚甲基四胺（100g/L）。称取环六亚甲基四胺［$(CH_2)_6N_4$］10.00g 溶于纯水，于 100mL 容量瓶中定容。

(4) 福尔马肼标准混悬液。分别吸取硫酸肼溶液（10g/L）5.00mL、环六亚甲基四胺溶液（100g/L）5.00mL 于 100mL 容量瓶中，混匀，在 25℃±3℃放置 24h，加入纯水至刻度，混匀。此标准混悬液浑浊度为400NTU，可使用约1个月。

（5）福尔马肼浑浊度标准使用液。将福尔马肼标准混悬液（400NTU）用纯水稀释10倍。此混悬液浊度为40NTU，使用时再根据需要适当稀释。

三、仪器

散射式浑浊度仪。

四、分析步骤

按仪器使用说明书进行操作，浑浊度超过40NTU时，可用纯水稀释后测定。

五、计算

根据仪器测定时所显示的浑浊度读数乘以稀释倍数来计算。

【任务准备】

实验方案，实验所需试剂和溶液，浊度仪等。

【任务实施】

按照实验的方案，采集生活饮用水或水源水，采用散射法测定生活饮用水或水源水中的pH值。

【思考题与习题】

1. 什么叫水的浊度？水的浊度是怎样衡量的？

2. 浊度单位NTU与mg/L之间是什么换算关系？

知识技能点三　细菌总数的测定

【任务描述】

水的微生物学检验，特别的肠道细菌的检验，在保证饮水安全和控制传染病上有着重要意义，同时也是评价水质状况的重要指标。所谓细菌总数是指1mL水样中所含细菌菌落的总数，所用的方法是稀释平皿记数法，由于计算的是平皿上形成的菌落，故其单位是CFU/mL，它反映的是水样中活菌的数量。国家饮用水标准规定，细菌总数每毫升不超过100个。

【任务分析】

为了测定水样的细菌总数，能够正确制备细菌培养基，能够进行实验设备的灭菌操作，能够正确进行细菌培养，能够进行菌落计数。

细菌总数的测定

细菌总数的测定

【知识链接】

一、培养基与试剂

将10g蛋白胨、3g牛肉膏、5g氯化钠和10～20g琼脂混合溶于1000mL蒸馏水中，加热溶解，调整pH值为7.4～7.6，分装于玻璃容器中（如用含杂质较多的琼脂时，应先过滤），经103.43kPa（121℃）灭菌20min，储存于冷暗处备用。

二、仪器

（1）高压蒸汽灭菌锅。

（2）干热灭菌箱。

（3）培养箱36℃±1℃。

（4）电炉。

（5）天平。

（6）放大镜或菌落计数器。

（7）pH 计或精密 pH 试纸。

（8）灭菌试管、平皿（直径 9cm）、刻度吸管、采样瓶等。

三、检验步骤

（1）以无菌操作方法用灭菌吸管吸取 1mL 充分混匀的水样（生活饮用水），注入灭菌平皿中，倾注约 15mL 已融化并冷却到 45℃左右的营养琼脂培养基，并立即旋摇平皿，使水样与培养基充分混匀，每次检验时应做一平行接种，同时另用一个平皿只倾注营养琼脂培养基作为空白对照。

（2）待冷却凝固后，翻转平皿，使底面向上，置于 36℃±1℃培养箱内培养 48h，进行菌落计数，即为水样 1mL 中的细菌总数。

四、菌落计数

作为平皿菌落计数时，可用肉眼直接观察，必要时用放大镜检查，以防遗漏。在记下各平皿的菌落数后，应求出同稀释度的平均菌落数，供下一步计算时应用。在求同稀释度的平均数时，若其中一个平皿有较大片状菌落生长时，则不宜采用，而应以无片状菌落生长的平皿作为该稀释度的平均菌落数。若片状菌落不到平皿的一半，而其余一半中菌落分布又很均匀，则可将此半皿记数后乘以 2 代表全皿菌落数，然后再求该稀释度的平均菌落数。

五、不同稀释度的选择及报告方法

（1）首先选择平均菌落数为 30～300 者进行计算，若只有一个稀释度的平均菌落数符合此范围时，则将该菌落数乘以稀释倍数报告（表 2-4 中实列 1）。

（2）若有两个稀释度，其生长的菌落数均在 30～300，则视二者之比值来决定，若其比值小于 2 应报告两者的平均数（表 2-4 中实列 2）。若大于 2 则报告其中稀释度较小的菌落总数（表 2-4 中实列 3）。若等于 2 亦报告其中稀释度较小的菌落数（表 2-4 中实列 4）。

（3）若所有稀释度的平均菌落数均大于 300，则应按稀释度最高的平均菌落数乘以稀释倍数报告（表 2-4 中实列 5）。

（4）若所有稀释度的平均菌落数均小于 30，则应以按稀释度最低的平均菌落数乘以稀释倍数报告（表 2-4 中实列 6）。

（5）若所有稀释度的平均菌落数均不在 30～300，则应以最接近 30 或 300 的平均菌落数乘以稀释倍数报告（表 2-4 中实列 7）。

（6）若所有稀释度的平板上均无菌落数生长，则以未检出报告。

（7）如果所有平板上都菌落密布，不要用“多不可计”报告，而应在稀释度最大的平板上，任意数其中 2 个平板 $1cm^2$ 中的菌落数，除 2 求出每平方厘米内的平均菌落数，乘以皿底面积 $63.6cm^2$，再乘以稀释倍数进行报告。

（8）菌落计数的报告：菌落数在 100 以内时按实有数据报；大于 100 时，采用两位有效数字，在两位有效数字后面的数值，以四舍五入方法计算，为了缩短数字后面的“0”数也可用 10 的指数来表示（见表 2-4“报告方式”栏）。

表 2-4　　稀释度选择及菌落总数报告方式

实列	不同稀释度的平均菌落数			两个稀释度菌落数之比	菌落总数/(CFU/mL)	报告方式/(CFU/mL)
	10^{-1}	10^{-2}	10^{-3}			
1	1365	164	20	—	16400	16000 或 1.6×10^4
2	2760	295	46	1.6	37750	3800 或 3.8×10^4
3	2890	271	60	2.2	27100	27000 或 2.7×10^4
4	150	30	8	2	1500	1500 或 1.5×10^3
5	多不可计	1650	513	—	513000	510000 或 5.1×10^5
6	27	11	5	—	270	270 或 2.7×10^2
7	多不可计	305	12	—	30500	31000 或 3.1×10^4

【任务准备】

实验方案，实验所需试剂，高压灭菌锅、放大镜、精密 pH 试纸、试管、平皿（直径 9cm）、刻度吸管等。

【任务实施】

按照实验方案采集生活饮用水，采用平皿计数法测定生活饮用水中的细菌总数。

【思考题与习题】

1. 测定自来水中细菌总数时，应如何采集水样？

2. 如何对试管、平皿（直径 9cm）、刻度吸管、采样瓶灭菌？

任务五　生活饮用水监测报告的编写

【任务描述】

掌握生活饮用水水质监测报告编写的要求及方法，并且能够熟练应用。掌握水质监测报告编写的基本内容。

【任务分析】

水质监测报告编写的基本内容；生活饮用水水质监测报告编写的要求及方法。

2-13

水质监测报告的编写

2-14

水质监测报告的编写

【知识链接】

一、监测报告的意义

监测报告是监测站整体工作的最终体现，作为生产线上的最终产品，直接体现监测工作的技术水准和质量。报告的形成过程是一个严谨的逻辑过程，也是纠正失误、错误的最后一关。

作为环境执法和环境污染纠纷事件的仲裁依据，无论是委托方还是报告的编写人员、审核人员乃至授权签字人，对“监测报告”都应给予充分的尊重；任何通过编造、篡改监测数据而出具监测报告的行为均会受到法律的严厉制裁［依据《环境监测数据弄虚作假行为判定及处理办法》（国办发〔2015〕56 号）］。

二、监测报告的格式和内容

1. 首页正面

（1）左上端，检验检测机构资质认定标识，由中国检验机构和实验室强制批准

(China Inspection Body and Laboratory Mandatory Approval，CMA）图案和资质认定证书编号（12位）组成。

(2) 右上端，监测报告的任务编号：Q16×××、S16×××、ZDY16010×等。

(3) 监测机构的全称（宋体）。

(4) 监测报告（黑体）。

(5) 委托单位。

(6) 被测单位。

(7) 监测类别（外委、环评、验收、信访重点源、在线监测设备比对等）。

(8) 样品类别（源水、管网水、二次供水）。

2. 首页反面

关于报告有效性的说明以及监测机构的名称、地址、邮编、电话、传真，以便委托方对报告存在异议时，联系报告编写部门。

3. 报告正文

(1) 监测目的。

(2) 监测信息。

1) 委托方：委托单中的全称，如任务单中的全称与监测室上报的全称不一致，应立即与委托方联系核实。

2) 联系人。

3) 联系电话。

4) 采样地点。

5) 样品状态及特征：颜色、形态（固、液、气）、样品的封装方式及封装用材质、分析前样品是否保存完好。

6) 采（送）样日期：××××年××月××日。

7) 采（送）样人。

8) 分析时间：××××年××月××日（要注意采样与分析的逻辑错误、满足分析前的处理要求）。

三、报告的有效性

首页有完整的防伪认证标识，报告编写人、审核人、批准人三人签字齐全，报告首页与尾页的底部中端“编制单位处”均加盖“检测专用章”，且监测报告各页均有骑缝章（检测专用章）的监测报告才是法律上有效的被各部门认可的监测报告。

四、生活饮用水监测报告的编写

当监测人员做好生活饮用水的采样、监测、数据处理等工作后，就应按照水质监测的常规要求和方法进行生活饮用水监测报告的编写（包括基本情况、监测情况、监测项目与分析方法、监测结果等）。

【任务准备】

做好某地生活饮用水的采样、监测、数据处理等工作。

【任务实施】

按照水质监测的常规要求和方法进行生活饮用水监测报告的编写（包括基本情

况、监测情况、监测项目与分析方法、监测结果等）。

【思考题与习题】

1. 水质监测报告的基本内容是什么？

2. 生活饮用水水质监测报告该如何编写？

五、生活饮用水检测报告实例

生活饮用水监测报告基本格式见表 2－5。

表 2－5　　生活饮用水监测报告基本格式

（盖计量认证章）　　　　　　　　　　　　　　　　报告编号：

监 测 报 告

样品名称：

委托单位：

监测类别：

×××环境监测站（章）

样品名称		样品编号	
委托单位		监测类别	
联系人/电话		样品数量	
检测日期		采（送）样日期	
采样地点		样品性状	
收样品人		采（送）样人	

监测分析结果

指标（单位）	检测方法依据	标准限值	检测结果	结论	测试者

项目三　地表水环境监测

【知识目标】

了解地表水环境监测资料收集与现场调查的主要内容；熟悉地表水采样断面、采样点的布设规范；熟悉地表水采样时间和采样频率的确定，并能够正确处理同一断面不同采样点的水样；了解地表水样采集及保存的要求；掌握地表水常见指标的测定方法。

【技能目标】

通过本项目的学习，能制定地表水环境监测方案，能正确选择和准备采样容器，能够进行地表水样的采集，能够针对不同的监测指标进行样品的保存，能够进行地表水水质指标的测定，能够编制地表水环境监测报告。

【重点难点】

本项目重点在于掌握地表水环境监测方案的制定、水样的采集和保存、水样的测定；难点是掌握地表水环境监测方案的制定和水样的测定。

任务一　地表水环境监测方案的制定

地表水即地球表面上的水，通常把流过或汇集在地球表面上的水，如海洋、河流、湖泊、水库、沟渠中的水等，统称为地表水。

知识点一　河流监测方案的制定

【任务描述】

了解河流资料收集与现场调查的内容与要求，能进行具体河流监测任务的资料收集和现场调查。熟悉河流监测断面、采样点、采样的时间和频率的确定标准，能进行地表河流监测方案的制定。

【任务分析】

为能了解地表河流环境情况，制定合理的监测方案，为此需要收集相关的资料并进行分析，必要时要进行现场调查，以提高对河流环境的认识。

为能够进行河流水样的监测分析，需要确定河流的采样断面的位置、采样点的位置、采样点时间和采样的频率，为水样的采集制订计划。

【知识链接】

一、资料收集与现场调查

根据水环境监测及评价的任务要求，在制定监测和评价方案之前，应尽可能完备收集待监测和评价水体及所在区域的有关资料。

（1）水体的水文、气候、地质和地貌资料。如水位、水量、流速及流向的变化，降水量、蒸发量及历史上的水情，河流的宽度、深度、河床结构及地质状况，湖泊沉积物的特性、间温层分布、等深线等。

（2）水体沿岸城市分布、工业布局、污染源及其排污情况、城市给排水情况等。

（3）水体沿岸的资源现状和水资源的用途、饮用水源分布和重点水源保护区、水体流域土地功能及近期使用计划等。

（4）历年的水质资料等。

（5）水资源的用途、饮用水源分布和重点水源保护区。

（6）实施勘查现场的交通情况、河宽、河床结构、岸边标志等。

（7）收集原有的水质分析资料或在需要时在设置断面的河段上设若干调查断面进行采样分析。

3-1

河流监测断面的确定

3-2

河流监测断面的确定

二、监测断面和采样点的设置

1. 监测断面的布设原则

监测断面在总体和宏观上须能反映水系或所在区域的水环境质量状况。各断面的具体位置须能反映所在区域环境的污染特征，尽可能以最少的断面获取足够的有代表性的环境信息；同时还须考虑实际采样时的可行性和方便性。

（1）对流域或水系要设立背景断面、控制断面（若干）和入海口断面。对行政区域可设背景断面（对水系源头）或入境断面（对过境河流）或对照断面、控制断面（若干）和入海河口断面或出境断面。在各控制断面下游，如果河段有足够长度（至少 10km），则还应设削减断面。

（2）根据水体功能区设置控制监测断面，同一水体功能区至少要设置一个监测断面。

（3）断面位置应避开死水区、回水区、排污口处，尽量选择顺直河段、河床稳定、水流平稳、水面宽阔、无急流、无浅滩处。

（4）监测断面力求与水文测流断面一致，以便利用其水文参数，实现水质监测与水量监测的结合。

（5）监测断面的布设应考虑社会经济发展、监测工作的实际状况和需要，要具有相对的长远性。

（6）流域同步监测中，根据流域规划和污染源限期的达标目标确定监测断面。

（7）河道局部整治中，监视整治效果的监测断面，由所在地区环境保护行政主管部门确定。

（8）入海河口断面要设置在能反映入海河水水质并临近入海的位置。

2. 监测断面的数量

监测断面设置的数量，应根据掌握水环境质量状况的实际需要，考虑对污染物时空分布和变化规律的了解、优化的基础上，以最少的断面、垂线和测点取得代表性最好的监测数据。

3. 监测断面的设置

河流采样断面是指在河流采样时，实施水样采集的整个剖面，分背景断面、对照断面、控制断面和削减断面等。对于江、河、水系或某个河段，一般要求设置三种断面，即对照断面、控制断面和削减断面（图 3-1）。

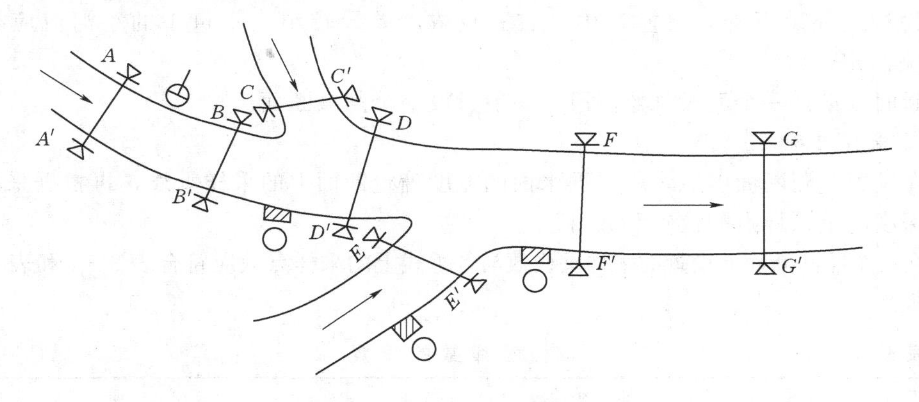

图 3-1　河流监测断面设置示意图

A—A'—对照断面；G—G'—削减断面；B—B'、C—C'、D—D'、E—E'、F—F'—控制断面

(1) 背景断面。背景断面指为评价某一完整水系的污染程度，未受人类生活和生产活动影响，能够提供水环境背景值的断面。背景断面基本上不受人类活动的影响，远离城市居民区、工业区、农药化肥施放区及主要交通路线。背景断面原则上应设在水系源头处或未受污染的上游河段；如断定断面处于化学异常区，则要在异常区的上下游分别设置。如有较严重的水土流失情况，则设在水土流失区的上游。

设置目的：为水体中污染物监测及污染程度提供参比、对照。

断面数量：一条水系一般只设一个背景断面。

(2) 对照断面。设置目的：对照断面指具体判断某一区域水环境污染程度时，位于该区域所有污染源上游处，能够提供这一区域水环境本底值的断面。

断面数量：一个河段（监测段）一般只设一个对照断面。有主要支流时可酌情增加。

(3) 控制断面。控制断面指为了解水环境受污染程度及其变化情况的断面。

设置的目的：控制断面的设置主要是为了评价、监测河段两岸污染源对水体水质的影响。反映本地区排放的废水对河段水质的影响，可及时掌握受污染水体的现状和变化动态，一般设在排污口下游 500～1000m 处。

控制断面的数量、控制断面与排污区（口）的距离可根据以下因素决定：主要污染区的数量及其间的距离、各污染源的实际情况、主要污染物的迁移转化规律和其他水文特征等。此外，还应考虑对纳污量的控制程度，即由各控制断面所控制的纳污量不应小于该河段总纳污量的 80%。如某河段的各控制断面均有 5 年以上的监测资料，则可用这些资料进行优化，用优化结论来确定控制断面的位置和数量。

(4) 削减断面。削减断面指工业废水或生活污水在水体内流经一定距离而达到最大程度混合，污染物受到稀释、降解，其主要污染物浓度有明显降低的断面。

设置目的：为了解入河污染物经物理、化学和生物作用后，河流的水质情况。通常设在城市或工业区最后一个排污口下游1500m以外的河段上，此断面污染物浓度显著下降，且左、中、右三点浓度差异较小。水量小的小河流应视具体情况而定。

断面数量：一个河段（监测段）一般只设一个削减断面。

3-3

河流采样点的确定

3-4

河流采样点的确定

4. 采样点确定

在设置监测断面以后，应根据水面的宽度确定断面上的采样垂线，再根据采样垂线的深度确定采样点的位置和数目。

在一个监测断面上设置的采样垂线数与各垂线上的采样点数应符合表3-1和表3-2中的规定。

表3-1　　采样垂线数的设置

水面宽/m	垂线数	说明
≤50	一条（中泓）	①垂线布设应避开污染带，要测污染带应另加一条；②确能证明该断面水质均匀时，可仅设中泓垂线；③凡在该断面要计算污染通量时，必须按本表设置垂线
50～100	二条（近左、右岸有明显水流处，或1/3河宽处）	
>100	三条（左、中、右，在主流线上及距两岸不少于0.5m，并有明显水流的地方）	

表3-2　　采样垂线上采样点数的设置

水深/m	采样点数	说明
≤5	上层一点	①上层指水面下层0.5m处，水深不到0.5m时，在水深1/2处；②下层指河底以上0.5m；③中层指1/2水深处；④封冻时在冰下0.5m处采样，水深不到0.5m处时，在水深1/2处；⑤凡在该断面要计算污染通量时，必须按本表设置采样点
5～10	上、下层两点	
>10	上、中、下三层三点	

选定的监测断面和垂线均应经环境保护行政主管部门审查确认，并在地图上标明准确位置，在岸边设置固定明显的天然标志；如果没有天然标志物，则应设置人工标志物，如竖石柱、打木桩等。同时，用文字说明断面周围环境的详细情况，并配以照片。这些图文资料均存入断面档案。断面一经确认即不准任意变动。确定需要变动时，须经环境保护行政主管部门同意，重做优化处理与审查确认。

每次采样要严格以标注物为准，使采集的样品取自同一位置上，以保证样品的代表性和可比性。

三、河流采样时间和采样频率的确定

为使采集的水样具有代表性，能够反映水质在时间和空间上的变化规律，必须确定合理的采样时间和采样频率，依据不同的水体功能、水文要素和污染源、污染物排放等实际情况，力求以最低的采样频次，取得最有时间代表性的样品，既要满足能反映水质状况的要求，又要切实可行。一般原则如下：

3-5

河流采样时间和采样频次的确定

3-6

河流采样时间和采样频次的确定

(1) 饮用水源地、省（自治区、直辖市）交界断面中需要重点控制的监测断面每月至少采样1次。

(2) 国控水系、河流、湖、库上的监测断面，逢单月采样1次，全年6次。

(3) 水系的背景断面每年采样1次。

(4) 受潮汐影响的监测断面的采样，分别在大潮期和小潮期进行。每次采集涨、退潮水样分别测定。涨潮水样应在断面处水面涨平时采样，退潮水样应在水面退平时采样。

(5) 如某必测项目连续3年均未检出，且在断面附近确定无新增排放源，而现有污染源排污量未增的情况下，每年可采样1次进行测定。一旦检出，或在断面附近有新的排放源或现有污染源有新增排污量时，即恢复正常采样。

(6) 国控监测断面（或垂线）每月采样1次，在每月5—10日内进行采样。

(7) 遇有特殊自然情况，或发生污染事故时，要随时增加采样频次。

(8) 在流域污染源限期治理、限期达标排放的计划中和流域受纳污染物的总量削减规划中，以及为此所进行的同步监测，按“流域监测”执行。

(9) 为配合局部水流域的河道整治，及时反映整治的效果，应在一定时期内增加采样频次，具体由整治工程所在地环境保护行政主管部门制定。

四、监测项目

1. 监测项目的确定原则

(1) 选择国家和地方的地表水环境质量标准中要求控制的监测项目。

(2) 选择对人和生物危害大、对地表水环境影响范围广的污染物。

(3) 选择国家水污染物排放标准中要求控制的监测项目。

(4) 选择有“标准分析方法”“全国统一监测分析方法”的监测项目。

(5) 各地区可根据本地区污染源的特征和水环境保护功能的划分，酌情增加某些选测项目；根据本地区经济发展、监测条件的改善及技术水平的提高，可酌情增加某些污染源和地表水监测项目。

2. 监测项目

地表水河流的监测项目见表3-3。其中潮汐河流必测项目增加氯化物。

表3-3 地表水河流的监测项目

监测对象	必测项目	选测项目①
河流	水温、pH值、溶解氧、高锰酸盐指数、化学需氧量、生化需氧量、氨氮、总氮、总磷、铜、锌、氟化物、硒、砷、汞、镉、铬（六价）、铅、氰化物、挥发酚、石油类、阴离子表面活性剂、硫化物和粪大肠菌群	总有机碳、甲基汞、其他项目参照工业废水监测项目，根据纳污情况由各级相关环境保护主管部门确定

续表

监测对象	必测项目	选测项目[①]
集中式饮用水水源地	水温、pH值、溶解氧、悬浮物[②]、高锰酸盐指数、化学需氧量、生化需氧量、氨氮、总氮、总磷、铜、锌、氟化物、铁、锰、硒、砷、汞、镉、铬（六价）、铅、氰化物、挥发酚、石油类、阴离子表面活性剂、硫化物、硫酸盐、氯化物、硝酸盐和粪大肠菌群	三氯甲烷、四氯化碳、三溴甲烷、二氯甲烷、1，2-二氯乙烷、环氧氯丙烷、氯乙烯、1，1-二氯乙烯、1，2-二氯乙烯、三氯乙烯、四氯乙烯、氯丁二烯、六氯丁二烯、苯乙烯、甲醛、乙醛、丙烯醛、三氯乙醛、苯、甲苯、乙苯、二甲苯[③]、异丙苯、氯苯、1，2-二氯苯、1，4-二氯苯、三氯苯[④]、四氯苯[⑤]、六氯苯、硝基苯、二硝基苯[⑥]、2，4-二硝基苯、2，4，6-三硝基甲苯、硝基氯苯[⑦]、2，4-二硝基氯苯、2，4-二氯苯酚、2，4，6-三氯苯酚、五氯酚、苯胺、联苯胺、丙烯酰胺、丙烯腈、邻苯二甲酸二丁酯、邻苯二甲酸二（2-乙基己基）酯、水合肼、四乙基铅、吡啶、松节油、苦味酸、丁基黄原酸、活性氯、DDT、Y-六氯环乙烷、环氧七氯、对硫磷、甲基对硫磷、马拉硫磷、乐果、敌敌畏、敌百虫、内吸磷、百菌清、甲萘威、溴氰菊酯、阿特拉津、苯并（α）芘、甲基汞、多氯联苯[⑧]、微囊藻毒素-LR、黄磷、钼、钴、铍、硼、锑、镍、钡、钒、钛、铊
排污河（渠）	根据纳污情况，参照工业废水监测项目	

① 监测项目中，有的项目监测结果低于检出限，并确认没有新的污染源增加时可减少监测频次。根据各地经济发展情况不同，在有监测能力（配置GC/MS）的地区每年应监测1次选测项目。

② 悬浮物在5mg/L以下时，测定浊度。

③ 二甲苯指邻二甲苯、间二甲苯和对二甲苯。

④ 三氯苯指1，2，3-三氯苯、1，2，4-三氯苯和1，3，5-三氯苯。

⑤ 四氯苯指1，2，3，4-四氯苯、1，2，3，5-四氯苯和1，2，4，5-四氯苯。

⑥ 二硝基苯指邻二硝基苯、间二硝基苯和对二硝基苯。

⑦ 硝基氯苯指邻硝基氯苯、间硝基氯苯和对硝基氯苯。

⑧ 多氯联苯指PCB-1016、PCB-1221、PCB-1232、PCB-1242、PCB-1248、PCB-1254和PCB-1260。

【任务准备】

设定某条河流，给出河流的流量，河流的水文、气象等基础条件，以及河流两侧的生活、工业布局等污染情况。

【任务实施】

根据设定的河流资料，先进行资料的收集与现场调查，然后制定合理的河流监测方案。

【思考题与习题】

1. 河流监测方案制定前需要收集哪些资料？
2. 河流采样点应该如何设置？
3. 河流采样的时间如何确定？
4. 河流监测的必测项目有哪些？

知识点二　湖、库监测方案的制定

【任务描述】

熟悉湖泊、水库资料收集及现场调查的内容，了解湖泊、水库监测断面、监测垂线布设要求，采样点、采样的时间和频次的确定标准，能进行湖泊、水库监测方案的制定。

【任务分析】

为能够进行地表湖泊、水库水样的监测分析，能够收集湖、库的相关资料，并能够进行现场调查，根据资料确定湖泊、水库的采样垂线的位置、采样点的位置、采样点时间和采样的频次，为水样的采集制订计划。

3－7
湖、库监测方案的制定

3－8
湖、库监测方案的制定

【知识链接】

一、资料收集与现场调查

对于湖泊，还需要了解水中生物、沉积物特点、间温层分布、容积、平均深度、等深线和水更新时间等，其他同“河流监测方案的制定”中的资料收集与现场调查。

二、湖泊、水库监测垂线的布设

（1）湖泊、水库通常只设监测垂线，如有特殊情况，可参照河流的有关规定设置监测断面。

（2）湖（库）区的不同水域，如进水区、出水区、深水区、浅水区、湖心区、岸边区，按水体类别设置监测垂线。

（3）湖（库）区若无明显功能区别，可用网格法均匀设置监测垂线。

（4）监测垂线上采样点的布设一般与河流的规定相同，但对有可能出现温度分层现象时，应做水温、溶解氧的探索性试验后再定。

（5）受污染物影响较大的重要湖泊、水库，应在污染物主要输送路线上设置控制断面。

三、采样点位的确定

湖、库采样点位置和数目的确定方法与河流相同。如果存在斜温层，应先测定不同水深处的水温、溶解氧等参数，确定成层情况后再确定垂线上采样点的位置。

各垂线上的采样点数应符合表3－4的规定。

表3－4　湖库监测垂线上采样点数的设置

水深/m	分层情况	采样点数	说　明
≤5	不分层	一点（水面下0.5m）	①分层是指湖水温度分层状况； ②水深不足1m，在1/2水深处设置测点； ③有充分数据证实垂线水质均匀时，可酌情减少测点
5～10	不分层	二点（水面下0.5m，水底上0.5m）	
5～10	分层	三点（水面下0.5m，1/2斜温层，水底上0.5m）	
>10	分层	除水面下0.5m，水底0.5m处外，按每一斜温层分层1/2处设置	

选定的监测断面和垂线均应经环境保护行政主管部门审查确认，并在地图上标明准确位置，在岸边设置固定明显的天然标志；如果没有天然标志物，则应设置人工标志物，如竖石柱、打木桩等。同时，用文字说明断面周围环境的详细情况，并配以照片。这些图文资料均存入断面档案。断面一经确认即不准任意变动。确需变动时，须经环境保护行政主管部门同意，重做优化处理与审查确认。

每次采样要严格以标注物为准，使采集的样品取自同一位置上，以保证样品的代表性和可比性。

四、采样时间与采样频次的确定

同“河流监测方案的制定”中河流采样时间和采样频次的确定一致。

五、监测的项目

湖泊、水库的监测项目见表3-5，集中式饮用水水源地监测项目见表3-3。

表3-5　湖泊、水库的监测项目

监测对象	必测项目	选测项目[①]
湖泊水库	水温、pH值、溶解氧、高锰酸盐指数、化学需氧量、生化需氧量、氨氮、总氮、总磷、铜、锌、氟化物、硒、砷、汞、镉、铬（六价）、铅、氰化物、挥发酚、石油类、阴离子表面活性剂、硫化物和粪大肠菌群	总有机碳、甲基汞、硝酸盐、亚硝酸盐、其他项目参照工业废水监测项目，根据纳污情况由各级相关环境保护部门确定

① 监测项目中，有的项目监测结果低于检出限值，并确认没有新的污染源增加时可减少监测频次。根据各地经济发展情况不同，在有监测能力（配置GC/MS）的地区每年应监测1次选测项目。

【任务准备】

为了评价及预测校园水环境的质量，现在需要设计校园水环境监测方案。

【任务实施】

1.明确监测的目的和要求

制定校园水环境监测方案，首先应明确监测任务的目的和要求。一般而言，地表水监测可以分为常规监测、特定目的的监测和研究性监测。不同类型的监测，其要求的内容、深度不同，制定方案时应充分考虑。

2.现场调查及资料收集

根据任务一的要求对校园水环境水体进行现场调查和资料收集，通过踏勘调查及资料收集，应对监测水体的基本情况有清晰的了解，为制定具体的监测方案打好基础。

校园环境水样很多，有汇集在校园内的地表水，也有来源于地壳下部的地下水（井水、泉水），此外还有校园排放的废水。在制定方案前应对监测水体周围环境状况进行现场踏勘调查，除调查校园内水污染物排放情况，还应了解校园所在区域有关水污染源及其水质情况，有关受纳水体的水文和水质参数等。另外，还应收集监测水体周围相关的资料，主要是水环境功能区划等。通过踏勘调查及资料收集，应对监测水体的基本情况有清晰的了解，为制定具体的监测方案打好基础。

有关水污染源的调查可按表3-6进行。

表 3-6　　水污染源调查

污染源名称	用水量/(t/h)	排水量/(t/h)	排放的主要污染物	废水排放去向
学生生活				
实验室				
食堂				
……				
废水总排放口				

3. 监测计划

在进行必要调查、资料分析的基础上，制订采样计划是监测方案的重点之一，采样计划应包括以下内容。

(1) 采样断面（点位）的布设。采样断面（点位）的布设包括断面（采样点）的位置、采样垂线的设置、具体采样点的确定。

(2) 监测项目的确定。监测项目的确定包括具体的监测项目及建议采用的分析测试方法。

(3) 采样时间、周期和频次的确定。采样时间指采样的具体日期，采样周期指的是每周期采样的次数及每次采样的天数，采样频次是指每天采样的次数。

(4) 采样方法及水样保存的要求。监测计划中应针对不同的监测项目，明确采样的方法和是否必须现场测定，如需送样回实验室分析，则必须指出样品保存的方法。

(5) 监测计划实施的保证措施，具体应涵盖以下内容：

1) 监测人员安排。确定完成监测工作必需的人员配备情况，包括需要多少人、每个人在监测工作中的分工、责任等。

2) 监测物资保障。确定采样仪器设备的种类、数量、型号，分析仪器的种类、数量、型号，监测过程中用到的试剂、药品种类及数量。

3) 监测工作的交通保障。明确采样路线、交通工具的种类和数量。

4) 监测工作的质量保障。除了上述保障措施外，为了获取准确可靠的监测数据，还需要涉及质量保证的问题，除了前面采样、分析方法方面的保障措施外，数据统计处理方面的要求也应在监测方案中体现。

【思考题与习题】

1. 湖、库监测方案制定前需要收集哪些资料？

2. 湖、库采样点应该如何设置？

3. 湖库监测的必测项目有哪些？

任务二　水样的采集、运输、保存与预处理

知识点一　采样前的准备

【任务描述】

了解水样容器选择的要求，熟悉容器清洗的要求，能够根据监测项目正确清洗水

样容器。

3－9

地表水采样前的准备

3－10

地表水采样前的准备

【任务分析】

为能顺利进行地表水样采集，采样前要进行充分准备，选择合适的水样容器，并根据监测项目要求清洗容器。

【知识链接】

采样前，要根据监测项目的性质和采样方法的要求，选择适宜材质的盛水容器和采样器，并清洗干净。

一、水样容器的选择

（1）容器材质与水样之间不能有相互作用。

（2）容器的材质选择的注意事项。

1）容器不能引起新的沾污。

2）容器器壁不应吸收或吸附某些待测组分。

3）容器不应与某些待测组分发生反应。

4）抗极端温度性能好，抗震性能好，其大小、形状和质量适宜。

5）能严密封口，且易于开启。

6）材料易得，成本较低。

7）容易清洗，并可反复使用。

（3）主要的容器材质。

1）玻璃石英类：软质玻璃（普通玻璃）、硬质玻璃（硼硅玻璃）、高硅氧玻璃和石英。

2）金属类：铂、银、铁、镍、锆等。

3）非金属类：瓷、玛瑙和石墨等。

4）塑料类：聚乙烯、聚丙烯和聚四氟乙烯等。

其中，实验室较为常用的水样容器的材质主要是硬质玻璃和聚乙烯塑料。

二、容器的准备

1．一般规则

所有的准备都应确保不发生正负干扰，尽可能使用专用容器。如不能使用专用容器，那么最好准备一套容器进行特定污染物的测定，以减少交叉污染。同时应注意防止以前采集高浓度分析物的容器因洗涤不彻底污染随后采集的低浓度污染物的样品。对于新容器，一般应先用洗涤剂清洗，再用纯水彻底清洗。但是，用于清洁的清洁剂和溶剂可能引起干扰，例如，当分析富营养物质时，含磷酸盐的清洁剂的残渣会造成污染。如果使用，应确保洗涤剂和溶剂的质量。如果测定硅硼和表面活性剂，则不能使用洗涤剂。所用的洗涤剂类型和选用的容器材质要随待测组分来确定。测磷酸盐不能使用含磷洗涤剂；测硫酸盐或铬不能用铬酸-硫酸洗液；测重金属的玻璃容器及聚乙烯容器通常用盐酸或硝酸（c＝1mol/L）洗净并浸泡1～2d后用蒸馏水或去离子水冲洗。

2．清洁剂清洗塑料或玻璃容器

洗涤程序如下：①用水和清洗剂的混合稀释溶液清洗容器和容器帽；②用实验室

用水清洗两次；③控干水并盖好容器帽。

3. 溶剂洗涤玻璃容器

洗涤程序如下：①用水和清洗剂的混合稀释溶液清洗容器和容器帽；②用自来水彻底清洗；③用实验室用水清洗两次；④用丙酮清洗并干燥；⑤用与分析方法匹配的溶剂清洗并立即盖好容器帽。

4. 酸洗玻璃或塑料容器

洗涤程序如下：①用自来水和清洗剂的混合稀释溶液清洗容器和容器帽；②用自来水彻底清洗；③用10%硝酸溶液清洗；④控干后，注满10%硝酸溶液；⑤密封，储存至少24h；⑥用实验室用水清洗，并立即盖好容器帽。

5. 用于测定农药、除草剂等样品的容器的准备

因聚四氟乙烯外的塑料容器会对分析产生明显的干扰，故一般使用棕色玻璃瓶。按一般规则清洗（即用水及洗涤剂—铬酸-硫酸洗液—蒸馏水）后，在烘箱内180℃下4h烘干，冷却后再用纯化过的己烷或石油醚冲洗数次。

6. 用于微生物分析的样品

用于微生物分析的容器及塞子、盖子应经高温灭菌，灭菌温度应确保在此温度下不释放或产生出任何能抑制生物活性、灭活或促进生物生长的化学物质。玻璃容器，按一般清洗原则洗涤，用硝酸浸泡再用蒸馏水冲洗以除去重金属或铬酸盐残留物。在灭菌前可在容器里加入硫代硫酸钠（$Na_2S_2O_3$）以除去余氯对细菌的抑制作用（以每125mL容器加入0.1mL的10mg/L $Na_2S_2O_3$ 计量）。

三、采样前的准备

1. 确定采样负责人

采样负责人主要负责制订采样计划并组织实施。

2. 制订采样计划

采样负责人在制订计划前要充分了解该项监测任务的目的和要求，应对要采样的监测断面周围情况了解清楚，并熟悉采样方法、水样容器的洗涤、样品的保存技术。在有现场测定项目和任务时，还应了解有关现场测定技术。

采样计划应包括：确定的采样垂线和采样点位、测定项目和数量、采样质量保证措施，采样时间和路线、采样人员和分工、采样器材和交通工具以及需要进行的现场测定项目和安全保证等。

3. 采样器材与现场测定仪器的准备

采样器材主要是采样器和水样容器。关于水样保存及容器洗涤方法见本书相关内容。

洗涤方法系指对已用容器的一般洗涤方法。如新启用容器，则应事先做更充分的清洗，容器应做到定点、定项。

【任务准备】

根据地表水监测方案确定的监测项目进行采样前的准备，备有各种类型的水样容器、采样容器、洗涤用品等。

【任务实施】

根据任务要求，选择合适的水样容器进行容器的清洗及准备。

【思考题与习题】

1. 选择水样容器时应该注意什么？

2. 容器材质主要有哪些？

3. 玻璃容器应该如何清洗？

4. 如何制订采样的计划？

知识点二　水样的采集

【任务描述】

了解水样采集的方法，熟悉水样的类型，掌握水样采集的数量及采集时的注意事项。

【任务分析】

3-11
地表水水样的采集

为了能顺利进行地表水样采集，能够选择合理的采样方式，能够根据测定要求正确处理采集的水样，采样时能够正确地填写采样的记录，注意采样过程中的质量控制，确保采集到合格的水样。

【知识链接】

3-12
地表水水样的采集

一、采样方法

1. 船只采样

利用船只到指定的地点，按深度要求，把采水器浸入水面下采样（灵活，适用于一般河流和水库的采样，但不容易固定采样地点）。

2. 桥梁采样

利用现有的桥梁采样，安全、可靠、方便、不受天气和洪水的影响，适合于频繁采样，并能在横向和纵向准确控制采样点位置。

3. 涉水采样

较浅的小河和靠近岸边水浅的采样点可采用涉水采样。

4. 索道采样

在地形复杂、险要，地处偏僻处的小河流，可架设索道采样。

二、常用的采样容器

(1) 无色具塞硬质玻璃瓶。玻璃瓶由硼硅酸玻璃制成，其主要成分有二氧化硅(70%～80%)、硼（11%～15%)、铝（2%～4%)。因产品种类不同，有的有微量的砷、锌溶出。玻璃瓶无色透明，便于观察试样及其变化，还可以加热灭菌，但容易破裂，不适于运输。

(2) 聚乙烯瓶（或塑料桶)。塑料瓶耐冲击、轻便，但不如玻璃瓶易清洗、检查和校检体积。有吸附磷酸根离子及有机物的倾向，易受有机溶剂的浸蚀，有时会引起藻类繁殖。

(3) 特殊成分的试样容器。溶解氧测定需要杜绝气泡，使用能添加封口的溶解氧瓶，油类的测定需要定容采样的广口玻璃瓶，生物及细菌试验需要不透明的非活性玻璃容器。

三、水样的类型

1. 瞬时水样

瞬时水样指从水中不连续地随机（就时间和断面而言）采集的单一样品，一般在一定的时间和地点随机采取。

2. 混合水样

混合水样是指在同一采样点于不同时间所采集的瞬时水样的混合水样。

(1) 等比例混合水样。等比例混合水样指在某一时段内，在同一采样点位（断面）所采水样量随时间或流量成比例的混合水样。

(2) 等时混合水样。等时混合水样指在某一时段内，在同一采样点位（断面）按等时间间隔所采等体积水样的混合水样。

3. 综合水样

综合水样是把不同采样点同时采集的各个瞬时水样混合后所得到的样品。这种水样在某些情况下更具有实际意义。例如，当为几条废水河、渠建立综合处理厂时，以综合水样取得的水质参数作为设计的依据更为合理。

四、采样数量及要求

在地表水质监测中通常采集瞬时水样。所需水样量见《水质样品的保存和管理技术规定》（HJ 493—2009）。此采样量已考虑重复分析和质量控制的需要，并留有余地。在水样采入容器中后，应立即按 HJ 493—2009 的要求加入保存剂。

五、采样注意事项

(1) 采样时不可搅动水底的沉积物。

(2) 采样时应保证采样点的位置准确。必要时使用定位仪（GPS）定位。

(3) 认真填写“水质采样记录表”，用签字笔或硬质铅笔在现场记录，字迹应端正、清晰，项目要完整。

(4) 保证采样按时、准确、安全。

(5) 采样结束前，应核对采样计划、记录与水样，如有错误或遗漏，应立即补采或重采。

(6) 如采样现场水体很不均匀，无法采到有代表性的样品，则应详细记录不均匀的情况和实际采样情况，供使用该数据者参考，并将此现场情况向环境保护行政主管部门反映。

(7) 测定油类的水样，应在水面至水面下 300mm 采集柱状水样，并单独采样，全部用于测定。并且采样瓶（容器）不能用采集的水样冲洗。

(8) 测溶解氧、生化需氧量和有机污染物等项目时，水样必须注满容器，上部不留空间，并用水封口。

(9) 如果水样中含沉降性固体（如泥沙等），则应分离除去。分离方法为：将所采水样摇匀后倒入筒形玻璃容器（如 1～2L 量筒），静置 30min，将不含沉降性固体但含有悬浮性固体的水样移入盛样容器并加入保存剂。测定水温、pH 值、DO、电导率、总悬浮物和油类的水样除外。

(10) 测定湖库水的 COD、高锰酸盐指数、叶绿素 a、总氮、总磷时，水样静置 30min 后，用吸管一次或几次移取水样，吸管进水尖嘴应插至水样表层 50mm 以下位置，再加保存剂保存。

(11) 测定油类、BOD、DO、硫化物、余氯、粪大肠菌群、悬浮物、放射性等项目时要单独采样。

六、采样记录

采样后要立即填写标签和采样记录表，水质采样现场记录格式见表3-7，地表水采样原始记录见表3-8。

表3-7 **采样现场记录**

项目名称：										
样品描述：										
采样地点	样品编号	采样日期	时间		pH值	温度	其他参量			备注
			采样开始	采样结束						

采样人：　　交接人：　　复核人：　　审核人：

注 备注中应根据实际情况填写如下内容：水体类型、气象条件（气温、风向、风速、天气状态）、采样点周围环境状况、采样点经纬度、采样点水深、采样层次等。

表3-8 **地表水采样原始记录表**

任务名称：　　方法依据：

任务编号：　　采样日期：　　天气：

断面或采样点	采样编号	采样时间	样品分数	水深/m	流速/(m/s)	流量/(m^3/s)	现场监测记录									分析项目	样品现场处理情况
							水颜色	水气味	水面油膜	悬浮物	水温/℃	透明度/cm	pH值	DO/(mg/L)	电导/(μS/cm)		
备注	DO仪型号及编号： pH计型号及编号： 电导率型号及编号：											DO测定方法依据： pH值测定方法依据： 电导率测定方法依据：					

采样：　　记录：　　校核：

【任务准备】

设定某条河流或某个湖泊、水库，给出河流或湖泊、水库的监测方案，给出已经准备好的各类水样容器、水样保存剂、样品箱等。

【任务实施】

根据任务具体要求，采集水样。

【思考题与习题】

1. 水样采集的方法都有哪些？

2. 采集水样时应注意什么？

3. 采样记录包含哪些内容？

知识点三　水样的运输与保存

【任务描述】

了解水样运输的要求，掌握水样保存的方法。

【任务分析】

将采集来的水样尽快送到实验室以便进行分析，为保障水样测定结果的有效性，要注意水样在运输过程中的质量控制，能够选择合适的保存方法保存水样，以减小测定结果与实际值的差距。

水样的运输与保存

【知识链接】

各种水质的水样，从采集到分析测定这段时间内，由于环境条件的改变，微生物新陈代谢活动和化学作用的影响，会引起水样某些物理参数及化学组分的变化。为将这些变化降到最低程度，需要尽可能地缩短运输时间、尽快分析测定和采取必要的保护措施；有些项目必须在采样现场测定。

一、水样的运输

采集的水样除一部分供项目的现场监测用外，大部分水样要运到实验室进行监测分析。为保证水样的完整性和代表性，使之不受污染、损坏和丢失，在水样运输的过程中应注意下面几点：

(1) 根据采样点的地理位置和每个项目分析前最长可保存时间，选用适当的运输方式。

(2) 水样运输前应将容器的外（内）盖盖紧。装箱时应用泡沫塑料等分隔，以防破损。同一采样点的样品应装在同一包装箱内，如需分装在两个或几个箱子中时，则需在每个箱内放入相同的现场采样记录表。运输前应检查现场记录上的所有水样是否全部装箱。要用醒目色彩在包装箱顶部和侧面标上“切勿倒置”的标记。

(3) 每个水样瓶均需贴上标签，内容有采样点位编号，采样日期和时间，测定项目，保存方法，并写明用何种保存剂。

(4) 装有水样的容器必须加以妥善的保存和密封，并装在包装箱内固定，以防在运输途中破损。除了防震，避免日光照射和低温运输外，还要防止新的污染物进入容器和沾污瓶口使水样变质。

(5) 在水样运送过程中，应有押运人员运送，并且每个水样都要附有一张程序管理卡。在转交水样时，转交人和接受人都必须清点和检查水样并在登记卡上签字，注明日期和时间。

二、水样的保存

各种水质的水样，从采集到分析这段时间内，由于在物理、化学、生物的作用下会发生不同程度的变化，这些变化使得进行分析时的样品已不再是采样时的样品，为了使这种变化降低到最小的程度，必须在保存时对样品加以保护。

1. 水样变化的原因

（1）物理作用。光照、温度、静置或震动，敞露或密封等保存条件及容器材质都会影响水样的性质。如温度升高或强震动会使得一些物质如氧、氰化物及汞等挥发，长期静置会使 $Al(OH)_3$、$CaCO_3$、$Mg_3(PO_4)_2$ 等沉淀。某些容器的内壁能不可逆地吸附或吸收一些有机物或金属化合物等。

（2）化学作用。水样及水样各组分可能发生化学反应，从而改变某些组分的含量与性质。例如空气中的氧能使二价铁、硫化物等氧化，聚合物解聚，单体化合物聚合等。

（3）生物作用。细菌、藻类及其他生物体的新陈代谢会消耗水样中的某些组分，产生一些新组分，改变一些组分的性质，生物作用会对样品中待测的一些项目如溶解氧、二氧化碳、含氮化合物、磷及硅等的含量及浓度产生影响。

2. 水样保存的要求

水样在储存期内发生变化的程度不但取决于水的类型及水样的化学性质和生物学性质，也取决于保存条件，容器材质，运输及气候变化等因素。

这些变化往往非常快，样品常在很短的时间里明显地发生变化，因此必须在一切情况下采取必要的保存措施，并尽快地进行分析。保存措施在降低变化的程度或缓慢变化的速度方面是有作用的，但到目前为止所有的保存措施还不能完全抑制这些变化，而且对于不同类型的水，产生的保存效果也不同。饮用水很易储存，因其对生物或化学的作用很不敏感，一般的保存措施对地面水和地下水可有效地储存，但对废水则不同。废水性质或废水采样地点不同，其保存的效果也就不同，如采自城市排水管网和污水处理厂的废水其保存效果不同，采自生化处理厂的废水及未经处理的废水其保存效果也不同。

3－16

水样保存的方法

分析项目决定废水样品的保存时间，有的分析项目要求单独取样，有的分析项目要求在现场分析，有些项目的样品能保存较长时间。由于采样地点和样品成分的不同，迄今为止还没有找到适用于一切场合和情况的绝对准则。在各种情况下，存储方法应与使用的分析技术相匹配。

3. 水样保存的方法

3－17

水样保存的方法

（1）容器的封存。对需要测定物理-化学分析物的样品，应使水样充满容器至溢流并密封保存，以减少与空气中氧气、二氧化碳的反应干扰及样品运输中的震荡干扰。但当样品需要被冷冻保存时，不应溢满封存。

（2）样品的冷藏、冷冻。在大多数情况下，从采集样品后到运输至实验室期间，样品在1～5℃冷藏并放至暗处保存即可。但冷藏并不适合长期保存，废水的保存时间更短。

－20℃的冷冻温度一般能延长储存期。但分析挥发性物质不适用冷冻程序；如果样品包含细胞、细菌或微藻类，在冷冻过程中会发生破裂，损失细胞组分，同样不适用冷冻。冷冻需要掌握冷冻和融化技术，以使样品在融化时能迅速、均匀地恢复其原始状态，用干冰快速冷冻是令人满意的方法。冷冻容器一般选用塑料容器，强烈推荐聚氯乙烯或聚乙烯等塑料容器。

（3）添加保存剂。

1）控制溶液 pH 值。测定金属离子的水样常用硝酸酸化至 pH 值为 1～2，既可以防止重金属的水解沉淀，又可以防止金属在器壁表面上的吸附，同时 pH 值为 1～2 的酸性介质还能抑制生物的活动。用此方法保存，可使大多数金属稳定数周或数月。测定氰化物的水样需加氢氧化钠调至 pH 值为 12，测定六价铬的水样应加氢氧化钠调至 pH 值为 8，因在酸性介质中，六价铬的氧化电位高，易被还原。保存总铬的水样，则应加硝酸或硫酸至 pH 值为 1～2。

2）加入抑制剂。为了抑制生物作用，可在样品中加入抑制剂。如在测氨氮、硝酸盐氮和 COD 的水样中，加氯化汞或加三氯甲烷、甲苯作防护剂以抑制生物对亚硝酸盐、硝酸盐、铵盐的氧化还原作用。在测酚水样中用磷酸调溶液的 pH 值，加入硫酸铜以控制苯酚分解菌的活动。

3）加入氧化剂。水样中痕量汞易被还原，引起汞的挥发性损失，加入硝酸-重铬酸钾溶液可使其维持在高氧化态，汞的稳定性大为改善。

4）加入还原剂。测定硫化物的水样，加入抗坏血酸对保存有利。含余氯水样，能氧化氰离子，可使酚类、烃类、苯系物氯化生成相应的衍生物，为此在采样时加入适当的硫代硫酸钠予以还原，除去余氯干扰。样品保存剂如酸、碱或其他试剂在采样前应进行空白试验，其纯度和等级必须达到分析的要求。

加入一些化学试剂可固定水样中的某些待测组分，保存剂可事先加入空瓶中，亦可在采样后立即加入水样中。所加入的保存剂不能干扰待测成分的测定，如有疑义应先做必要的试验。加入保存剂的样品，经过稀释后，在分析计算结果时要充分考虑。但如果加入足够浓的保存剂，因加入体积很小，可以忽略其稀释影响。因固体保存剂会引起局部过热，相应地影响样品，应该避免使用。

所加入的保存剂有可能改变水中组分的化学或物理性质，因此选用保存剂时一定要考虑到对测定项目的影响。如待测项目是溶解态物质，酸化会引起胶体组分和固体的溶解，则必须在过滤后酸化保存。

要充分考虑加入保存剂所引起待测元素数量的变化，特别是在对微量元素的检测中。例如，酸类会增加砷、铅、汞的含量。因此，样品中加入保存剂后，应保留做空白实验。

（4）生物检测样品的处理保存。用于化学分析的样品和用于生物分析的样品是不同的。加入生物检测的样品中的化学品应能够固定或保存样品，“固定”用于描述保存形态结构，而“保存”用于防止有机质的生物化学或化学退化。

生物检测样品的保存应符合下列标准。

1）预先了解防腐剂对预防生物有机物损失的效果。

2）防腐剂至少在保存期间，能够有效地防止有机质的生物退化。

3）在保存期内，防腐剂应保证能充分研究生物分类群。

4. 过滤和离心

如想测定水样中组分的全量，采样后应立即加入保存剂，分析测定时充分摇匀后再取样。测定可滤（溶解）态组分的含量，常用 0.45μm 的微孔滤膜过滤，这样可以除去其中的悬浮物、沉淀、藻类及其他微生物，滤后的水样稳定性好，有利于保存。滤器的选择要注意与分析方法相匹配，用前清洗及避免吸附、吸收损失。一般测有机项目时选用砂芯漏斗和玻璃纤维漏斗，而在测定无机项目时常用 0.45μm 微孔滤膜过滤。

常用水样保存技术见表 3－9，常用的生物、微生物指标水样的保存技术见表 3－10。

表 3－9　　常用水样保存技术

测试项目/参数	采样容器	保存方法及保存剂用量	可保存时间	最少采样量/mL	容器洗涤方法	备　注
pH值	P或G		12h	250	Ⅰ	尽量现场测定
色度	P或G		12h	250	Ⅰ	尽量现场测定
浊度	P或G		12h	250	Ⅰ	尽量现场测定
气味	G	1～5℃冷藏	6h	500		大量测定可带离现场
电导率	P或BG		12h	250	Ⅰ	尽量现场测定
悬浮物	P或G	1～5℃暗处	14d	500	Ⅰ	
酸度	P或G	1～5℃暗处	30d	500	Ⅰ	
碱度	P或G	1～5℃暗处	12h	500	Ⅰ	
总固体（总残渣、干残渣）	P或G	1～5℃冷藏	24h	100		
化学需氧量	G	用 H_2SO_4 酸化，pH值≤2	2d	500	Ⅰ	
	P	－20℃冷冻	1月	100		最长6m
高锰酸盐指数	G	1～5℃冷藏	2d	500	Ⅰ	尽快分析
	P	－20℃冷冻	1月	500		
五日生化需氧量	溶解氧瓶	1～5℃暗处冷藏	12h	250	Ⅰ	
	P	－20℃冷冻	1月	1000		冷冻最长可保持6m（质量浓度小于50mg/L保存1m）
总有机碳	G	用 H_2SO_4 酸化，pH值≤2；1～5℃	7d	250	Ⅰ	
	P	－20℃冷冻	1月	100		
溶解氧	溶解氧瓶	加入硫酸锰，碱性KI叠氮化钠溶液，现场固定	24h	500	Ⅰ	尽量现场测定
总磷	P或G	用 H_2SO_4 酸化，HCl酸化至pH值≤2	24h	250	Ⅳ	
	P	－20℃冷冻	1月	250		

续表

测试项目/参数	采样容器	保存方法及保存剂用量	可保存时间	最少采样量/mL	容器洗涤方法	备　注
溶解磷酸盐	P或G或BG	1～5℃冷藏	1月	250		采样时现场过滤
	P	－20℃冷冻	1月	250		
氨氮	P或G	用 H_2SO_4 酸化，pH值≤2	24h	250	Ⅰ	
氨类（易释放、离子化）	P或G	用 H_2SO_4 酸化，pH值为1～2；1～5℃	21d	500		保存前现场离心
	P	－20℃冷冻	1月	500		
亚硝酸盐氮	P或G	1～5℃冷藏避光保存	24h	250	Ⅰ	
硝酸盐氮	P或G	1～5℃冷藏	24h	250	Ⅰ	
	P或G	HCl酸化，pH值为1～2	7d	250		
	P	－20℃冷冻	1月	250		
凯氏氮	P或BG	用 H_2SO_4 酸化，pH值为1～2；1～5℃避光	1月	250		
	P	－20℃冷冻	1月	500		
总氮	P或G	用 H_2SO_4 酸化，pH值为1～2	7d	250	Ⅰ	
	P	－20℃冷冻	1月	500		
硫化物	P或G	水样充满容器，1L水样加NaOH至pH值为9，加入5%抗坏血酸5mL，饱和EDTA 3mL，滴加饱和 $Zn(Ac)_2$，至胶体产生，常温避光	24h	250	Ⅰ	
硼	P	水样充满容器密封	1月	100		
总氰化物	P或G	加NaOH到pH值≥9 1～5℃冷藏	7d，如果硫化物存在，保存12h	250	Ⅰ	
F^-	P	1～5℃，避光	14d	250	Ⅰ	
Cl^-	P或G	1～5℃，避光	30d	250	Ⅰ	
Br^-	P或G	1～5℃，避光	14d	250	Ⅰ	
I^-	P或G	NaOH，pH值为12	14d	250	Ⅰ	
SO_4^{2-}	P或G	1～5℃，避光	30d	250	Ⅰ	
PO_4^{3-}	P或G	NaOH，H_2SO_4 调节pH值为7，$CHCl_3$ 0.5%	7d	250	Ⅳ	
碘化物	G	1～5℃冷藏	1月	500		
总硅酸盐	P	1～5℃冷藏	1月	100		
硫酸盐	P或G	1～5℃冷藏	1月	200		

续表

测试项目/参数	采样容器	保存方法及保存剂用量	可保存时间	最少采样量/mL	容器洗涤方法	备　注
亚硫酸盐	P或G	水样充满容器，100mL加1mL 2.5% EDTA溶液，现场固定	2d	500		
阴离子表面活性剂	P或G	1～5℃冷藏，用H_2SO_4酸化，pH值为1～2	2d	500	Ⅳ	不能用溶剂清洗
溴酸盐	P或G	1～5℃	1月	100		
氯胺	P或G	避光	5min	500		
氯酸盐	P或G	1～5℃冷藏	7d	500		
氯化物	P或G		1月	100		
二氧化氯	P或G	避光	5min	500		最后在采集5min内现场分析
余氯	P或G	避光	5min	500		最后在采集5min内现场分析
氟化物	P（聚四氟乙烯除外）		1月	200		
铍	P或G	1L水样中加入浓HNO_3 10mL酸化	14d	250	酸洗Ⅲ	
硼	P	1L水样中加入浓HNO_3 10mL酸化	14d	250	酸洗Ⅰ	
钠	P	1L水样中加入浓HNO_3 10mL酸化	14d	250	Ⅱ	
镁	P	1L水样中加入浓HNO_3 10mL酸化	14d	250	酸洗Ⅱ	
钙	P或G	1L水样中加入浓HNO_3 10mL酸化	14d	250	Ⅱ	
六价铬	P或G	NaOH，pH值为8～9	14d	250	酸洗Ⅲ	
铬	P或G	1L水样中加入浓HNO_3 10mL酸化	1月	100	酸洗	
锰	P或G	1L水样中加入浓HNO_3 10mL酸化	14d	250	Ⅲ	
锌	P	1L水样中加入浓HNO_3 10mL酸化	14d	250	Ⅲ	
砷	P或G	1L水样中加入浓HNO_3 10mL酸化（DDTC法，HCl 2mL）	14d	250	Ⅲ	使用氢化物技术分析砷，用盐酸
镉	P或G	1L水样中加入浓HNO_3 10mL酸化	14d	250	Ⅲ	如用溶出伏安法测定，可改用1L水样中加浓$HClO_4$ 19mL
汞	P或G	HCl，1%，如水样为中性，1L水样中加浓HCl 10mL	14d	250	Ⅲ	
铅	P或G	HNO_3，1%，如水样为中性，1L水样中加浓HNO_3 10mL	14d	250	Ⅲ	如用溶出伏安法测定，可改用1L水样中加浓$HClO_4$ 19mL
二价铁	P酸洗或BG酸洗	用HCl酸化，pH值为1～2，避免接触空气	7d	100		
总铁	P酸洗或BG酸洗	用HNO_3酸化，pH值为1～2	1月	100		

续表

测试项目/参数	采样容器	保存方法及保存剂用量	可保存时间	最少采样量/mL	容器洗涤方法	备　注
重金属化合物	P或BG	用HNO_3酸化，pH值为1～2	1月	500		最长6m
油类	溶剂洗	用H_2SO_4酸化至pH值≤2	7d	250	Ⅱ	
酚类	G	1～5℃避光。用磷酸调节至pH值≤2，加入抗坏血酸0.01～0.02g除去残余氯	24h	1000	Ⅰ	
可吸附有机卤化物	P或G	水样充满容器。用HNO_3酸化，pH值为1～2；1～5℃避光保存	5d	1000		
	P	－20℃冷冻	1月	1000		
挥发性有机物	G	用1＋10HCl调节至pH值≤2，加入抗坏血酸0.01～0.02g，除去残余氯；1～5℃避光保存	12h	1000		
除草剂类	G	加入抗坏血酸0.01～0.02g，除去残余氯；1～5℃避光保存	24h	1000	Ⅰ	
酸性除草剂	G（带聚四氟乙烯瓶塞或膜）	HCl，pH值为1～2，1～5℃冷藏。如果样品加氯，1000mL水样加80mg $Na_2S_2O_3\cdot 5H_2O$	14d	1000	萃取样品同时萃取采样容器	不能用水样冲洗采样容器，不能用水样充满容器
邻苯二甲酸酯类	G	加入抗坏血酸0.01～0.02g，除去残余氯；1～5℃避光保存	24h	1000	Ⅰ	
甲醛	G	加入0.2～0.5g/L硫代硫酸钠，除去残余氯；1～5℃避光保存	24h	250	Ⅰ	
杀虫剂（包含有机氯、有机磷、有机氮）	（溶剂洗，带聚四氟乙烯瓶盖）或P（适用草甘膦）	1～5℃冷藏	萃取5d	1000～3000		不能用水样冲洗采样容器，不能用水样充满容器，萃取应在采样后24h内完成
氨基甲酸酯类杀虫剂	G溶剂洗	1～5℃	14d	1000		如果样品被加氯，1000mL水加80mg $Na_2S_2O_3\cdot 5H_2O$
	P或G	－20℃冷冻	1月	1000		
叶绿素	P或G	1～5℃冷藏	24h	1000		棕色采样瓶
	P	用乙醇过滤萃取后，－20℃冷冻	1月	1000		
	P	过滤后－80℃冷冻	1月	1000		
肼	G	用HCl酸化到pH值为1，避光	24h	500		
碳氢化合物	G溶剂（如戊烷）萃取	用HCl或H_2SO_4酸化，pH值为1～2	1月	1000		现场萃取不能用水样冲洗采样容器，不能用水样充满容器
单环芳香烃	G（带聚四氟乙烯薄膜）	水样充满容器。用H_2SO_4酸化，pH值为1～2。如果样品加氯，采样前1000mL水加80mg $Na_2S_2O_3\cdot 5H_2O$	7d	500		

续表

测试项目/参数	采样容器	保存方法及保存剂用量	可保存时间	最少采样量/mL	容器洗涤方法	备　注
有机金属化合物	G	1～5℃冷藏	7d	500		萃取应带离现场
三卤甲烷类	G，带聚四氟乙烯薄膜的小瓶	1～5℃冷藏，水样充满容器	14d	100		如果样品加氯，则100mL水加8mg $Na_2S_2O_3 \cdot 5H_2O$

注　1. P为聚乙烯瓶（桶），G为硬质玻璃瓶，BG为硼硅酸盐玻璃瓶。

2. d表示天，h表示小时，min表示分钟。

3. Ⅰ、Ⅱ、Ⅲ、Ⅳ表示四种洗涤方法。四种洗涤方法分别如下所示。

Ⅰ：洗涤剂洗1次，自来水洗3次，蒸馏水洗1次。

Ⅱ：洗涤剂洗1次，自来水洗2次，（1+3）HNO_3荡洗1次，自来水洗3次，蒸馏水洗1次。

Ⅲ：洗涤剂洗1次，自来水洗2次，（1+3）HNO_3荡洗1次，自来水洗3次，去离子水洗1次。

Ⅳ：铬酸洗液洗1次，自来水洗3次，蒸馏水洗1次。

如果采集污水样品，可省去用蒸馏水、去离子水清洗的步骤。

4. 对于采集微生物和生物的采样容器，须经160℃干热灭菌2h。经灭菌的微生物和生物采样容器必须在两周内使用，否则应重新灭菌。经121℃高压蒸汽灭菌15min的采样容器，如不立即使用，应于60℃将瓶内冷凝水烘干，两周内使用。细菌检测项目采样时不能用水样冲洗采样容器，不能采混合水样，应单独采样2h后送实验室分析。

表3-10　　常用的生物、微生物指标水样的保存技术

待测项目	采样容器	保存方法及保存剂用量	最少采样量/mL	可保存时间	备　注
一、微生物分析					
细菌总数、大肠菌总数、粪大肠菌、粪链球菌、沙门氏菌、志贺氏菌等	灭菌容器	1～5℃冷藏		尽快（地表水、污水及饮用水）	取氯化或溴化过的水样时，所用的样品瓶消毒之前，按每125mL加入0.1mL 10%（质量分数）的硫代硫酸钠以消除氯或溴对细菌的抑制作用。 对重金属含量高于0.01的水样，应在容器消毒前，按每125mL容积加入0.3mL的15%（质量分数）EDTA
二、生物学分析					
鉴定和计数					
底栖无脊椎动物类-大样品	P或G	加入70%乙醇	1000	1年	样品中的水应先倒出以达到最大的防腐剂的浓度
	P或G	加入37%甲醛（用硼酸钠或四氮六甲圜调节至中性），用100g/L福尔马林溶液稀释到3.7%甲醛（相应的1～10的福尔马林稀释液）	1000	3月	

续表

待测项目	采样容器	保存方法及保存剂用量	最少采样量/mL	可保存时间	备　注
底栖无脊椎动物类-小样品	G	加入防腐溶液，含70%乙醇、37%甲醛和甘油（比例是100：2：1）	100	不确定	对无脊椎群，如扁形动物，须用特殊方法，以防止被破坏
藻类	G或P盖紧瓶盖	每200份，加入0.5～1份卢格氏溶液，1～5℃暗处冷藏	200	6月	碱性卢格氏溶液适用于新鲜水，酸性卢格氏溶液适用于带鞭毛虫的海水。如果褪色，应加入更多的卢格氏溶液
浮游植物	G	见"海藻"	200	6月	暗处
浮游动物	P或G	加入37%甲醛（用硼酸钠调节至中性）稀释至3.7%，海藻加卢格氏溶液	200	1年	如果褪色，应加入更多的卢格氏溶液

【任务准备】

设定某条河流或某个湖泊、水库，给出河流或湖泊、水库的监测方案，给出已经准备好的各类水样容器、水样保存剂、样品箱、标签等。

【任务实施】

根据任务要求，保存水样，并选择合适的方式将水样运输到分析实验室。

【思考题与习题】

1. 水样在运输过程中应该注意哪些问题？
2. 水样的保存要求是什么？
3. 简述水样的保存方法。

知识点四　地表水样的预处理

【任务描述】

熟悉水样消解、富集和分离的预处理方法。

【任务分析】

有些水样需要预处理之后才能进行检测分析，能够根据不同水样指标特点选择合适的预处理方法进行预处理，以便指标的测定。

【知识链接】

水环境中样品的组分是相当复杂的，并且多数污染组分含量低，存在形态各异，所以在分析测定之前，需要进行适当的预处理，以去除水样中共存的干扰组分，得到适合测定方法要求、浓度的待测组分试样。

一、水样的消解

当测定含有有机物水样中的无机元素时，需要进行消解处理。消解处理的目的是破坏有机物，溶解悬浮固体，将各种价态的欲测元素氧化成单一高价态或转变成易于分离的无机化合物。消解的过程中不能引入影响待测组分测定的成分，也不能够损失待测组分。消解后的水样应清澈、透明、无沉淀。

消解水样的方法有湿式消解法和干式分解法（干灰化法）。

1. 湿式消解法

（1）硝酸消解法。硝酸消解适用于较清洁的水样。其方法要点是：取混匀的水样50～200mL于烧杯中，加入5～10mL浓硝酸，加热煮沸，蒸发至溶液清澈透明，呈浅灰色或无色。否则，应补加浓硝酸继续消解。蒸至近干时，取下烧杯，稍冷后加入2%的HNO_3（或HCl）20mL，溶解可溶盐。若有沉淀应过滤，滤液冷至室温后于50mL容量瓶中定容备用。

（2）硝酸-高氯酸消解法。两种酸都是强氧化性酸，联合使用可消解含难氧化有机物的水样。方法要点：取适量水样于烧杯或锥形瓶中，加5～10mL硝酸，加热消解至大部分有机物被分解。取下烧杯，稍冷，加2～5mL高氯酸，继续加热至开始冒白烟，如试液呈深色，再补加硝酸，继续加热至浓厚白烟将尽（不可蒸至干涸）。取下烧杯冷却，用2%HNO_3溶解，如有沉淀应过滤，滤液冷至室温定容备用。因为高氯酸能与羟基化合物反应生成不稳定的高氯酸酯，有发生爆炸的危险，故先加入硝酸氧化水样中的羟基化合物，稍冷后再加高氯酸处理。

（3）硝酸-硫酸消解法。两种酸都有较强的氧化能力，其中硝酸沸点低，而硫酸沸点高，二者结合使用，可提高消解温度和消解效果。常用的硝酸与硫酸的比例为5∶2。消解时，先将硝酸加入水样中，加热蒸发至小体积，稍冷，再加入硫酸，继续加热蒸发至冒大量白烟，冷却，加适量水，温热溶解可溶盐，若有沉淀应过滤。为提高消解效果，常加入少量过氧化氢。

该方法不适用于处理测定易生成难溶硫酸盐组分（如铅、钡、锶）的水样。

（4）硫酸-磷酸消解法。两种酸的沸点都比较高，其中硫酸氧化性较强，磷酸能与一些金属离子如Fe^{3+}等配合，故二者结合消解水样，有利于在测定时消除Fe^{3+}等离子的干扰。

（5）硫酸-高锰酸钾消解法。该方法常用于消解测定汞的水样。高锰酸钾是强氧化剂，在中性、碱性、酸性条件下都可以氧化有机物，其氧化产物多为草酸根，但在酸性介质中还可以继续氧化。其消解要点：取适量水样，加适量硫酸和5%高锰酸钾，混匀后加入煮沸，冷却，滴加盐酸羟胺溶液破坏过量的高锰酸钾。

（6）多元消解法。为提高消解效果，在某些情况下需要采用三元以上的酸或氧化剂消解体系。例如，处理测总铬的水样时，用硫酸、磷酸和高锰酸钾消解。

（7）碱分解法。当用酸体系消解水样造成易挥发组分损失时，可改用碱分解法，即在水样中加入氢氧化钠和过氧化氢溶液，或者氨水和过氧化氢溶液，加热煮沸至近干，用水或稀碱溶液温热溶解。

2. 干灰化法（干式分解法、高温分解法）

干灰化法处理的过程是：取适量水样于白瓷或石英蒸发皿中，置于水浴上蒸干，移入马弗炉内，在450～550℃下灼烧到残渣呈灰白色，使有机物完全分解除去。取出蒸发皿，冷却，用适量2%HNO_3（或HCl）溶解样品灰分，过滤，滤液定容后供测定。

该方法不适用于消解易挥发组分（如砷、汞、镉、硒、锡等）的水样。

二、水样的富集和分离

当水样中的欲测组合含量低于分析方法的检测限时，就必须进行富集或浓缩。当有共存干扰组分时，就必须采取分离或掩蔽措施。富集和分离往往是不可分割、同时进行的。常用的方法有过滤、挥发、蒸馏、溶剂萃取、离子交换、吸附、共沉淀、层析、低温浓缩等，要结合具体情况选择使用。

1. 挥发分离法

挥发分离法是利用某些污染组分挥发度大，或者将欲测组分转变成易挥发物质，然后用惰性气体带出而达到分离的目的，如图 3－2 所示为测定硫化物的挥发分离装置。

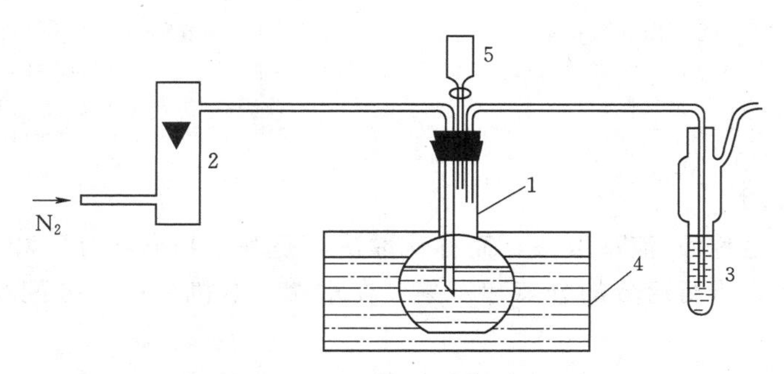

图 3－2　测定硫化物的挥发分离装置

1—500mL 平底烧瓶（内装水样）；2—流量计；3—吸收管；4—恒温水浴；5—分液漏斗

2. 蒸发浓缩法

蒸发浓缩法是指在电热板上或水浴中加热水样，使水分缓慢蒸发，达到缩小水样体积、浓缩欲测组分的目的。该方法无须化学处理，简单易行，尽管存在缓慢、易吸附损失等缺点，但无更适宜的富集方法时仍可采用。据有关资料介绍，用这种方法浓缩饮用水样，可使铬、锂、钴、铜、锰、铅、铁和钡的浓度提高 30 倍。

3. 顶空法

该方法常用于测定挥发性有机物（VOCs）水样的预处理。例如，测定水样中的挥发性有机物（VOCs）或挥发性无机物（VICs）时，先在密闭的容器中装入水样，容器上部留存一定空间，再将容器置于恒温水浴中，经过一定时间，容器内的气液两相达到平衡。

4. 蒸馏法

蒸馏法是利用水样中各污染组分具有不同的沸点而使其彼此分离的方法，分为常压蒸馏、减压蒸馏、水蒸气蒸馏、分馏法等。

当各组分的沸点相差较大，沸点在 40～150℃时用常压蒸馏法。当各组分的沸点大于 150℃或沸点小于 150℃且易挥发时常用减压蒸馏法。测定水样中的挥发酚、氰化物、氟化物时，均应在酸性介质中进行常压蒸馏分离；测定水样中的氨氮时，需在微碱性介质中常压蒸馏分离。因此，蒸馏具有消解、分离和富集三种作用，各蒸馏装置如图3－3、图 3－4 所示。

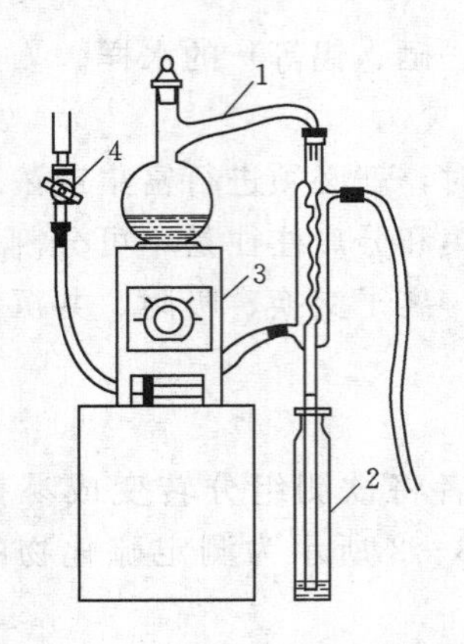

图 3-3　挥发酚、氰化物的蒸馏装置

1—500mL 全玻璃蒸馏器；2—接收瓶；3—电炉；4—水龙头

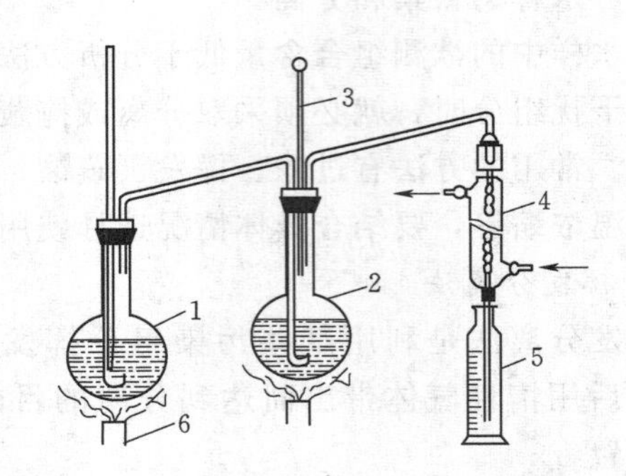

图 3-4　氟化物水蒸气蒸馏装置

1—水蒸气发生瓶；2—烧瓶（内装水样）；3—温度计；4—冷凝器；5—接收瓶；6—热源

5. *溶剂萃取法*

溶剂萃取法也称液-液萃取法，简称萃取法，是基于物质在互不相溶的两种溶剂中分配系数不同，进行组分的分离和富集，在水相—有机相中的分配系数 K 可用式(3-1)表示。

$$K=\frac{\text{有机相中被萃取物质的浓度}}{\text{水相中被萃取物质的浓度}} \tag{3-1}$$

当溶液中某组分的 K 值较大时，则容易进入有机相，而 K 值很小的组分仍留在溶液中。

分配系数（K）中所指待分离组分在两相中存在的形式相同，但实际并非如此，故通常用分配比（D）表示为

$$D=\frac{\sum[A]_{\text{有机相}}}{\sum[A]_{\text{水相}}} \tag{3-2}$$

式中　$\sum[A]_{\text{有机相}}$——待分离组分 A 在有机相中的各种存在形式的总浓度；

$\sum[A]_{\text{水相}}$——待分离组分 A 在水相中的各种存在形式的总浓度。

分配比和分配系数不同，分配比除与一些常数有关以外，还与被萃取物的浓度、溶液的酸度、萃取剂的浓度及萃取温度等因素有关，因此它并不是一个常数。只有在简单的萃取体系中，被萃取物质在两相中存在形式相同时，K 才等于 D。分配比反映萃取体系达到平衡时的实际分配情况，实际价值较大。

被萃取物质在两相中的分配还可以用萃取率 E 表示，其表达式为

$$E(\%)=\frac{\text{有机相中被萃取物的量}}{\text{水相和有机相中被萃取物的总量}}\times 100\% \tag{3-3}$$

分配比（D）和萃取率（E）的关系为

$$E(\%)=\frac{100D}{D+\dfrac{V_{\text{水}}}{V_{\text{有机}}}}\times 100\% \tag{3-4}$$

式中　$V_{水}$——水相体积；

$V_{有机}$——有机相体积。

当用等体积溶剂进行萃取时，即 $V_{水}=V_{有机}$，二者的关系如图 3－5 所示。若 $D=\infty$时，$E=100\%$，一次即可萃取完全；$D=100$ 时，$E=99\%$，一次萃取不完全，需要萃取几次；$D=10$ 时，$E=91\%$，若要求萃取百分率大于 90%，需连续萃取才趋于完全。若要求萃取百分率大于 90%，则 D 必须大于 90，当分配比 D 不高时，一次萃取不能满足分离或测定的要求，此时可采用多次连续萃取的方法来提高萃取率。$D=1$ 时，$E=50\%$，要萃取完全相当困难。

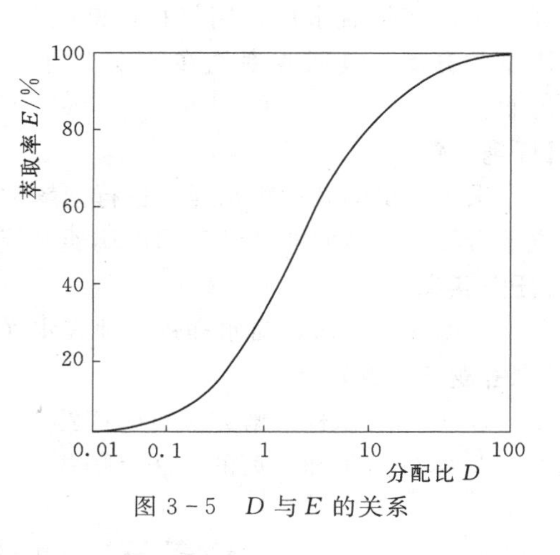

图 3－5　D 与 E 的关系

6. 离子交换法

离子交换法是利用离子交换剂与溶液中的离子发生交换反应进行分离的方法。离子交换剂可分为无机离子交换剂和有机离子交换剂。目前广泛应用的是离子交换树脂。离子交换树脂是可渗透的三维网状高分子聚合物，在网状结构的骨架上含有可电离或可被交换的阳离子或阴离子活性基团。

强酸性阳离子交换树脂含有活性基团$-SO_3H$、$-SO_3Na$、$-CH_2SO_3H$ 等，一般用于富集金属阳离子；弱酸性阳离子交换树脂含有活性基团有$-COOH$、$-OCH_2COOH$、$-C_6H_5OH$ 等弱酸性基团。

强碱性阴离子交换树脂含有活性基团为$-N(CH_3)_3^+X^-$基团，如三甲胺基或二甲基-β-羟基乙基胺基，其中 X^- 为 OH^-、Cl^-、NO_3^- 等，能在酸性、碱性和中性溶液中与强酸或弱酸阴离子交换，应用广泛；弱碱性阴离子交换树脂包含活性基团为伯胺或仲胺，碱性较弱。

用离子交换树脂进行分离的操作程序包括交换柱的制备、交换、洗脱等过程。

7. 共沉淀法

共沉淀法系指溶液中一种难溶化合物在形成沉淀过程中，将共存的某些痕量组分一起载带沉淀出来的现象。共沉淀现象在常量分离和分析中是力图避免的，但却是一种分离富集微量组分的手段。例如，在形成硫酸铜沉淀的过程中，可使水样中浓度低至 0.02μg/L 的 Hg^+ 共沉淀出来。

共沉淀的原理基于表面吸附、形成混晶、异电核胶态物质相助作用及包藏等。

8. 吸附法

吸附法是利用多孔性的固体吸附剂将水样中的一种或数种组分吸附于表面，再用适宜溶剂、加热或吹气等方法将预测组分解吸，达到分离和富集的目的。常用的吸附剂有活性炭、氧化铝、分子筛、大网状树脂等。被吸附富集于吸附剂表面的污染组分，可用有机溶剂或加热解吸出来供测定。例如，国内某单位用国产 DA201

大网状树脂富集海水中 10^{-9} 级有机氯农药，用无水乙醇解吸，石油醚萃取两次，经无水硫酸钠脱水后，用气相色谱电子捕获检测器测定，对农药各种异构体均得到满意的分离，其回收率均在80%以上，并且重复性好，一次能富集几升至几十升海水。

【任务准备】

采集足量的某地表水样，进行消解和萃取预处理实验。准备具塞比色管、高压蒸汽消毒器、分液漏斗及常用的玻璃器皿等。

【任务实施】

根据任务要求，对水样进行地表水样的预处理实验。

【思考题与习题】

1. 常用的水样消解方法有哪些？

2. 水样富集和分离的方法有哪些？

任务三　地表水样的测定

知识技能点一　色度的测定

【任务描述】

色度是水样颜色深浅的量度，水的颜色可以减弱水的透光性，影响水生生物的生长，因此通过测量色度能够帮助有效了解水环境的质量状况。

【任务分析】

为了能够准确测定水样的色度，能够熟练掌握铂钴比色法的基本原理，正确进行色度测定。

【知识链接】

一、原理

用氯铂酸钾和氯化钴配制颜色标准溶液，与被测样品进行目视比较，以测定样品的颜色强度，即色度。

样品的色度以与之相当的色度标准溶液的度值表示。

注意：此标准单位导出的标准度有时称为“Hazen标”或“Pt-Co标”[《液体化学产品颜色测定法（Hazen单位——铂-钴色号）》（GB 3143—1982）]，或毫克铂/升。

二、试剂

（1）光学纯水。将0.2μm滤膜（细菌学研究中所采用的）在100mL蒸馏水或去离子水中浸泡1h，用它过滤250mL蒸馏水或去离子水，弃去最初的250mL，以后用这种水配制全部标准溶液并作为稀释水。

（2）色度标准储备液（相当于500度）。将1.245±0.001g六氯铂（Ⅳ）酸钾（K_2PtCl_6）及（1.000±0.001）g六水氯化钴（Ⅳ）（$CoCl_2 \cdot 6H_2O$）溶于约500mL水（光学纯水）中，加（100±1）mL盐酸（ρ=1.18g/mL）并在1000mL的容量瓶

内用水稀释至标线。

将溶液放在密封的玻璃瓶中，存放在暗处，温度不能超过30℃。此溶液至少能稳定6个月。

（3）色度标准溶液。在一组250mL的容量瓶中，用移液管分别加入2.50mL、5.00mL、7.50mL、10.00mL、12.50mL、15.00mL、17.50mL、20.00mL、30.00mL及35.00mL储备液（500度），并用水（光学纯水）稀释至标线。溶液色度分别为：5度、10度、15度、20度、25度、30度、35度、40度、50度、60度和70度。

溶液放在严密盖好的玻璃瓶中，存放于暗处。温度不能超过30℃。这些溶液至少可稳定1个月。

三、实验仪器

常用实验室仪器和以下仪器。

（1）具塞比色管（50mL）。规格一致，光学透明玻璃底部无阴影。

（2）pH计（精度±0.1pH单位）。

（3）容量瓶（250mL）。

四、采样和样品

所有与样品接触的玻璃器皿都要用盐酸或表面活性剂溶液加以清洗，最后用蒸馏水或去离子水洗净、沥干。

将样品采集在容积至少为1L的玻璃瓶内，在采样后要尽早进行测定。如果必须储存，则将样品存于暗处。在有些情况下还要避免样品与空气接触，同时要避免温度的变化。

五、步骤

1. 试料

将样品倒入250mL（或更大）量筒中，静置15min，倾取上层液体作为试料进行测定。

2. 测定

将一组具塞比色管（50mL）用色度标准溶液充至标线，将另一组具塞比色管用试料充至标线。将具塞比色管放在白色表面上，比色管与该表面应呈合适的角度，使光线自具塞比色管底部向上通过液柱进行反射。垂直向下观察液柱，找出与试料色度最接近的标准溶液。

如色度不小于70度，用光学纯水将试料适当稀释后，使色度落入标准溶液范围之中再行测定。另取试料测定pH值。

六、结果的表示

以色度的标准单位报告与试料最接近的标准溶液的值，在0～40度（不包括40度）的范围内，准确到5度。40～70度范围内，准确到10度。

在报告样品色度的同时报告pH值。

稀释过的样品色度（A_0），以度计，计算公式为

$$A_0=\frac{V_1}{V_0}A_1 \tag{3-5}$$

式中　V_1——样品稀释后的体积，mL；

V_0——样品稀释前的体积，mL；

A_1——稀释样品色度的观察值，度。

七、注意事项

(1) 可用重铬酸钾代替氯铂酸钾配置标准色度。配置方法为：量取0.0437g重铬酸钾和1.000g七水硫酸钴，溶于少量水中，加入0.50mL硫酸，用水稀释至500mL。此溶液的色度为500度，不宜久存。

(2) 若水样中有泥土和其他分散得很细的悬浮物质，虽经预处理但得不到透明水样时，则测得的是表色。

【任务准备】

实验方案，实验所需试剂和溶液，玻璃仪器等等。

【任务实施】

按照实验的方案，采集校园地表水体，采用铂钴比色法测定地表水中的色度。

【思考题与习题】

1. 测定色度的水样为何不能用滤纸过滤?

2. 色度一般是指真色还是表色?

知识技能点二　溶解氧的测定

【任务描述】

溶解氧是水生生物生存不可缺少的条件，溶解氧含量的大小反映了水体受到污染，特别是有机污染的程度，它是水体污染程度重要指标，也是衡量水质的综合指标，采用碘量法测定水中的溶解氧，能够帮助有效了解水环境的质量状况。

【任务分析】

为了能够准确测定水中的溶解氧，能够熟练掌握碘量法的基本原理，熟练进行滴定分析，正确进行数据的处理。

【知识链接】

一、原理

溶解氧的测定

在样品中，溶解氧与刚刚沉淀的二价氢氧化锰（将氢氧化钠或氢氧化钾加入二价硫酸锰中制得）反应。酸化后，生成的高价锰化合物将碘化物氧化游离出等当量的碘，用硫代硫酸钠滴定法，测定游离碘量。

二、试剂

(1) (1+1) 硫酸溶液：小心地把500mL浓硫酸（ρ=1.84g/mL）在不停搅动下加入500mL水中。

注意：若怀疑有三价铁的存在，则采用磷酸（H_3PO_4，ρ=1.708g/mL）。

(2) 硫酸溶液：$c(1/2H_2SO_4)$=2mol/L。

(3) 碱性碘化物-叠氮化物试剂。

注意：当试样中亚硝酸氮含量大于0.05mg/L而亚铁含量不超过1mg/L时，为防止亚硝酸氮对测定结果的干涉，需在试样中加叠氮化物，叠氮化钠是剧毒试剂。若已知试样中的亚硝酸盐低于0.05mg/L，则可省去此试剂。

1）操作过程中严防中毒。

2）不要使碱性碘化物-叠氮化物试剂酸化，因为可能产生有毒的叠氮酸雾。

将35g的氢氧化钠（NaOH）[或50g的氢氧化钾（KOH）]和30g的碘化钾（KI）[或27g碘化钠（NaI）]溶解在大约50mL水中，单独将1g叠氮化钠（NaN_3）溶解在几毫升水中，将上述两种溶液混合并稀释至100mL。溶液储存在塞紧的细口棕色瓶子里。经稀释和酸化后，在有淀粉指示剂存在下，本试剂应无色。

（4）无水二价硫酸锰溶液：340g/L（或一水硫酸锰380g/L溶液）。可用450g/L四水二价氯化锰溶液代替。过滤不澄清的溶液。

（5）碘酸钾：$c(1/6\ KIO_3)$＝10mmol/L标准溶液。

在180℃干燥数克碘酸钾（KIO_3），称量（3.567±0.003)g溶解在水中并稀释到1000mL。将上述溶液吸取100mL移入1000mL容量瓶中，用水稀释至标线。

（6）硫代硫酸钠标准滴定液：$c(Na_2S_2O_3)\approx$10mmol/L。

1）配制：将2.5g五水硫代硫酸钠溶解于新煮沸并冷却的水中，再加0.4g氢氧化钠，并稀释至1000mL。溶液储存于深色玻璃瓶中。

硫代硫酸钠的标定

2）标定。在锥形瓶中用100～150mL的水溶解约0.5g的碘化钾或碘化钠，加入5mL 2mol/L的硫酸溶液，混合均匀，加20.00mL（10mmol/L）标准碘酸钾溶液，稀释至约200mL，立即用硫代硫酸钠溶液滴定释放出碘，当接近滴定终点时，溶液呈浅黄色，加淀粉指示剂，再滴定至完全无色。

硫代硫酸钠浓度（c，mmol/L）为

$$c=\frac{6\times20\times1.66}{V} \tag{3-6}$$

式中　V——硫代硫酸钠溶液滴定量，mL。

每日标定1次溶液。

（7）淀粉：新配置10g/L溶液。

注意：也可用其他适合的指示剂。

（8）酚酞：1g/L乙醇溶液。

（9）碘溶液（约0.005mol/L）：溶解4～5g碘化钾或碘化钠于少量水中，加约130mg的碘，待碘溶解后稀释至100mL。

（10）碘化钾或碘化钠。

三、仪器

除常用实验室设备外，还有细口玻璃瓶，容量在250～300mL，校准至1mL，具塞刻度瓶或任何其他适合的细口瓶，瓶肩最好是直的。每一个瓶和盖要有相同的号码。用称量法来测定每个细口瓶的体积。

四、步骤

（1）当存在能固定或消耗碘的悬浮物，或者怀疑有这类物质存在时，最好采用电化学探头法测定溶解氧。

（2）检验氧化或还原物质是否存在。如果预计氧化或还原剂可能干扰结果时，取50mL待测水，加2滴酚酞溶液后，中和水样。加0.5mL硫酸溶液、几粒碘化钾或碘化钠（质量约0.5g）和几滴淀粉指示剂溶液。

溶液呈蓝色，则有氧化物质存在；溶液保持无色，加0.2mL碘溶液，振荡，放置30s，如果没有呈蓝色，则存在还原物质。

（3）样品的采集。除非还要做其他处理，样品应采集在细口瓶中。测定就在瓶内进行。试样充满全部细口瓶。

注意：在有氧化或还原物的情况下要另作处理。

1）取地表水样。充满细口瓶至溢流，小心避免溶解氧浓度的改变。对浅水用电化学探头法更好些。在消除附着在玻璃瓶上的气泡之后，立即固定溶解氧。

2）从配水系统管路中取水样。将一惰性材料管的入口与管道连接，将管子出口插入细口瓶的底部。用溢流冲洗的方式冲入大约10倍细口瓶体积的水，最后注满瓶子，在消除附着在玻璃瓶上的空气泡之后，立即固定溶解氧。

3）不同深度取水样。用一种特别的取样器，内盛细口瓶，瓶上装有橡胶入口管并插入到细口瓶的底部。当溶液充满细口瓶时将瓶中空气排出。避免溢流。某些类型的取样器可以同时充满几个细口瓶。

（4）溶解氧的固定。取样之后，最好在现场立即向盛有样品的细口瓶中加1mL二价硫酸锰溶液和2mL碱性试剂。使用细尖头的移液管，将试剂加到液面以下，小心盖上塞子，避免把空气泡带入。

若用其他装置，必须小心保证样品氧含量不变。

将细口瓶上下颠倒转动几次，使瓶内的成分充分混合，静置沉淀最少5min，然后再重新颠倒混合，保证混合均匀。这时可以将细口瓶运送至实验室。

若避光保存，样品最长储存24h。

（5）游离碘。确保所形成的沉淀物已沉降在细口瓶下1/3部分。

慢速加入1.5mL（1+1）硫酸溶液（或相应体积的磷酸溶液，$\rho=1.708$g/mL），盖上细口瓶盖，然后摇动瓶子，要求瓶中沉淀物完全溶解，并且碘已均匀分布。

注意：若直接在细口瓶内进行滴定，小心地虹吸出上部分相应于所加酸溶液容积的澄清液，而不扰动底部沉淀物。

（6）滴定。将细口瓶内的组分或其部分体积（V_1）转移到锥形瓶内。用硫代硫酸钠滴定，在接近滴定终点时，加淀粉溶液或者加其他合适的指示剂。

五、结果的表示

溶解氧含量 c_1（mg/L）由下式求出：

$$c_1=\frac{M_r V_2 c f_1}{4V_1} \tag{3-7}$$

其中

$$f_1=\frac{V_0}{V_0-V'} \tag{3-8}$$

式中　M_r——氧的分子量，$M_r=32$；

V_1——滴定时样品的体积，mL，一般取 $V_1=100$mL，若滴定细口瓶内试样，则 $V_1=V_0$；

V_2——滴定样品时所耗去硫代硫酸钠溶液的体积，mL；

c——硫代硫酸钠溶液的实际浓度，mol/L；

V_0——细口瓶的体积，mL；

V'——二价硫酸锰溶液（1mL）和碱性试剂（2mL）体积的总和，mL。

结果取一位小数。

【任务准备】

实验方案，实验所需试剂和溶液，玻璃仪器等。

【任务实施】

按照实验的方案，采集校园地表水体，采用碘量法测定地表水中的溶解氧。

【思考题与习题】

1. 淀粉指示剂加入过早对实验结果有何影响？

2. 简述碘量法的基本原理。

知识技能点三　氨氮的测定

【任务描述】

氨氮是水体中的营养素，可导致水富营养化现象产生，是水体中的主要耗氧污染物，对鱼类及某些水生生物有毒害。采用水杨酸盐分光光度法测定水中的氨氮，能够帮助有效了解水环境的质量状况。

3-28

水杨酸盐分光光度法测定氨氮

【任务分析】

能够准确测定水中的氨氮，熟悉测量的原理，熟练使用分光光度计，正确绘制标准曲线及进行数据处理。

【知识链接】

一、方法原理

在碱性介质（pH 值=11.7）和亚硝基铁氰化钠存在下，水中的氨、铵离子与水杨酸盐和次氯酸离子反应生成蓝色化合物，在 697nm 处用分光光度计测量吸光度。

3-29

水杨酸盐分光光度法测定氨氮

二、适用范围

本方法适用于地下水、地表水、生活污水和工业废水氨氮的测定。

当取样体积为 8mL，使用 10mm 比色皿时，检出限为 0.01mg/L，测定下限为 0.04mg/L，测定上限为 1.0mg/L（均以 N 计）；当取样体积为 8mL，使用 30mm 比色皿时，检出限为 0.004mg/L，测定下限为 0.016mg/L，测定上限为 0.25mg/L（均以 N 计）。

三、干扰及其消除

苯胺和乙酸胺产生的严重干扰不多见，干扰通常由伯胺产生。氯胺、过高的酸度、碱度以及含有使次氯酸根离子还原的物质时也会产生干扰。

如果水样的颜色过深、含盐量过多，酒石酸盐对水样中的金属离子掩蔽能力不够，或水样中存在高浓度的钙、镁和氯化物时，需要预蒸馏。

四、仪器与材料

（1）无氨水。

（2）乙醇（ρ=0.79g/mL）。

（3）硫酸［$\rho(H_2SO_4)$=1.84g/mL］。

（4）轻质氧化镁（MgO）。不含碳酸盐，在500℃下加热氧化镁，以除去碳酸盐。

（5）硫酸吸收液（c=0.01mol/L）。量取0.54mL硫酸加入水中，稀释至1L。

（6）氢氧化钠溶液［c(NaOH)=2mol/L］。称取8g氢氧化钠溶于水中，稀释至100mL。

（7）显色剂（水杨酸-酒石酸钾钠溶液）。称取50g水杨酸［$C_6H_4(OH)COOH$］，加入约100mL水，再加入160mL氢氧化钠溶液，搅拌使之完全溶解；再称取50g酒石酸钾钠（$KNaC_4H_6O_6 \cdot 6H_2O$），溶于水中，与上述溶液合并移入1000mL容量瓶中，加水稀释至标线。储存于加橡胶塞的棕色玻璃瓶中，此溶液可以稳定1个月。

（8）次氯酸钠。可购买商品试剂，也可自己制备。存放于塑料瓶中的次氯酸钠，使用前应标定其有效氯浓度和游离碱浓度（以NaOH计）。

1）次氯酸钠溶液的制备方法。将盐酸（ρ=1.19g/mL）逐滴作用于高锰酸钾固体，将溢出的氯气导入2mol/L氢氧化钾吸收液中吸收，生成淡草绿色的次氯酸钠溶液，存放于塑料瓶中。因该溶液不稳定，使用前应标定有效氯浓度。

2）次氯酸钠溶液中的有效氯含量的测定。吸取10.0mL次氯酸钠于100mL容量瓶中，加水稀释至标线，混匀，移取10.0mL稀释后的次氯酸钠溶液于250mL碘量瓶中，加入蒸馏水40mL，碘化钾2.0g，混匀。再加入6mol/L硫酸溶液5mL，密塞，混匀，置暗处5min后，用0.10mol/L硫代硫酸钠溶液滴定至淡黄色，加入约1mL淀粉指示剂，继续滴至蓝色消失为止，其有效氯浓度为

$$\text{有效氯浓度(g/L,以 }Cl_2\text{ 计)}=\frac{c \times V \times 35.46}{10.0} \times \frac{100}{10} \tag{3-9}$$

式中　c——硫代硫酸钠溶液的浓度，mol/L；

V——滴定时消耗硫代硫酸钠溶液的体积，mL；

35.46——有效氯的摩尔质量（$1/2Cl_2$），g/mol。

3）次氯酸钠溶液中游离碱（以NaOH计）的测定。

a. 盐酸溶液的标定。碳酸钠标准溶液［$c(1/2Na_2CO_3)$=0.1000mol/L］。称取经180℃干燥2h的无水碳酸钠2.6500g，溶于新煮沸放冷的水中，移入500mL容量瓶中，稀释至标线。

甲基红指示剂（ρ=0.5g/L）。称取50mg甲基红溶于100mL乙醇中。

盐酸标准滴定溶液［c(HCl)=0.10mol/L］。取8.5mL盐酸（ρ=1.19g/L）于1000mL容量瓶中，用水稀释至标线。标定方法：移取25.00mL碳酸钠标准溶液于150mL锥形瓶中，加25mL水和1滴甲基红指示剂，用盐酸标准滴定溶液滴定至淡红色为止。盐酸的浓度为

$$c(HCl)=\frac{c_1 \times V_1}{V_2} \tag{3-10}$$

式中　c_1——碳酸钠标准溶液的浓度，mol/L；

V_1——碳酸钠标准溶液的体积，mL；

V_2——盐酸标准滴定溶液的体积，mL。

b. 次氯酸钠溶液中游离碱（以 NaOH 计）的测定。吸取次氯酸钠 1.0mL 于 150mL 锥形瓶中，加 20mL 水，以酚酞作指示剂，用 0.10mol/L 盐酸标准滴定溶液滴定至红色消失为止。如果终点的颜色变化不明显，可在滴定后的溶液中加 1 滴酚酞指示剂，若颜色仍显红色，则继续用盐酸标准滴定溶液滴至无色。

$$\text{游离碱的浓度(g/L,以 NaOH 计)}=\frac{c_{HCl}\times V_{HCl}}{V} \tag{3-11}$$

式中　c_{HCl}——盐酸标准溶液的浓度，mol/L；

V_{HCl}——滴定时消耗的盐酸溶液的体积，mL；

V——滴定时吸取的次氯酸钠溶液的体积，mL。

（9）次氯酸钠使用液，ρ(有效氯)＝3.5g/L，c(游离碱)＝0.75mol/L。

取经标定的次氯酸钠，用水和氢氧化钠溶液稀释成含有效氯浓度 3.5g/L，游离碱浓度 0.75mol/L（以 NaOH 计）的次氯酸钠使用液，存放于棕色滴瓶内，本试剂可稳定 1 个月。

（10）亚硝基铁氰化钠溶液，ρ＝10g/L：称取 0.1g 亚硝基铁氰化钠｛$Na_2[Fe(CN)_5NO]\cdot 2H_2O$｝置于 10mL 具塞比色管中，加水至标线。本试剂可稳定 1 个月。

（11）清洗溶液：将 100g 氢氧化钾溶于 100mL 水中，溶液加 900mL 乙醇，储存于聚乙烯瓶内。

（12）溴百里酚蓝指示剂，ρ＝0.5g/L：称取 0.05g 溴百里酚蓝溶于 50mL 水中，加入 10mL 乙醇，用水稀释至 100mL。

（13）氨氮标准贮备液，ρ_N＝1000μg/mL＝1000mg/L：称取 3.8190g 氯化铵（NH_4Cl，优级纯，在 100～105℃干燥 2h），溶于水中，移入 1000mL 容量瓶中，稀释至标线。此溶液可稳定 1 个月。

（14）氨氮标准中间液，ρ_N＝100μg/mL＝100mg/L：吸取 10.00mL 氨氮标准储备液于 100mL 容量瓶中，稀释至标线。此溶液可稳定 1 周。

（15）氨氮标准使用液，ρ_N＝1μg/mL＝1mg/L：吸取 10.00mL 氨氮标准中间液于 1000mL 容量瓶中，稀释至标线。临用现配。

五、仪器和设备

（1）可见分光光度计：10～30mm 比色皿。

（2）滴瓶：其滴管滴出液体积，1mL 相当于 20 滴。

（3）氨氮蒸馏装置：由 500mL 凯式烧瓶、氮球、直形冷凝管和导管组成，冷凝管末端可连接一段适当长度的滴管，使出口尖端浸入吸收液液面下。也可使用蒸馏烧瓶。

（4）实验室常用玻璃器皿：所有的玻璃器皿均应用清洗液仔细清洗，然后用水冲洗干净。

六、样品

1. 样品采集与保存

水样采集在聚乙烯瓶或玻璃瓶内，要尽快分析。如需保存，应加硫酸使水样酸化至 pH 值<2，2～5℃下可保存 7d。

2. 水样的预蒸馏

将 50mL 硫酸吸收液移入接收瓶内，确保冷凝管出口在硫酸溶液液面之下。分取 250mL 水样（如氨氮含量高，可适当少取，加水至 250mL）移入烧瓶中，加几滴溴百里酚蓝指示剂，必要时，用氢氧化钠溶液或硫酸溶液调整 pH 值至 6.0（指示剂呈黄色）～7.4（指示剂呈蓝色）之间，加入 0.25g 轻质氧化镁及数粒玻璃珠，立即连接氮球和冷凝管。加热蒸馏，使馏出液速率约为 10mL/min，待馏出液达 200mL 时，停止蒸馏，加水定容至 250mL。

七、分析步骤

1. 校准曲线

如采用 10mm 比色皿进行测定，参考表 3-11 标准系列配置标准曲线，如采用 30mm 比色皿进行测定，参考表 3-12 标准系列配置标准曲线。

表 3-11　　标准系列（10mm 比色皿）

管号	0	1	2	3	4	5
标准溶液/mL	0.00	1.00	2.00	4.00	6.00	8.00
氨氮含量/μg	0.00	1.00	2.00	4.00	6.00	8.00

表 3-12　　标准系列（30mm 比色皿）

管号	0	1	2	3	4	5
标准溶液/mL	0.00	0.40	0.80	1.20	1.60	2.00
氨氮含量/μg	0.00	0.40	0.80	1.20	1.60	2.00

根据表 3-11 或表 3-12，取 6 支 10mL 比色管，分别加入上述氨氮标准使用液，用水稀释至 8.00mL，按样品测定步骤测量吸光度。以扣除空白的吸光度为纵坐标，以其对应的氨氮含量（μg）为横坐标绘制校准曲线。

2. 样品测定

取水样或经过预蒸馏的试料 8.00mL（当水样中氨氮浓度高于 1.0mg/L 时，可适当稀释后取样）于 10mL 比色管中。加入 1.00mL 显色剂和 2 滴亚硝基铁氰化钠，混匀。再滴入 2 滴次氯酸钠使用液并混匀，加水稀释至标线，充分混匀。

显色 60min 后，在 697nm 波长处，用 10mm 或 30mm 比色皿，以水为参比测量吸光度。

3. 空白试验

以水代替水样，按与样品分析相同的步骤进行预处理和测定。

八、结果表示

水样中氨氮的计算式为

$$\rho_N=\frac{A_s-A_b-a}{b\times V}\times D \qquad (3-12)$$

式中　ρ_N——水样中氨氮的浓度，以氮计，mg/L；

A_s——样品的吸光度；

A_b——空白试验的吸光度；

a——校准曲线的截距；

b——校准曲线的斜率；

V——所取水样的体积，mL；

D——水样的稀释倍数。

九、质量保证和质量控制

(1) 试剂空白的吸光度不应超过 0.030（光程 10mm 比色皿）。

(2) 水样的预蒸馏。蒸馏过程中，某些有机物很可能与氨同时馏出，对测定有干扰，其中有些物质（如甲醛）可以在酸性条件下（pH 值<1）煮沸除去。在蒸馏刚开始时，氨气蒸出速度较快，加热不能过快，否则造成水样暴沸，馏出液温度升高，氨吸收不完全。馏出液速率应保持在 10mL/min 左右。

(3) 蒸馏器的清洗。向蒸馏烧瓶中加入 350mL 水，加数粒玻璃珠，装好仪器，蒸馏到至少收集了 100mL 水，将馏出液及瓶内残留液弃去。

(4) 显色剂的配置。若水杨酸未能全部溶解，可再加入数毫升氢氧化钠溶液，直至完全溶解为止，并用 1mol/L 的硫酸调节溶液的 pH 值在 6.0～6.5 之间。

【任务准备】

实验方案，实验所需试剂和溶液，玻璃仪器，分光光度计等。

【任务实施】

按照实验的方案，采集校园地表水体，采用水杨酸分光光度法测定地表水中的氨氮。

【思考题与习题】

1. 简述分光光度计的组成。

2. 测定氨氮时，水样预处理的两种方法各适用于哪种水样？

知识技能点四　总氮的测定

【任务描述】

水中的总氮含量是衡量水质的重要指标之一，总氮的定义是水中各种形态无机氮和有机氮的总量。常被用来表示水体受营养物质污染的程度。采用碱性过硫酸钾消解紫外分光光度法测定水中的总氮，能够帮助有效了解水环境的质量状况。

【任务分析】

能够准确测定水中的总氮，熟悉测量的原理，熟练使用紫外分光光度计，正确绘制标准曲线及进行数据处理。

【知识链接】

一、方法原理

本方法适用于地面水，地下水含亚硝酸盐氮、硝酸盐氮无机铵盐、溶解态氨及在消解条件下碱性溶液中可水解的有机氮的总和。

过硫酸钾是强氧化剂，在 60℃以上水溶液中可进行如下分解产生原子态氧：

$$K_2S_2O_8 + H_2O \longrightarrow 2KHSO_4 + [O]$$

分解出的原子态氧在120～140℃高压水蒸气条件下可将大部分有机氮合物及氨氮、亚硝酸盐氮氧化成硝酸盐。以$CO(NH_2)_2$代表可溶有机氮合物，各形态氮氧化示意式如下：

$$CO(NH_2)_2+2HaOH+8[O]\longrightarrow 2NaNO_3+3H_2O+CO_2$$

$$(NH_4)_2SO_4+4NaOH+8[O]\longrightarrow 2NaNO_3+Na_2SO_4+6H_2O$$

$$NaNO_2+[O]\longrightarrow NaNO_3$$

硝酸根离子在紫外线波长220nm处有特征性的大量吸收，而在275nm波长则基本没有吸收值。因此，可分别于220nm和275nm处测出吸光度。A_{220}及A_{275}按下式求出校正吸光度A为

$$A=A_{220}-2A_{275}$$

按A的值扣除空白后用校准曲线计算总氮（以NO_3^--N计）含量。

二、干扰及其消除

（1）当碘离子含量相对于总氮含量的2.2倍以上，溴离子含量相对于总氮含量的3.4倍以上时，对测定产生干扰。

（2）水样中的六价铬离子和三价铁离子对测定产生干扰，可加入5%盐酸羟胺溶液1～2mL消除。

三、试剂

（1）无氮水。每升水中加入0.1mL浓硫酸蒸馏，收集馏出液于具塞玻璃容器中。也可使用新制备的去离子水。

（2）氢氧化钠溶液（$\rho=20.0$g/L）。称取2.0氢氧化物（NaOH），溶于纯水中，稀释至100mL。

（3）碱性过硫酸钾溶液。称取40.0g过硫酸钾（$K_2S_2O_8$）溶于600mL水中（可置于50℃水浴中加热至全部溶解）；另称取15.0g氢氧化钠（NaOH）溶于300mL水中。待氢氧化钠溶液温度冷却至室温后，混合两种溶液定容至1000mL，存放于聚乙烯瓶中，可保存1周。

（4）（1+9）盐酸溶液。量取1份盐酸（$\rho=1.84$g/mL）与9份水混合均匀。

（5）（1+35）硫酸。1体积硫酸与35体积水混合均匀。

（6）硝酸钾标准贮备液[ρ(N)=100mg/L]。硝酸钾（KNO_3）在105～110℃烘箱中烘干3h，于干燥器中冷却后，称取0.7218g溶于纯水中，移至1000mL容量瓶中，用纯水稀释至标线，混匀。加入1～2mL三氯甲烷作为保护剂，在0～10℃暗处保存，可稳定6个月。

（7）硝酸钾标准使用溶液[ρ(N)=10.0mg/L]。用硝酸钾标准溶液（100mg/L）稀释10倍而得，使用时配制。

四、仪器和设备

（1）紫外分光光度计及10mm石英化色皿。

（2）高压蒸汽灭菌器。最高工作压力不低于1.1～1.4kg/cm^2，最高工作温度不低于120～124℃。

（3）具塞磨口玻璃比色管（25mL）。

(4) 一般实验室常用仪器和设备。

五、样品

(1) 样品的采集和保存。将采集好的样品储存在聚乙烯瓶或硬质玻璃瓶中，用浓硫酸（ρ=1.84g/mL）调节 pH 值至 1～2，常温下可保存 7d。储存在聚乙烯瓶中，−20℃冷冻，可保存 1 个月。

(2) 试样的制备。取适量样品用氢氧化钠溶液（ρ=20.0g/L）或（1+35）硫酸溶液调节至 pH 值 5～9，待测。

六、分析步骤

1. 校准曲线的绘制

分别量取 0.00、0.20、0.50、1.00、3.00 和 7.00 硝酸钾标准使用液［ρ(N)=10.0mg/L］于 25mL 具塞磨口玻璃比色管中，其对应的总氮（以 N 计）含量分别为 0.00μg、2.00μg、5.00μg、10.0μg、30.0μg 和 70.0μg。加水稀释至 10.00mL，再加入 5.00mL 碱性过硫酸钾，塞紧管塞，用纱布和线绳扎紧管塞，以防弹出。将比色管置于高压蒸汽灭菌器中，加热至顶压阀吹气，关阀，继续加热至 120℃开始计时，保持温度在 120～124℃之间 30min。自然冷却、开阀放气，移去外盖，取出比色管冷却至室温，按住管塞将比色管中的液体颠倒混匀 2～3 次。

注意：若比色管在消解过程中出现管口或管塞破裂，应重新取样分析。

每个比色管分别加入 1.00mL（1+9）盐酸溶液，用水稀释至 25mL 标线，盖塞混匀。使用 10mm 石英比色皿，在紫外分光光度计上，以水作参比，分别于波长 220nm 和 275nm 处测定吸光度。零浓度的校正吸光度 A_b、其他标准系列的校正吸光度 A_s 及其差值 A_r 按下式进行计算。以总氮（以 N 计）含量（μg）为横坐标，对应的值为纵坐标，绘制校准曲线。

$$A_s = A_{S220} - 2A_{S275} \tag{3-13}$$

$$A_b = A_{b220} - 2A_{b275} \tag{3-14}$$

$$A_r = A_s - A_b \tag{3-15}$$

式中　A_s——标准溶液的校正吸光度；

A_{S220}——标准溶液在 220nm 波长的吸收光度；

A_{S275}——标准溶液在 275nm 波长的吸收光度；

A_b——空白（零浓度）溶液的校正吸光度；

A_{b220}——空白（零浓度）溶液在 220nm 波长的吸收光度；

A_{b275}——空白（零浓度）溶液在 275nm 波长的吸收光度；

A_r——标准溶液校正吸光度与空白（零浓度）溶液校正习惯度的差。

2. 测定

量取 10.00mL 试样（试样中的氮含量超过 70μg 时，可减少取样量并加入纯水至 10.0mL）于 25mL 具塞磨口玻璃比色管中，按照校准曲线绘制的步骤进行测定。

3. 空白试验

空白试验以 10mL 纯水代替试样，按水样测定步骤进行测定。空白试验的 A 值不超过 0.03。

七、结果计算

按式（3－13）计算得试样吸光度并扣除空白 A_b 获校正 A_r 吸光度，用校准曲线算出相应的总氮质量（μg）数，试样总氮含量为

$$总氮(mg/L)=m/V \tag{3-16}$$

式中 m——试样测出含氮量，μg；

V——测定用试样体积，mL。

当测定结果小于 1.00mg/L 时，保留到小数点后两位；大于等于 1.00mg/L 时，保留三位有效数字。

八、注意问题

（1）溶解性有机物对紫外光有较强的吸收，虽已使用了双波长测定扣除法校正，但不同样品其干扰强度和特性不同，“$2A_{275}$”校正值仅是经验性的，有机物中氮未能完全转化为 NO_3-N 对测定结果有影响也使“$2A_{275}$”值带有不确定性。样品消化完全者，A_{275} 值接近于空白值。

（2）溶液中许多阳离子和阴离子对紫外光都有一定的吸收，其中碘离子相对于总氮含量的 2.2 倍以上，溴离子相对于总氮含量的 3.4 倍以上有干扰。

（3）样品在于处理时要防止空气中可溶性含氮化合物的污染，检测室应避开氨或硝酸等挥发性化合物。

【任务准备】

实验方案，实验所需试剂和溶液，玻璃仪器，紫外分光光度计等。

【任务实施】

按照实验的方案，采集校园地表水体，采用碱性过硫酸钾消解紫外分光光度法测定地表水中的总氮。

【思考题与习题】

1. 简述紫外分光光度计的组成。

2. 测定总氮时，如何消除水中六价铬的干扰？

知识技能点五 高锰酸盐指数的测定

【任务描述】

水中的高锰酸盐指数是反映水体中有机和无机可氧化物质污染的常用指标。根据国际标准化组织（ISO）建议，高锰酸钾法仅限于测定地表水、饮用水和生活污水，不适用于工业废水。测定该指标有助于了解水环境质量状况。

【任务分析】

能够准确测定水中的高锰酸盐指数，熟悉测量的原理，熟练掌握滴定分析操作，正确进行数据处理。

【知识链接】

一、方法原理

样品中加入已知量的高锰酸钾和硫酸，在沸水浴中加热 30min，高锰酸钾将样品中的某些有机物和无机还原性物质氧化，反应后加入过量的草酸钠还原剩余的高锰酸

钾，再用高锰酸钾标准溶液回滴过量的草酸钠。通过计算得到样品中高锰酸盐指数。

高锰酸钾与草酸反应：

$$2MnO_4^- + 5C_2O_4^{2-} + 16H^+ \longrightarrow 2Mn^{2+} + 10CO_2 + 8H_2O$$

高锰酸钾与还原物质反应：

$$4MnO_4^- + 5C(有机物) + 12H_2O \longrightarrow 4Mn^{2+} + 5CO_2 + 6H_2O$$

3-32

高锰酸盐指数的测定

3-33

水中高锰酸盐指数的测定1

3-34

水中高锰酸盐指数的测定2

二、试剂

(1) 不含还原性物质的水。将1L蒸馏水置于全玻璃蒸馏器中，加入10mL (1+3) 硫酸和少量高锰酸钾溶液 [$c(1/5KMnO_4)=0.01mol/L$]，蒸馏。弃去100mL初馏液，余下馏出液储于具玻璃塞的细口瓶中。

(2) (1+3) 硫酸。在不断搅拌下，将100mL硫酸 ($\rho=1.84g/mL$) 慢慢加入300mL水中。趁热加入数滴高锰酸钾溶液 [$c(1/5KMnO_4)=0.01mol/L$] 直至溶液出现粉红色。

(3) 氢氧化钠 ($c=500g/L$)。称取50g氢氧化钠溶于水并稀释至100mL。

(4) 草酸钠标贮备液 [$c(1/2Na_2C_2O_4)=0.1000mol/L$]。称取0.6705g经120℃烘干2h并放冷的草酸钠 ($Na_2C_2O_4$) 溶解水中，移入100mL容量瓶中，用水稀释至标线，混匀，置4℃保存。

(5) 草酸钠标准溶液 [$c(1/2Na_2C_2O_4)=0.0100mol/L$]。吸取10.00mL草酸钠贮备液 [$c(1/2Na_2C_2O_4)=0.1000mol/L$] 于100mL容量瓶中，用水稀释至标线，混匀。

(6) 高锰酸钾标贮备液 [$c(1/5KMnO_4)=0.1mol/L$]。称取3.2g高锰酸钾溶解于水并稀释至1000mL。于90～95℃水浴中加热此溶液两小时，冷却。存放2d后，倾出清液，存于棕色瓶中。

(7) 高锰酸钾标准溶液 [$c(1/5KMnO_4)=0.01mol/L$]。吸取100mL高锰酸钾标准贮备液于1000mL容量瓶中，用水稀释至标线，混匀。此溶液在暗处可保存几个月，使用当天标定其浓度。

三、仪器和设备

(1) 常用的实验室仪器。

(2) 水浴或相当的加热装置（有足够的容积和功率）。

(3) 酸式滴定管 (25mL)。

注意：新的玻璃器皿必须用酸性高锰酸钾溶液清洗干净。

四、样品的保存

采样后要加入 (1+3) 硫酸溶液，使样品pH值为1～2并尽快分析。液体变为无色时，趁热用高锰酸钾溶液 [$c(1/5KMnO_4)=0.01mol/L$] 滴定至刚出现粉红色，并保持30s。如保存时间超过6h，则需置暗处，0～5℃下保存，不得超过2d。

五、分析步骤

(1) 样品消解：吸取100.0mL经充分摇动、混合均匀的样品（或分取适量，用水稀释至100mL），置于250mL锥形瓶中，加入 (5+0.5)mL (1+3) 硫酸溶液，用滴定管加入10.00mL高锰酸钾标准溶液 [$c(1/5KMnO_4)=0.01mol/L$]，摇匀。将锥形瓶置于沸水浴内（30±2）min（水浴沸腾，开始计时）。

（2）样品滴定：取出后用滴定管加入 10.00mL 草酸钠标准溶液［$c(1/2Na_2C_2O_4)=0.0100mol/L$］至溶液变为无色。趁热用高锰酸钾标准溶液滴定至刚出现粉红色，30s 不褪。记录消耗的高锰酸钾溶液体积 V_1。

（3）空白试验：用 100mL 水代替样品，按步骤（1）（2）测定，记录下回滴的高锰酸钾标准溶液体积 V_1。

（4）高锰酸钾标准溶液的标定：向空白试验滴定后的溶液中加入 10.00mL 草酸钠标准溶液。如果需要，将溶液加热至 80℃。用高锰酸钾标准溶液继续滴定至刚出现粉红色，并保持 30s 不褪。记录下消耗的高锰酸钾标准溶液体积 V_2。

注意：（1）沸水浴的水面要高于锥形瓶内的液面。

（2）样品量以加热氧化后残留的高锰酸钾［$c(1/5KMnO_4)=0.01mol/L$］为其加入量的 1/2～1/3 为宜。加热时，如溶液红色褪去，说明高锰酸钾量不够，须重新取样，经稀释后测定。

（3）滴定时温度如低于 60℃，反应速度缓慢，因此应加热至 80℃左右。

（4）沸水浴温度为 98℃。如在高原地区，报出数据时，需注明水的沸点。

六、结果表示

高锰酸盐指数（I_{Mn}）以每升样品消耗毫克氧数来表示（O_2，mg/L），计算式为

$$I_{Mn}=\frac{\left[(10+V_1)\frac{10}{V_2}-10\right]\times c\times 8\times 1000}{100} \tag{3-17}$$

式中　V_1——样品滴定时，消耗高锰酸钾溶液体积，mL；

V_2——标定时，所消耗高锰酸钾溶液体积，mL；

c——草酸钠标准溶液，$c(1/2Na_2C_2O_4)=0.0100mol/L$。

如样品经稀释后测定，计算式为

$$I_{Mn}=\frac{\left\{\left[(10+V_1)\frac{10}{V_2}-10\right]-\left[(10+V_0)\frac{10}{V_2}-10\right]\times f\right\}\times c\times 8\times 1000}{V_3} \tag{3-18}$$

式中　V_0——空白试验时，消耗高锰酸钾溶液体积，mL；

V_3——测定样品时所取的样品体积，mL；

f——稀释样品时，蒸馏水在 100mL 测定用体积内所占比例［例如 10mL 样品用水稀至 100mL，则 $f=(100-10)/100=0.90$］。

【任务准备】

实验方案，实验所需试剂和溶液，玻璃仪器，滴定管等。

【任务实施】

按照实验的方案，采集地表水体，采用滴定法测定地表水中的高锰酸盐指数。

【思考题与习题】

1. 在水浴加热过程中，如果溶液颜色变浅或全部褪去，说明什么？应该怎么处理？

2. 滴定时温度过高或过低对结果有何影响？

任务四　地表水环境监测报告编写

【任务描述】

了解地表水监测报告的类型，能够编制地表水环境监测报告。

【任务分析】

监测报告是水环境监测结果的一个表现形式，能够根据任务要求编制监测报告。

【知识链接】

一、环境监测报告的种类

3-35

项目监测报告、快报和月报

3-36

项目监测报告、快报和月报

按照监测报告表达的深度，可分为实测结果数据型和评价结果文字型两类；按照选择表达形式，可分为书面型和音像型两类；根据监测报告表达的广度，可分为项目监测报告、环境监测快报、月报、季报、年报、环境质量报告书及污染源监测报告。

（一）项目监测报告

监测机构按照任何一种测试方法进行的每一项或一系列测试的结果，都应给出准确、清晰、明确和客观的报告，这种报告就是项目监测报告。项目监测报告应包括测试结果、所用方法及有关说明等全部信息。

项目监测报告是监测机构运用最多的报告形式，是编制其他报告的基础。

项目监测报告的内容：

（1）报告名称，如“环境污染项目监测报告”或“环境质量项目监测报告”。

（2）监测机构的名称和地址。

（3）报告的唯一标识（如序号）和每页编号及总页数。

（4）样品的描述和明确的标识。

（5）样品的特性、状态及处置。

（6）样品接收日期和进行监测分析的日期。

（7）所使用测试方法的说明。

（8）有关的取样程序说明。

（9）与监测方法的偏离、补充或例外情况以及与测试有关的其他情况（如环境条件）的说明。

（10）测试、检查和导出结果以及结果不合格标识。

（11）对测试结果的不确定度的说明。

（12）监测结论。

（13）对报告内容负责人员的职务、签字和签发日期。

（14）对测试结果代表范围及程度的声明。

（15）报告未经监测机构批准不得复制的声明。

（二）环境监测快报

环境监测快报是指采用文字型一事一报的方式，报告重大污染事故、突发性污染事故和对环境造成重大影响的自然灾害等事件的应急监测情况，以及在环境质量监测、污染源监测过程中发现的异常情况及其原因分析和对策建议。

环境监测快报应包括以下信息。

（1）报告名称，如“事故监测快报”。

（2）监测机构的名称和地址。

（3）报告的唯一标识（如序号）及页号和总页数。

（4）监测地点及时间。

（5）事件的时间、地点及简要过程和分析。

（6）污染因子或环境因素监测结果。

（7）对短期内环境质量态势的预测分析。

（8）事件原因的简要分析。

（9）结论与建议。

（10）对报告内容负责人员的职务和签名。

（11）报告的签发日期。

（三）环境监测月报

环境监测月报是一种简单、快速报告环境质量状况及环境污染问题的数据型报告。环境监测机构应在每月五日前将上月监测情况报到同级环保主管部门和上级监测站。

环境监测月报告应包括以下信息。

（1）报告名称，如“环境质量监测月报告”“环境污染监测月报告”。

（2）报告编制单位名称和地址。

（3）报告的唯一标识（如序号）、页码和总页数。

（4）被监测单位名称、地点。

（5）监测项目的监测时间及结果。

3-37

季报和年报

3-38

季报和年报

（6）监测简要分析，包括以下内容。

1）与前月份对比分析结果；

2）当月主要问题及原因分析；

3）变化趋势预测；

4）管理控制对策建议等。

（7）对报告内容负责的人员职务和签名。

（8）报告签发日期。

（四）环境监测季报

环境监测季报是一种在时间和内容上介于月报和年报之间的简要报告环境质量状况或环境污染问题的数据型报告。

环境监测季报告应包括以下信息。

（1）报告名称，如“环境质量监测季报”或“环境污染监测季报”。

（2）报告编制单位名称和地址。

（3）报告的唯一标识（如序号）、页码和总页数。

（4）各监测点情况。

（5）监测技术规范执行情况。

（6）监测数据情况。

（7）被监测单位名称、地址。

（8）各环境要素和污染因子的监测频率、时间及结果。

（9）单要素环境质量评价及结果。

（10）本季度主要问题及原因简要分析。

（11）环境质量变化趋势估计。

（12）改善环境管理工作的建议。

（13）环境污染治理工作效果、监测结果及综合整治考验结果。

（14）对报告内容负责的人员职务和签名。

（15）报告的签发日期。

（五）环境监测年报

环境监测年报属数据型报告，国家环境质量监测网成员单位应自一九九七年一月一日起，正式开始实行微机有线联网；同时以微机网络有线传输方式，逐级上报环境监测年报。

国家环境质量监测网成员单位应于每年一月二十日前将上年度的环境监测年报报到本省（自治区、直辖市）环境监测中心站。

“专业网”成员单位应于每年一月二十日前将本单位年报报到网络组长单位。

各省（自治区、直辖市）环境监测中心站和专业网组长单位，应于每年二月二十日之前将本地区、本“专业网”年报报到中国环境监测总站。

环境监测年报告应包括以下信息。

（1）报告名称，如“环境质量监测年报告”“环境污染监测年报告”等。

（2）报告年度。

（3）报告唯一标识、页码和总页数。

（4）环境监测工作概况，主要包括以下内容。

1）基本情况：监测站人员构成统计表，监测机构及组织情况表，监测站仪器、设备统计表等。

2）监测网点情况：水、气、噪声等各环境要素质量监测网点情况表，污染源监测网点情况表等。

3）监测项目、频率和方法：水、气、噪声各环境要素监测项目频率和方法统计表，废水、废气等污染源监测项目、频率和方法统计表等。

4）评价标准执行情况：大气、水质、噪声等各环境要素质量评价标准执行情况表，污染源评价标准执行情况表等。

5）数据处理以及实验室质量控制活动情况等。

（5）监测结果统计图表，主要包括以下内容。

1）大气、水质、噪声等各环境要素各测点监测结果年度统计图表。

2）大气、水质等各环境要素特异污染监测结果统计表。

3）污染源监测结果统计图表：大气各污染源监测结果统计图表，各种废水污染源监测结果统计图表，其他污染源监测结果统计图表。

4）主要治理设施效果监测情况统计图表。

5）其他环境监测结果情况统计图表等。

（6）环境监测相关情况，主要包括以下内容。

1）环境条件情况：环境气象条件统计表，环境水文情况统计表，其他环境条件统计表。

2）社会经济情况：监测区域面积、人口密度统计表，燃料等能源资源消耗年度统计表，车辆情况统计表，其他社会环境情况统计表等。

3）年度环境监测大事记：重大环境保护活动记事，重大环境监测活动记事，重大污染事故统计表等。

（7）当年环境质量或环境污染情况分析评价如下。

1）环境质量评价及趋势分析。

2）环境污染评价及趋势分析。

3）各环境要素和主要污染因子存在的主要问题及原因分析。

4）与上年度对比分析结果。

5）污染治理效果总结。

6）强化环境管理及监督检查的对策建议等。

（8）对报告内容负责的人员职务和签名。

（9）报告的签发日期。

3-39
环境质量报告书

3-40
环境质量报告书

（六）环境质量报告书

环境质量报告书属文字型报告。环境质量报告书按内容和管理的需要，分年度环境质量报告书和五年环境质量报告书两种。为了提高环境质量报告书的及时性和针对性，按其形式分为公众版、简本和详本三种。

五年环境质量报告书的起始年为1991年，五年环境质量报告书只编详本，在其编写年度不再编写年度环境质量报告书详本。

环境质量报告书的编写提纲如下。

（1）前言。简要说明环境质量报告书的编写情况。

（2）目录。目录应包括环境质量报告书的主要章节标题。

（3）概况。

1）环境保护工作概况。说明为改善环境质量和解决环境问题所采取的各项环境保护措施及成效。

2）环境监测工作概况。

a. 监测工作概况。说明环境监测工作的开展情况和取得的成绩。

b. 监测点位布设情况。说明各环境要素监测点位布点情况，其中，环境空气、地表水、噪声监测点位布设情况需以表或图示。

c. 采样及实验室分析工作情况。说明各环境要素的采样方法及频率、分析方法、实验室质量控制措施等。应有质量保证的具体方法和结果。

（4）污染排放。全面描述各类污染源（点源、面源）的状况，说明当地主要污染源、污染物的构成、污染物的性质、各污染物排放总量等。明确指出主要污染物、主要污染物的区域（流域）分布及行业排放状况等，另外对主要污染物的治理现状进行分析说明，并说明与上年度的对比分析情况。

（5）环境质量状况。

1）监测结果及现状评价。

2）本年度时空变化分布规律分析。

3）年度对比分析。

4）结论及原因分析。

（6）结论及对策。

1）环境质量结论。在对环境质量状况和变化趋势综合分析的基础上，提出全面宏观的结论。

2）主要的环境问题。在全面分析的基础上，明确指出存在的主要环境问题和区域特异环境问题。

3）对策。在分析环境质量状况和环境问题的基础上，提出改善环境质量的对策和建议。

（7）专题。说明辖区内围绕环境质量开展的工作情况，如特色环境保护工作、预测预警工作和环境监测新领域的拓展等，并对监测数据进行分析。

（七）污染源监测报告

污染源监测报告是及时反映当地环境监测站在实施污染物总量核实、抽检、治理设施验收与运行效果检查等各类污染源监督监测基本情况的文字型报告。

地方各级环境监测站负责核实、认可各排污单位申报的排污状况数据，并将核实后的排污申报数据报到当地环境保护局。

各市级环境监测站负责于每季度第一个月10日前，将上一季度本辖区污染源监督监测情况季报报到同级环境保护局及省级环境监测站，并应向有关排污单位展示其监督监测数据。

各省、自治区、直辖市环境监测站负责于每季度第一个月底前，将本辖区上一季度污染源排污在前30位的企业监督监测数据及基本情况汇总后，报到同级生态环境局和中国环境监测总站。

中国环境监测总站负责于每季度第二个月15日前，将上一季度全国重点污染监督监测数据及基本情况汇总后，将排污在前三位的企业监督监测数据报到生态环境部。

地方各级环境监测站负责本辖区内重点污染源的监测，各地方环境监测站负责于3月底之前将上一年度、国家确定的重点污染数据型报告汇总编制完成，并报到同级生态环境局和上一级环境监测站。

各省（自治区、直辖市）环境中心站负责于当年4月底之前将本辖区国家重点污染源的上一年度数据型报告汇总后报到中国环境监测总站。

各“专业网”成员单位，负责于3月底之前将上一年度污染源数据型监测报告报到网络组长单位；网络组长单位于4月10日前负责编制完成上年度本网络所监测范围内污染源排污状况文字型报告，并报到中国环境监测总站。

中国环境监测总站根据各省（自治区、直辖市）环境监测站和各流域、近岸海域等专业网络组长单位上报的重点污染源监督监测数据，于6月底之前，负责编制完成上年度全国重点污染源排污状况文字型报告并报到生态环境部。

地方各级生态环境局确定的本地区重点污染源数据型报告上报周期、时间和内容，可由地方各级生态环境局根据环境管理的需要另行规定。

地方各级环境保护局负责组织编写本辖区内污染排污状况文字型年度报告，并于6月底前将上年度的报告报到同级人民政府和上一级生态环境局。

二、环境监测报告的编写原则

（1）准确性原则。各类监测报告首先是要给人们提供一个确切的环境质量信息，否则监测工作就毫无意义，甚至造成严重后果。同时，各类监测报告必须实事求是，准确可靠，数据翔实，观点明确。

（2）及时性原则。环境监测是通过它的成果（各类监测报告）为环境决策和环境管理服务，这种服务必须及时有效，否则就可能贻误战机，使监测工作失去生命力。因此，必须建立和实施切实可行的报告制度，运用先进的技术手段（如电子计算机），建立专门的综合分析机构，选用得力的技术人员，切实保证报告的时效性。

（3）科学性原则。监测报告的编制绝不仅仅是简单的数据资料汇总，必须运用科学的理论、方法和手段提示阐释监测结果及环境质量变化规律，为环境管理提供科学依据。

（4）可比性原则。监测报告的表述应统一、规范，内容、格式等应遵守统一的技术规定，评价标准、指标范围和精度应相对统一稳定，结论应有时间的连续性，成果的表达形式应具有时间、空间的可比性，便于汇总和对比分析。

（5）社会性原则。监测报告尤其是监测结果的表达，要使读者易于理解，容易被社会各界很快接受和利用，使其在各个领域中尽快发挥作用。

【任务准备】

设定某条河流或某个湖泊、水库，给出河流或湖泊、水库的监测方案；给出水质项目监测的结果等。

【任务实施】

根据任务要求，编制水环境监测报告，注意监测报告的内容和格式要按照规范要求进行。

【思考题与习题】

1. 按照监测报告表达的深度，地表水监测报告可以分为几类？
2. 按照监测报告表达的广度，地表水监测报告可以分为几类？
3. 简述项目监测报告的内容。
4. 环境监测报告的编写原则是什么？

项目四　工业废水污染监测

工业废水污染监测主要是对企业工厂在生产工艺过程中排出的废水、污水和水生物检测的总称。具体包括生产废水和生产污水，按工业企业的产品和加工对象可分为造纸废水、纺织废水、制革废水、农药废水、冶金废水、炼油废水等。其危害非常之大，工业废水能渗透到地下水，污染地下水；有些工业废水还带有难闻的恶臭，污染空气；工业废水渗入土壤，造成土壤污染。影响植物和土壤中微生物的生长；工业废水直接流入渠道，江河，湖泊污染地表水，如果毒性较大会导致水生动植物的死亡甚至绝迹；如果周边居民采用被污染的地表水或地下水作为生活用水，会危害身体健康，重者死亡；工业废水中的有毒有害物质会被动植物的摄食和吸收作用残留在体内，而后通过食物链到达人体内，对人体造成危害。因此，工业废水污染监测以及治理迫在眉睫。

【知识目标】

熟练掌握工业废水水质监测的相关知识，并能够熟练应用。

【技能目标】

掌握工业废水样品的采集；工业废水水样的预处理；工业废水样的测定。

【重点难点】

工业废水样的测定。

任务一　工业废水样品的采集

知识点一　工业废水监测资料收集与现场调查

4-1

工业废水监测资料收集与现场调查

4-2

工业废水监测资料收集与现场调查

【任务描述】

掌握工业废水监测资料收集与现场调查方法，并且能够熟练应用。

【任务分析】

资料收集；现场调查。

【知识链接】

工业废水的检测分析是水环境监测的主要工作之一，因此在采集水样之前，要进行调查研究、收集有关资料，为设计监测方案提供基础资料。

（1）工业概况。工厂名称、地址、企业性质、生产规模等。

（2）调查工业用水情况。工业用水一般分生产用水和管理用水。生产用水主要包括工艺用水、冷却用水、漂白用水等。管理用水主要包括地面与车间冲洗用水、洗浴用水、生活用水等。需要调查清楚工业用水量、循环用水量、废水排放量、设备蒸发量和渗漏损失量。可用水平衡计算和现场测量法估算各种用水量。

(3) 调查工业废水类型。工业废水可分为物理污染废水、化学污染废水、生物及生物化学污染废水三种主要废水以及混合污染废水。通过对工业流程和原理、工艺水平、能源类型、原材料类型和产品产量等的调查，计算出排水量、废水类型及可能的典型污染物，并确定需要监测的项目。

(4) 调查工业废水的排污去向。

1) 车间、工厂或地区的排污口数量和位置。

2) 直接排入还是通过渠道排入江、河、湖、库、海中，是否有排放渗坑。

【任务准备】

准备好资料收集与现场调查的相关工具和材料。

【任务实施】

收集要前往的某工厂资料，进行现场调查。

【思考题与习题】

资料收集与现场调查的方法是什么？

知识点二　工业废水监测方案的制定

【任务描述】

4-3

工业废水监测方案的制定

4-4

工业废水监测方案的制定

掌握工业废水监测方案的制定方法，并且能够熟练应用。

【任务分析】

采样点的设置；采样时间和频次的确定。

【知识链接】

一、采样点的设置

水污染源一般经管道或渠、沟排放，截面积较小，不需设置断面，而直接确定采样点位。

1. 工业废水

(1) 在车间或车间处理设备的废水排放口设置采样点，测一类污染物（汞、镉、砷、铅、六价铬、有机氯化合物、强致癌物质等）。

(2) 在工厂废水总排放口布设采样点，测二类污染物（悬浮物、硫化物、挥发酚、氰化物、有机磷化合物、石油类、铜、锌、氟、硝基苯类、苯胺类等）。

(3) 已有废水处理设施的工厂，在处理设施的排放口布设采样点。为了解废水处理效果，可在进出口分别设置采样点。

(4) 在排污渠道上，采样点应设在渠道较直，水量稳定，上游无污水汇入的地方。可在水面下 1/4～1/2 处采样，作为代表平均浓度水样采集。

(5) 某些二类污染物的监测方法尚不成熟，在总排污口处布点采样时，会因监测因子干扰物质多，而会影响监测的结果。这时，应将采样点移至车间排污口，按废水排放量的比例折算成总排污口废水中的浓度。

2. 生活污水和医院污水

采样点设在污水总排放口。对污水处理厂，应在进、出口分别设置采样点采样监测。

3. 综合排污口和排污渠道采样点的确定

（1）在一个城市的主要排污口或总排污口设点采样。

（2）在污水处理厂的污水进出口处设点采样。

（3）在污水泵站的进水和安全溢流口处设点采样。

（4）在市政排污管线的入水处布点采样。

二、采样时间和频次的确定

（1）监督性监测。地方环境监测站对污染源的监督性监测每年不少于1次，如被国家或地方环境保护行政主管部门列为年度监测的重点排污单位，应增加到每年2～4次。因管理或执法的需要所进行的抽查性监测或对企业的加密监测由各级环境保护行政主管部门确定。

我国《环境监测技术规范》中针对向国家直接报送数据的废水排放源规定：工业废水每年采样监测2～4次；生活污水每年采样监测2次，春、夏季各1次；医院污水每年采样监测4次，每季度1次。

（2）企业自我监测。工业废水按生产周期和生产特点确定监测频率。一般每个生产日至少3次。

排污单位为了确认自行监测的采样频次，应在正常生产条件下的一个生产周期内进行加密监测：周期在8h以内的，每小时采1次样；周期大于8h的，每2h采1次样，但每个生产周期采样次数不少于3次。采样的同时测定流量。根据加密监测结果，绘制污水污染物排放曲线（浓度-时间，流量-时间，总量-时间），并与所掌握资料对照，如基本一致，即可据此确定企业自行监测的采样频次。根据管理需要进行污染源调查性监测时，也按此频次采样。

排污单位如有污水处理设施并能正常运转使污水能稳定排放，则污染物排放曲线比较平稳，监督监测可以采瞬时样；对于排放曲线有明显变化的不稳定排放污水，要根据曲线情况分时间单元采样，再组成混合样品。正常情况下，混合样品的单元采样不得少于两次。如排放污水的流量、浓度甚至组分都有明显变化，则在各单元采样时的采样量应与当时的污水流量成比例，以使混合样品更有代表性。

（3）对于污染治理、环境科研、污染源调查和评价等工作中的污水监测，其采样频次可以根据工作方案的要求另行确定。

【任务准备】

做好相应的准备工作，到某个正在施工的工厂检测其工业废水。

【任务实施】

根据该工厂的具体情况，制定出相应的工业废水监测方案等。

【思考题与习题】

1. 采样点的设置原则？

2. 采样时间和频次如何确定？

知识点三　工业废水样品的采集、运输、保存

【任务描述】

4-5

工业废水样品的采集、运输、保存

4-6

工业废水样品的采集、运输、保存

掌握工业废水样品的采集、运输、保存方法，并且能够熟练应用。了解工业废水样品的采集、运输、保存方法与其他水样的差异性。

【任务分析】

工业废水样品的采集；水样的运输；水样的保存。

【知识链接】

一、工业废水样品的采集

废水一般流量较小，都有固定的排污口，所处位置也不复杂，因此所用采样方法和采样器也比较简单。

1. 废水样品的类型

（1）瞬时废水样：对于生产工艺连续、稳定的工厂，所排放的废水中污染组分及浓度变化不大时，瞬时水样具有较好的代表性。对于某些特殊情况，如废水中污染物质的平均浓度合格，而高峰排放浓度超标，这时也可以间隔适当时间采集瞬时水样，并分别测定，将结果绘制成浓度—时间关系曲线，以得知高峰排放时污染物质的浓度；同时也可计算出平均浓度。

（2）平均废水样：平均混合水样或平均比例混合水样。前者系指每隔相同时间采集等量废水样混合而成的水样，适于废水流量比较稳定的情况：后者系指在废水流量不稳定的情况下，在不同时间依照流量大小按比例采集的混合水样。

（3）单独废水样：尽快测定废水样，且废水的 pH 值、溶解氧、硫化物、细菌学指标、余氯、化学需氧量、油脂类和其他可溶性气体等项目的废水样不宜混合。

2. 采样方法

（1）污水的监测项目按照行业类型有不同要求，在分时间单元采集样品时，测定 pH 值、COD、BOD、DO、硫化物、油类、有机物、余氯、粪大肠菌群、悬浮物、放射性等项目的样品，不能混合，只能单独采样。

（2）自动采样：采用自动采样器或连续自动定时采样器采集。有时间比例采样和流量比例采样。当污水排放量较稳定时可采用时间比例采样，否则必须采用流量比例采样。所用的自动采样器必须符合生态环境部颁布的污水采样器技术要求。

（3）实际的采样位置应在采样断面的中心。当水深大于 1m 时，应在表层下 1/4 深度处采样；水深小于或等于 1m 时，在水深的 1/2 处采样。

（4）注意事项。

1）用样品容器直接采样时，必须用水样冲洗 3 次后再行采样。但当水面有浮油时，采油的容器不能冲洗。

2）采样时应注意除去水面的杂物、垃圾等漂浮物。

3）用于测定悬浮物、BOD、硫化物、油类、余氯的水样，必须单独定容采样，全部用于测定。

4）在选用特殊的专用采样器（如油类采样器）时，应按照该采样器的使用方法采样。

5）采样时应认真填写“污水采样记录表”。

6）监测目的、监测项目、采样点位、采样时间、样品编号、污水性质、污水流量、采样人姓名及其他有关事项等。

7）凡需现场监测的项目，应进行现场监测。其他注意事项可参见地表水质监测的采样部分。

二、水样的运输

采集的水样除供一部分项目的现场监测用外，大部分水样要运到实验室进行监测分析。因此为保证水样的完整性和代表性，使之不受污染、损坏和丢失，在水样运输的过程中应注意下面几点：

(1) 根据采样点的地理位置和每个项目分析前最长可保存时间，选用适当的运输方式。

(2) 水样运输前应将容器的外（内）盖盖紧。装箱时应用泡沫塑料等分隔，以防破损。同一采样点的样品应装在同一包装箱内，如需分装在两个或几个箱子中时，则需在每个箱内放入相同的现场采样记录表。运输前应检查现场记录上的所有水样是否全部装箱。要用醒目色彩在包装箱顶部和侧面标上“切勿倒置”的标记。

(3) 每个水样瓶均需贴上标签，内容有采样点位编号，采样日期和时间，测定项目，保存方法，并写明用何种保存剂。

(4) 装有水样的容器必须加以妥善的保存和密封，并装在包装箱内固定，以防在运输途中破损。除了防震，避免日光照射和低温运输外，还要防止新的污染物进入容器和沾污瓶口使水样变质。

(5) 在水样运送过程中，应有押运人员，每个水样都要附有一张程序管理卡。在转交水样时，转交人和接受人都必须清点和检查水样并在登记卡上签字，注明日期和时间。

三、水样的保存

具体内容详见“项目三　地表水环境监测”中“任务二　水样的采集、运输、保存与预处理”中的“知识点三　水样的运输与保存”中的相关内容。

【任务准备】

准备好工业废水样品的采集、运输、保存工具：包括采样容器，运输车辆等。

【任务实施】

到某工厂现场采集工业废水，妥善保存，及时运回实验室进行检测。

【思考题与习题】

1. 工业废水样品的采集方法是什么？

2. 工业废水样品的运输与保存方法有哪些？

任务二　水样的预处理

【任务准备】

按照“项目三的任务二中的知识点四　地表水样的预处理”的内容选择合适的预

处理方法。采集的足量的某地表水样，进行消解和萃取预处理实验。准备具塞比色管、高压蒸汽消毒器、分液漏斗及常用的玻璃器皿等。

【任务实施】

根据任务要求，对水样进行消解和萃取预处理实验。

知识技能点一　水样的消解

【任务准备】

采集的足量的某地表水样，进行消解预处理实验。准备具塞比色管、高压蒸汽消毒器、及常用的玻璃器皿等。

【任务实施】

根据任务要求，对水样进行消解预处理实验。步骤如下：

当测定含有有机物水样中的无机元素时，需要进行消解处理。消解处理的目的是破坏有机物，溶解悬浮固体，将各种价态的欲测元素氧化成单一高价态或转变成易于分离的无机化合物。消解的过程中不能引入影响待测组分测定的成分，也不能够损失待测组分。消解后的水样应清澈、透明、无沉淀。

本次以水样中的 TP 测定的消解为例。

量取 25mL 采集来的水样于 50mL 的具塞比色管中，取时应仔细摇匀，已得到溶解部分和悬浮部分均有代表性的样品。向样品中加入 4mL 浓度为 50g/L 的过硫酸钾，将具塞比色管的盖塞紧后，用一小块布和线将玻璃塞扎紧，放在大烧杯中置于高压蒸汽消毒器中加热，待压力大于 $1.1kg/cm^2$，相应温度为 120℃时，保持 30min 后停止加热，待压力表读数降至零后，取出放冷。

【思考题与习题】

样品消解过程中需要注意些什么?

知识技能点二　水样的萃取

【任务准备】

采集的足量的某地表水样，进行萃取预处理实验。准备分液漏斗及常用的玻璃器皿等。

【任务实施】

根据任务要求，对水样进行萃取预处理实验。

萃取是测定含量较低的有机物污染物的一种预处理方法。利用萃取剂，通过萃取作用富集废水中的有机污染物再进行测定的方法。根据一种溶剂对不同物质具有不同溶解度这一性质，可将溶于废水中的某些污染物完全或部分分离出来。

向废水中投加不溶于水或难溶于水的溶剂（萃取剂），使溶解于废水中的某些污染物（被萃取物）经萃取剂和废水两液相间界面转入萃取剂中得以富集，提高浓度含量。萃取预处理法一般用于阴离子表面活性剂、含油废水等生活或工业废水的预处理。

本次以阴离子表面活性剂的萃取为例，洗涤剂现在已经成为人们不可缺少的日常用品，而阴离子表面活性剂是洗涤剂的主要成分，导致排放的生活污水中阴离子表面活性剂的含量增高，排放到环境中将会影响到水环境质量。

(1) 取100mL水样倒入分液漏斗，以酚酞为指示剂，逐滴加入1mol/L的氢氧化钠至溶液呈桃红色，再滴加0.5mol/L的硫酸到桃红色刚好消失。

(2) 然后加入25mL亚甲蓝溶液，摇匀后再移入10mL氯仿，激烈振摇30s，在振摇的过程中注意放气。

(3) 将氯仿层放入预先盛有50mL洗涤液的第二个分液漏斗，用数滴氯仿淋洗第一个分液漏斗的放液管，重复萃取三次，每次用10mL氯仿。合并所有氯仿至第二个分液漏斗中，激烈摇动30s，静置分层。

(4) 将氯仿层通过脱脂棉，放入50mL容量瓶中。采用氯仿萃取洗涤液两次，每次用量5mL，此氯仿层也并入容量瓶中。至此，完成了水样中阴离子表面活性剂萃取。

【思考题与习题】

样品萃取过程中需要注意些什么？

任务三　工业废水样的测定

【任务描述】

掌握工业废水样的测定方法，并且能够熟练应用。

【任务分析】

工业废水检测主要是对企业工厂在生产工艺过程中排出的废水、污水和水生物检测的总称。工艺废水检测包括生产废水和生产污水。按工业企业的产品和加工对象可分为造纸废水、纺织废水、制革废水、农药废水、冶金废水、炼油废水等。检测方法很多，结合具体情况选择使用。

【知识链接】

知识技能点一　COD的测定

【任务描述】

化学需氧量（COD）作为衡量水中有机物质含量多少的指标之一。它反映了水中受还原性物质污染的程度。水中的还原性物质有各种有机物、亚硝酸盐、硫化物、亚铁盐等，但主要的是有机物。化学需氧量越大，说明水体受有机物的污染越严重。因此通过测定化学需氧量以便了解水体受有机物污染的程度。

【任务分析】

为了能够准确测定水样的COD，能够正确连接回流装置，熟练地进行滴定操作分析，正确处理实验数据。

【知识链接】

一、方法原理

在水样中加入已知量的重铬酸钾溶液，并在强酸介质下以银盐作催化剂，经沸腾回流后，以试亚铁灵为指示剂，用硫酸亚铁铵滴定水样中未被还原的重铬酸钾，由消耗的重铬酸钾的量计算出消耗氧的质量浓度。

二、干扰和消除

本方法的主要干扰物为氯化物，可加入硫酸汞溶液去除。经回流后，氯离子可与硫酸汞结合成可溶性的氯汞配合物。硫酸汞溶液的用量可根据水样中氯离子的含量，按质量比 $m[HgSO_4]:m[Cl^-]\geqslant 20:1$ 的比例加入，最大加入量为 2mL（按照氯离子最大允许浓度 1000mg/L 计）。

三、试剂和材料

（1）浓硫酸（H_2SO_4）：$\rho=1.84$g/mL，优级纯。

（2）重铬酸钾标准溶液。

1）重铬酸钾标准溶液 $[c(1/6K_2Cr_2O_7)=0.250\text{mol/L}]$：称取预先在 105℃烘箱中干燥至恒重的基准重铬酸钾 12.258g 溶于水中，移入 1000mL 容量瓶，稀释至刻度，摇匀。

2）重铬酸钾标准溶液 $[c(1/6K_2Cr_2O_7)=0.0250\text{mol/L}]$：将 0.250mol/L 的重铬酸钾标准溶液稀释 10 倍而成。

（3）试亚铁灵指示剂：溶解 0.7g 硫酸亚铁（$FeSO_4\cdot 7H_2O$）于 50mL 水中，加入 1.5g 邻菲啰啉（$C_{12}H_8N_2\cdot H_2O$，1，10 - phenanthnoline），搅拌至溶解，稀释至 100mL，混匀贮于棕色瓶内。

（4）硫酸亚铁铵标准滴定溶液。

1）硫酸亚铁铵标准溶液 $\{c[(NH_4)_2Fe(SO_4)_2\cdot 6H_2O]\approx 0.05\text{mol/L}\}$：称取 19.5g 硫酸亚铁铵溶于水中，边搅拌边缓慢加入 10mL 浓硫酸，冷却后移入 1000mL 容量瓶中，加水至标线，摇匀。

每日临用前，必须用重铬酸钾标准溶液 $[c(1/6K_2Cr_2O_7)=0.250\text{mol/L}]$ 准确标定硫酸亚铁铵溶液的浓度，标定时应做平行双样。

标定方法：准确吸取 5.00mL 重铬酸钾标准溶液（0.250mol/L）置于锥形瓶中，加水稀释至 50mL 左右，缓慢加入 15mL 浓硫酸，混匀。冷却后，加入 3 滴（约 0.15mL）试亚铁灵指示剂，用硫酸亚铁铵溶液滴定，溶液的颜色由黄色经蓝绿色到刚变为红褐色即为终点，记录硫酸亚铁铵溶液的消耗量 V(mL)。平行测 2～3 次，记录硫酸亚铁铵溶液用量。则其准确浓度为：

$$c=\frac{5.00\text{mL}\times 0.250\text{mol/L}}{V} \tag{4-1}$$

式中　c——硫酸亚铁铵标准液浓度，mol/L；

　　V——硫酸亚铁铵滴定用量，mL。

2）硫酸亚铁铵标准溶液 $\{c[(NH_4)_2Fe(SO_4)_2\cdot 6H_2O]\approx 0.005\text{mol/L}\}$：将浓度为 0.05mol/L 的硫酸亚铁溶液稀释 10 倍，用重铬酸钾标准溶液（0.0250mol/L）标定，其滴定步骤及浓度计算与前面相同。每日临用前标定。

（5）邻苯二甲酸氢钾标准溶液，$[c(KHC_8H_4O_4)=2.0824\text{mmol/L}]$：称取 105℃时干燥 2h 的邻苯二甲酸氢钾 0.4251g 溶于水，并稀释至 1000mL，混匀。以重铬酸钾为氧化剂，将邻苯二甲酸氢钾完全氧化的 COD 值为 1.176g O/g（指 1g 邻苯二甲酸氢钾耗氧 1.176g），故该标准溶液的理论 COD_{Cr} 值为 500mg/L。

（6）硫酸银-硫酸溶液：向 1000mL 浓硫酸中加入 10 硫酸银（或 500mL 浓硫酸

中加5g硫酸银)，放置1～2d使之溶解，并混匀，使用前小心摇匀。

(7) 硫酸汞溶液 (ρ=100g/L)：称取10g硫酸汞 ($HgSO_4$)，溶于100mL (1+9) 硫酸溶液中，混匀。

(8) 防爆沸玻璃珠。

四、仪器

常用实验室仪器和下列仪器。

(1) 回流装置：带有250mL磨口锥形瓶的全玻璃回流装置，可选用水冷或风冷全玻璃回流装置，其他等效冷凝回流装置亦可。

(2) 加热装置：电炉或其他等效消解装置。

(3) 分析天平：感量为0.0001g。

(4) 酸式滴定管：25mL或50mL。

(5) 一般实验室常用仪器设备。

五、采样和样品

(1) 采样。水样要采集于玻璃瓶中，应尽快分析。如不能立即分析时，应加入浓硫酸至pH值<2，置4℃下保存。但保存时间不多于5d，采集水样的体积不得少于100mL。

(2) 试料的准备。将试样充分摇匀，取出10.0mL作为样品。

六、操作步骤

1. COD_{Cr}浓度≤50mg/L的样品

(1) 样品测定。取10.00mL水样于锥形瓶中，依次加入硫酸汞溶液 (ρ=100g/L)、重铬酸钾标准溶液 (0.0250mol/L) 5.00mL和几颗防爆沸玻璃珠，摇匀。硫酸汞溶液按质量比$m[HgSO_4]:m[Cl^-]\geqslant 20:1$的比例加入，最大加入量为2mL。

将锥形瓶连接到回流装置冷凝管下端，从冷凝管上端缓慢加入15mL硫酸银-硫酸溶液，以防止低沸点有机物的逸出，不断旋动锥形瓶使之混合均匀。自溶液开始沸腾起保持微沸回流2h。若为水冷装置，应在加入硫酸银-硫酸溶液之前通入冷凝水。

回流并冷却后，自冷凝管上端加入45mL水冲洗冷凝管，取下锥形瓶。

溶液冷却至室温后，加入3滴试亚铁灵指示剂溶液，用硫酸亚铁铵标准溶液 (0.005mol/L) 滴定，溶液的颜色由黄色经蓝绿至红褐色即为终点，记录用量V_1，平行测定2～3次。

注意：样品浓度低时，取样体积可适当增加，同时其他试剂量也应按比例增加。

(2) 空白试验。按照测定样品测定步骤以10.00mL实验用水代替水样进行空白实验，记录空白滴定时消耗硫酸亚铁铵标准溶液的体积V_0。

注意：空白实验中硫酸银-硫酸溶液和硫酸汞溶液的用量应与样品中的用量保持一致。

2. COD_{Cr}浓度>50mg/L的样品

(1) 样品测定。取10.00mL水样于锥形瓶中，依次加入硫酸汞溶液 (ρ=100g/L)、重铬酸钾标准溶液 (0.250mol/L) 5.00mL和几颗防爆沸玻璃珠，摇匀。硫酸汞溶液按质量比$m[HgSO_4]:m[Cl^-]\geqslant 20:1$的比例加入，最大加入量为2mL。其他操作与$COD_{Cr}$浓度≤50mg/L的样品测定步骤相同。

溶液冷却至室温后，加入3滴试亚铁灵指示剂溶液，用硫酸亚铁铵标准溶液(0.05mol/L)滴定，溶液的颜色由黄色经蓝绿至红褐色即为终点，记录用量V_1，平行测定2～3次。

注意：对于污染严重的水样，可选取所需体积的1/10的水样放入硬质玻璃管中，加入1/10的试剂，摇匀后加热至沸腾数分钟，观察溶液是否变成蓝绿色。如呈蓝绿色，应适当少取水样，直至溶液不变蓝绿色为止，从而可以确定待测水样的稀释倍数。

(2) 空白试验。按照测定样品测定步骤以10.00mL实验用水代替水样进行空白实验，记录空白滴定时消耗硫酸亚铁铵标准溶液的体积V_0。

七、计算

$$COD_{Cr}(O_2,mg/L)=\frac{(V_0-V_1)\times c\times 8000}{V_{样}}\times f \quad (4-2)$$

式中 c——硫酸亚铁铵溶液的浓度，mg/L；

V_1——滴定水样时硫酸亚铁铵溶液的用量，mL；

V_0——滴定空白时硫酸亚铁铵溶液的用量，mL；

$V_{样}$——水样的体积，mL；

f——样品稀释倍数；

8000——$1/4O_2$的摩尔质量以mg/L为单位的换算值。

当COD_{Cr}测定结果小于100mg/L时保留至整数位；当测定结果大于或等于100mg/L时，保留三位有效数字。

【任务准备】

实验方案，实验所需试剂和溶液，加热回流装置、酸式滴定管等。

【任务实施】

按照实验的方案，采集工业废水，采用重铬酸钾法测定其化学需氧量。

【思考题与习题】

1. 重铬酸钾法测定化学需氧量的主要干扰物质是什么？如何去除？

2. 样品在加热消解过程中变为绿色应该如何处理？

知识技能点二 六价铬的测定

4-13

废水中六价铬的测定

4-14

废水中六价铬的测定

【任务描述】

六价铬为吞入性毒物/吸入性极毒物，皮肤接触可能导致过敏，更可能造成遗传性基因缺陷；吸入可能致癌；对环境有持久危险性。因此通过测定六价铬以便了解水体受其污染的程度。

【任务分析】

能够准确测定水样的六价铬，能够熟练使用分光光度计，正确处理实验数据。

【知识链接】

一、原理

在酸性溶液中，六价铬与二苯碳酰二肼反应生成紫色化合物，于波长540nm处进行分光光度测定。

二、试剂

(1) 丙酮。

(2) 浓硫酸：H_2SO_4，ρ=1.84g/mL，优级纯。

(3) (1+1) 硫酸溶液：将浓硫酸缓缓加入同体积的水中，混匀。

(4) (1+1) 磷酸溶液：将磷酸（H_3PO_4，ρ=1.69g/mL，优级纯）与水等体积混合。

(5) 4g/L 氢氧化钠溶液：将氢氧化钠（NaOH）1g 溶于水并稀释至 250mL。

(6) 氢氧化锌共沉淀剂。

1) 8%(*m*/*V*) 硫酸锌溶液：称取硫酸锌（$ZnSO_4 \cdot 7H_2O$）8g，溶于 100mL 水中。

2) 2%(*m*/*V*) 氢氧化钠溶液：称取 2.4g 氢氧化钠，溶于 120mL 水中。

将 1) 和 2) 两溶液混合。

(7) 高锰酸钾溶液（*c*=40g/L）：称取高锰酸钾（$KMnO_4$）4g，在加热和搅拌下溶于水，最后稀释 100mL。

(8) 铬标准贮备液：称取于 110℃ 干燥 2h 的重铬酸钾（$K_2Cr_2O_7$，优级纯）(0.2829±0.0001)g，用水溶解后，移入 1000mL 容量瓶中，用水稀释至刻度线，摇匀。此溶液的浓度为 100μg/mL。

(9) 铬标准溶液：吸取 5.00mL 铬标准贮备液（100μg/mL）置于 500mL 容量瓶中，用水稀释至刻度线，摇匀。此溶液六价铬的浓度为 1.00μg/mL。使用当天配制此溶液。

(10) 铬标准溶液：吸取 25.00mL 铬标准贮备液（100μg/mL）置于 500mL 容量瓶中，用水稀释至刻度线，摇匀。此溶液六价铬的浓度为 5.00μg/mL。使用当天配制此溶液。

(11) 尿素溶液（*c*=200g/L）：将尿素 [$(NH_2)_2CO$] 20g，溶于水并稀释至 100mL。

(12) 亚硝酸钠溶液（*c*=20g/L）：将亚硝酸钠（$NaNO_2$）2g 溶于水并稀释至 100mL。

(13) 显色剂（Ⅰ）：称取二苯碳酰二肼（$C_{13}H_{14}N_4O$）0.2g，溶于 50mL 丙酮中，加水稀释至 100mL，摇匀。此溶液储于棕色瓶，至冰箱中。色变深后，不能使用。

(14) 显色剂（Ⅱ）：称取二苯碳酰二肼 2g，溶于 50mL 丙酮中，加水稀释 100mL 摇匀，储于棕色瓶，置冰箱中。变色深后，不能使用。

注意：显色剂（Ⅰ）也可按下法配制：称取 4.0g 苯二甲酸酐（C_6H_4O），加到 80mL 乙醇中，搅拌溶解（必要时可用水浴微温），加入 0.5g 二苯碳酰二肼，用水稀释至 100mL。此溶液于暗处保存 6 个月。使用时要注意加入显色剂后立即摇匀，以免六价铬被还原。

三、仪器

一般实验仪器和分光光度计。

注意：所有玻璃器皿内壁需光洁，以免吸附铬离子。不得用重铬酸钾洗涤。可用硝酸、硫酸混合液或合成洗涤剂洗涤，洗涤后要冲洗干净。

四、采样与样品

实验室样品应该用玻璃瓶采集。采集时，加入氢氧化钠，调节 pH 值约为 8。并在采集后尽快测定，如放置，不要超过 24h。

五、步骤

1. 样品的预处理

(1) 样品不含悬浮物，最低色度的清洁地面水可直接测定。

(2) 色度校正：如样品有色但不太深时，按“测定”步骤另取一份试样，以 2mL 丙酮代替显色剂，其他“测定”步骤同。试样测得的吸光度扣除此色度校正吸光度后，再行计算。

(3) 锌盐沉淀分离法：对浑浊、色度较深的样品可用此法预处理。取适量样品（含六价铬少于 100μg）于 150mL 烧杯中加水至 50mL。滴加氢氧化钠溶液（4g/L），调节 pH 值为 7～8。在不断搅拌下，滴加氢氧化锌共沉淀剂至溶液 pH 值为 8～9。将此溶液转移至 100mL 容量瓶中，用水稀释至标线。用慢速滤纸干过滤，弃去 10～20mL 初滤液，将其中 50.0mL 滤液供测定。

注意：当样品经锌盐沉淀分离预处理后仍含有机物干扰测定时，可用酸性高锰酸钾氧化法破坏有机物后再测定。即取 50.0mL 滤液于 150mL 锥形瓶中，加入几粒玻璃珠，加入 0.5mL（1+1）硫酸溶液，0.5mL（1+1）磷酸溶液，摇匀。加入 2 滴高锰酸钾溶液（40g/L），如紫红色消褪，则应添加高锰酸钾溶液保持紫红色。加热煮沸至溶液体积约剩 20mL 取下稍冷，用定量中速滤纸过滤，用水洗涤数次，合并滤液和洗液至 50mL 比色管中。加入 1mL 的尿素溶液，摇匀。用滴管滴加亚硝酸钠溶液（20g/L），每加一滴充分摇匀，至高锰酸钾的紫红色刚好褪去。稍停片刻，待溶液内气泡逸尽，转移至 50mL 比色管中，用水稀释至标线，供待定用。

(4) 二价铁、亚硫酸盐、硫代硫酸盐等还原性物质的消除：取适量样品（含六价铬少于 50μg）于 50mL 比色管中，用水稀释至标线，加入 4mL 显色剂（Ⅱ），混匀，放置 5min 后，加入 1mL 硫酸（ρ=1.84g/mL），摇匀。5～10min 后，在 540nm 波长处，用 10 或 30mm 光程的比色皿以水作参比，测定吸光度。扣除空白试验得到的吸光度后，从校准曲线查得六价铬含量。用同法作校准曲线。

(5) 次氯酸盐等氧化物质的消除：取适量样品（含六价铬少于 50μg）于 50mL 比色管中，用水稀释至刻线口加入 0.5mL 硫酸溶液（ρ=1.84g/mL），0.5mL（1+1）磷酸溶液，1.0mL 尿素溶液（c = 200g/L），摇匀，足滴加入 1mL 亚硝酸钠溶液（20g/L），边加边摇匀，以除去由过量的亚硝酸钠与尿素反应生成的气泡，待气泡除尽后，以下与“3. 测定”步骤同（免去加硫酸溶液和磷酸溶液）。

2. 空白试验

按同试剂完全相同的处理步骤进行空白试验，仅用 50mL 水代替试样。

3. 测定

取适量（含六价铬少于 50μg）无色透明试样，置于 50mL 比色管中，用水稀释至标线。加入 0.5mL 硫酸溶液（ρ=1.84g/mL）和 0.5mL（1+1）磷酸溶液，摇匀。加入 2mL 显示剂（Ⅰ），摇匀，5～10min 后，从校准曲线上查得六价铬的含量。

注意：如经锌盐沉淀分离，高锰酸钾氧化法处理的样品，可直接加入显示剂测定。

4. 校准

向一系列 50mL 比色管中分别加入 0mL、0.20mL、0.50mL、1.00mL、2.00mL、4.00mL、6.00mL、8.00mL、10.0mL 铬标准溶液（1.00μg/mL 或 5.00μg/mL）（如经锌盐沉淀分离法预处理，应加倍吸取），用水稀释至标线。然后按照测定试样步骤（“1. 样品的预处理”和“3. 测定”）进行处理。

从测得的吸光度减去空白试验的吸光度后，绘制以六价铬的量对吸光度的曲线。

六、结果的表示方法

六价铬含量 c(mg/L) 按下式计算：

$$c = m/V \tag{4-3}$$

式中　m——由校准曲线查得的试样含六价铬含量，μg；

V——试样体积，mL。

六价铬含量低于 0.1mg/L，结果以三位小数表示；六价铬含量高于 0.1mg/L，结果以三位有效数字表示。

【任务准备】

实验方案，实验所需试剂和溶液，分光光度计等。

【任务实施】

按照实验的方案，采集工业废水，采用二苯碳酰二肼分光光度法测定废水中的六价铬。

【思考题与习题】

1. 测定六价铬如何进行色度校正？

2. 如何消除还原性物质对六价铬测定的影响？

知识技能点三　Cu 的测定

【任务描述】

铜是人体必需的微量元素，但是水中铜过量对水生生物的毒害很大，因此能够通过原子吸收分光光度法测定水样中的铜。

【任务分析】

能够准确测定水中的铜，能够熟练使用原子分光光度计，能够进行标准曲线的绘制，能够进行数据的正确处理。

【知识链接】

一、适用范围

(1) 测定浓度范围与仪器的特性有关，一般仪器中 Cu 的浓度范围为 0.05～5mg/L。

（2）地下水和地面水中的共存离子和化合物在常见浓度下不干扰测定。但当钙的浓度高于1000mg/L时，抑制镉的吸收，浓度为2000mg/L时，信号抑制达19%。铁的含量超过100mg/L时，抑制锌的吸收。当样品中含盐量很高，特征谱线波长又低于350nm时，可能出现非特征吸收，如高浓度的钙，因产生背景吸收，使铅的测定结果偏高。

二、原理

将样品或消解处理过的样品直接吸入火焰，在火焰中形成的原子对特征电磁辐射产生吸收，将得到的样品吸光度和标准溶液的吸光度进行比较，确定样品中被测元素的浓度。

三、试剂

除非另有说明，分析时均使用符合国家标准或专业标准的分析纯试剂、去离子水或同等纯度的水。

（1）硝酸：$\rho(HNO_3)=1.42g/mL$，优级纯。

（2）硝酸：$\rho(HNO_3)=1.42g/mL$，分析纯。

（3）高氯酸：$\rho(HClO_4)=1.67g/mL$，优级纯。

（4）燃料：乙炔，用钢瓶气或由乙炔发生器供给，纯度不低于99.6%。

（5）氧化剂：空气，一般由气体压缩机供给，进入燃烧器以前应经过适当过滤，以除去其中的水、油和其他杂质。

（6）（1+1）硝酸溶液：分析纯。

（7）（1+499）硝酸溶液：优级纯。

（8）Cu贮备液：1.000g/L：购买市售有证标准物质，或称取1.000g光谱纯金属Cu，准确到0.001g，用硝酸［$\rho(HNO_3)=1.42g/mL$，优级纯］溶解，必要时加热，直至溶解完全，然后用水稀释定容至1000mL。

（9）Cu中间标准溶液：（1+499）硝酸溶液稀释金属贮备液（1.000g/L）配制，此溶液中铜的浓度为50.00mg/L。

四、仪器

一般实验室仪器和以下设备：原子吸收分光光度计及相应的辅助设备，配有乙炔-空气燃烧器；光源选用空心阴极灯或无极放电灯。仪器操作参数可参照厂家的说明进行选择。

注意：实验用的玻璃或塑料器皿用洗涤剂洗净后，在（1+1）硝酸溶液（分析纯）中浸泡，使用前用水洗干净。

五、采样和样品

（1）用聚乙烯塑料瓶采集样品。采样瓶先用洗涤剂洗净，再在（1+1）硝酸溶液中浸泡，使用前用水冲洗干净。分析金属总量的样品，采集后立即加硝酸［$\rho(HNO_3)=1.42g/mL$，优级纯］酸化至pH值为1～2，正常情况下，每1000mL样品中加2mL浓硝酸［$\rho(HNO_3)=1.42g/mL$，优级纯］。

（2）试样的制备。分析溶解的金属时，样品采集后立即通过0.45μm滤膜过滤，得到的滤液后再按上个步骤进行酸化。

六、步骤

1. 校准

（1）参照表4-1，在100mL容量瓶中，用（1＋499）硝酸溶液稀释Cu中间标准溶液（c＝50.00mg/L），配置至少4个工作标准溶液，其浓度范围应包括样品中被测元素的浓度。

表4-1　铜工作标准溶液浓度参照表

中间标准溶液加入体积/mL	0.50	1.00	3.00	5.00	10.00
工作标准溶液浓度/(mg/L)	0.25	0.50	1.50	2.50	5.00

注　定容体积为100mL。

（2）测定金属总量时，如果样品需要消解，则工作标准溶液也按照测定样品的消解步骤进行消解。

（3）选择特征谱线波长324.7nm，调节乙炔—空气（氧化性）火焰，吸入（1＋499）硝酸溶液溶液，将仪器调零。吸入工作标准溶液，记录吸光度。

（4）用测得的吸光度与相对应的浓度绘制校准曲线。

注意：1）装有内部存储器的仪器，输入1～3个工作标准。存入一条校准曲线，测定样品时可直接读出浓度。

2）在测定过程中，要定期地复测空白和工作标准溶液，以检查基线的稳定性和仪器的灵敏度是否发生了变化。

2. 试样

测定金属总量时，如果样品需要消解，混匀后取100.0mL样品置于200mL烧杯中，接消解步骤消解后继续分析。

3. 空白试样

在测定样品的同时，测定空白。取100.0mL(1＋499）硝酸溶液代替样品，置于200mL烧杯中，接消解步骤后继续分析。

4. 测定

（1）测定溶解的金属时，先通过0.45μm滤膜过滤，选择波长324.7nm的特征谱线，调节乙炔-空气（氧化性）火焰，吸入（1＋499）硝酸溶液，将仪器调零。吸入样品，记录吸光度。

（2）测定金属总量时，如果样品不需要消解，用实验室样品，直接进行测定。如果需要消解，先消解然后进行分析。

（3）消解：加入5mL硝酸［$\rho(HNO_3)$＝1.42g/mL，优级纯］，在电热板上加热消解，确保样品不沸腾，蒸至10mL左右，加入5mL硝酸［$\rho(HNO_3)$＝1.42g/mL，优级纯］和2mL高氯酸［$\rho(HClO_4)$＝1.67g/mL，优级纯］，继续消解，蒸至1mL左右。如果消解不完全，再加入5mL硝酸［$\rho(HNO_3)$＝1.42g/mL，优级纯］和2mL高氯酸［$\rho(HClO_4)$＝1.67g/mL，优级纯］，再蒸至1mL左右。取下冷却，加水溶解残渣，通过中速滤纸（预先用酸洗）滤入100mL容量瓶中，用水稀释至标线。

注意：消解中使用高氯酸有爆炸危险，整个消解要在通风橱中进行。

(4) 选择波长 324.7nm 的特征谱线，调节乙炔-空气（氧化性）火焰，吸入(1+499) 硝酸溶液，将仪器调零。吸入空白、工作标准溶液或样品，记录吸光度。

(5) 根据扣除空白吸光度后的样品吸光度，在校准曲线上查出样品中的金属浓度。

5. 结果表示

样品中的金属浓度按下式计算：

$$c=\frac{W\times 1000}{V} \tag{4-4}$$

式中　c——样品中的金属浓度，μg/L；

W——试样中的金属含量，μg；

V——试样的体积，mL。

报告结果时，要指明测定的是溶解的金属还是金属总量。

【任务准备】

实验方案，实验所需试剂和溶液，玻璃仪器，原子吸收分光光度计等。

【任务实施】

按照实验的方案，采集校园地表水体，采用原子吸收分光光度法测定地表水中的铜。

【思考题与习题】

1. 如何消除铜测定过程中的干扰？

2. 如何防范在消解过程中高氯酸的爆炸风险？

3. 简述原子吸收分光光度计的组成。

知识技能点四　硝酸盐氮的测定

【任务描述】

4-17

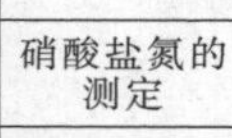

硝酸盐氮的测定

4-18

硝酸盐氮的测定

硝酸盐氮（$NO_3^- - N$）是含氮有机物氧化分解的最终产物。如水体中仅有硝酸盐含量增高，氨氮（$NH_3 - N$）、亚硝酸盐氮（$NO_2^- - N$）含量均低甚至没有，说明污染时间已久，现已趋向自净。人体摄入硝酸盐后，经肠道中的微生物作用转变成亚硝酸盐而呈现毒性作用。通过测定硝酸盐氮，有助于了解水污染处于的状态。

【任务分析】

能够准确测定水中的硝酸盐氮，能够熟练进行水样的预处理，能够熟练使用分光光度计，能够进行标准曲线的绘制，能够进行数据的正确处理。

【知识链接】

一、原理

利用硝酸根离子在 220nm 波长处的吸收而定量测定硝酸盐氮。溶解的有机物在 220nm 处也会有吸收，而硝酸根离子在 275nm 处没有吸收。因此，在 275nm 处作另一次测量，以校正硝酸盐氮值。

二、试剂

(1) 氢氧化铝悬浮液：溶解 125g 硫酸铝钾［$KAl(SO_4)_2 \cdot 12H_2O$］或硫酸铝铵

[$NH_4Al(SO_4)_2 \cdot 12H_2O$] 于1000mL水中，加热至60℃，在不断搅拌中，徐徐加入55mL浓氨水，放置约1h后，移入1000mL量筒内，用水反复洗涤沉淀，最后至洗涤液中不含硝酸盐氮为止。澄清后，把上清液尽量全部倾出，只留稠的悬浮液，最后加入100mL水，使用前应振荡均匀。

(2) 硫酸锌溶液：10%硫酸锌水溶液。

(3) 氢氧化钠溶液：$c(NaOH)=5mol/L$。

(4) 大孔径中性树脂：CAD－40或XAD－2型及类似性能的树脂。

(5) 甲醇：分析纯。

(6) 盐酸：$c(HCl)=1mol/L$。

(7) 硝酸盐氮标准贮备液（$c=100\mu g/mL$）：称取0.722g经105～110℃干燥2h的优级纯硝酸钾（KNO_3）溶于水，移入1000mL容量瓶中，稀释至标线，加2mL三氯甲烷作保存剂，混匀，至少可稳定6个月。该标准贮备液每毫升含0.100mg硝酸盐氮。

(8) 0.8%氨基磺酸溶液：避光保存于冰箱中。

三、仪器

(1) 紫外分光光度计。

(2) 离子交换柱（ϕ1.4cm，装有树脂高5～8cm）。

四、干扰的消除

溶解的有机物、表面活性剂、亚硝酸盐氮、六价铬、溴化物、碳酸氢盐和碳酸盐等干扰测定，需要进行适当的预处理。本法采用絮凝共沉淀和大孔径中性吸附树脂进行处理，以排除水样中的大部分常见有机物、浊度和Fe^{3+}、Cr^{6+}对测定的干扰。

五、步骤

(1) 吸附柱的制备：新的大孔径中性树脂先用200mL水分两次洗涤，用甲醇（分析纯）浸泡过夜，弃去甲醇，再用40mL甲醇分两次洗涤，然后用新鲜去离子水洗到柱中流出液滴落于烧杯中无乳白色为止。树脂装入柱中时，树脂间绝不允许存在气泡。

(2) 量取200mL水样置于锥形瓶或烧杯中，加入2mL硫酸锌溶液（10%），在搅拌下滴加氢氧化钠溶液，调至pH值为7。或将200mL水样调至pH值为7后，加4mL氢氧化铝悬浮液。待絮凝胶团下沉后，或经离心分离，吸取100mL上清液分两次洗涤吸附树脂柱，以每秒1～2滴的流速流出，各个样品间流速保持一致，弃去。再继续使水样上清液通过柱子，收集50mL于比色管中，备测定用。树脂用150mL水分三次洗涤，备用。树脂吸附容量较大，可处理50～100个地表水水样，应视有机物含量而异。使用多次后，可用未接触过橡胶制品的新鲜去离子水作参比，在220nm和275nm波长处检验，测得吸光度应接近零。超过仪器允许误差时，需以甲醇再生。

(3) 加1.0mL盐酸溶液（1mol/L），0.1mL氨基磺酸溶液（0.8%）于比色管中，当亚硝酸盐氮低于0.1mg/L时，可不加氨基磺酸溶液。

(4) 用光程长 10mm 石英比色皿，在 220nm 和 275nm 波长处，以经过树脂吸附的新鲜去离子水 50mL 加 1mL 盐酸溶液（1mol/L）为参比，测量吸光度。

(5) 校准曲线的绘制：于 5 个 200mL 容量瓶中分别加入 0.50mL、1.00mL、2.00mL、3.00mL、4.00mL 硝酸盐氮标准贮备液（100μg/mL），用新鲜去离子水稀释至标线，其质量浓度分别为 0.25mg/L、0.50mg/L、1.00mg/L、1.50mg/L、2.00mg/L 硝酸盐氮。按水样测定相同操作步骤测量吸光度。

六、结果计算

硝酸盐氮的含量按下式计算：

$$A_{校}=A_{220}-2A_{275} \tag{4-5}$$

式中　A_{220}——220nm 波长测得的吸光度；

A_{275}——275nm 波长测得的吸光度。

求得吸光度的校正值（$A_{校}$）以后，从校准曲线中查的相应的硝酸盐氮量，即为水样测定结果（mg/L）。水样若经稀释后测定，则结果应乘以稀释倍数。

【任务准备】

实验方案，实验所需试剂和溶液，离子交换柱、大孔径中性树脂、紫外分光光度计等。

【任务实施】

按照实验的方案，采集相关废水，测定其中的硝酸盐氮。

【思考题与习题】

1. 水样的预处理过程中应注意些什么？
2. 测定水样中加入氨基磺酸溶液的作用是什么？

知识技能点五　阴离子表面活性剂的测定

【任务描述】

阴离子表面活性剂是普通合成洗涤剂的主要活性成分，使用最广泛的阴离子表面活性剂是直链烷基苯磺酸钠（LAS）。随着用量的不断增大，排入水体的量也在不断的增大，阴离子表面活性剂进入水体后聚集在其他微粒表面，产生泡沫或发生乳化现象，阻断水中氧气的交换，同时消耗水中的溶解氧，导致水质恶化，此物质已是当今水污染的一项重要指标，因此通过测定水中的阴离子表面活性剂，有助于了解水体的污染情况。

4-19

阴离子表面活性剂的测定

【任务分析】

能够准确测定水中的阴离子表面活性剂，能够熟练地进行溶质的萃取，能够熟练使用分光光度计，能够进行标准曲线的绘制，能够进行数据的正确处理。

4-20

阴离子表面活性剂的测定

【知识链接】

一、测定原理

阳离子染料亚甲蓝与阴离子表面活性剂作用，生成蓝色的盐类，统称亚甲蓝活性物质（MBAS）。该生成物可被氯仿萃取，其色度与浓度成正比，用分光光度计在波长 652nm 处测量氯仿层的吸光度。

二、试剂

（1）氢氧化钠（NaOH）：1mol/L。

（2）硫酸（H_2SO_4）：0.5mol/L。

（3）氯仿（$CHCl_3$）。

（4）直链烷基苯磺酸钠贮备溶液（$c=1000\mu g/mL$）。称取 0.100g 标准物 LAS（平均分子量 344.4），准确至 0.001g，溶于 50mL 水中，转移到 100mL 容量瓶中，稀释至标线并混匀。每毫升含 1.00mgL AS。保存于 4℃冰箱中。如需要，每周配制一次。

（5）直链烷基苯磺酸钠标准溶液（$c=10.0\mu g/mL$）。准确吸取 10.00mL 直链烷基苯磺酸钠贮备溶液（1000μg/mL），用水稀释至 1000mL，每毫升含 10.0μgL AS。当天配制。

（6）亚甲蓝溶液。先称取 50g 一水磷酸二氢钠（$NaH_2PO_4 \cdot H_2O$）溶于 300mL 水中，转移到 1000mL 容量瓶内，缓慢加入 6.8mL 浓硫酸（H_2SO_4，$\rho=1.84g/mL$），摇匀。另称取 30mg 亚甲蓝（指示剂级），用 50mL 水溶解后也移入容量瓶，用水稀释至标线，摇匀。此溶液储存于棕色试剂瓶中。

（7）洗涤液。称取 50g 一水磷酸二氢钠（$NaH_2PO_4 \cdot H_2O$）溶于 300mL 水中，转移到 1000mL 容量瓶中，缓慢加入 6.8mL 浓硫酸（H_2SO_4，$\rho=1.84g/mL$），用水稀释至标线。

（8）酚酞指示剂溶液。将 1.0g 酚酞溶于 50mL 乙醇［C_2H_5OH，95（V/V）］中，然后边搅拌边加入 50mL 水，滤去形成的沉淀。

（9）玻璃棉或脱脂棉。在索氏抽提器中用氯仿提取 4h 后，取出干燥，保存在清洁的玻璃瓶中待用。

三、仪器

一般实验室仪器和：

（1）分光光度计：能在 652nm 进行测量，配有 5mm、10mm、20mm 比色皿。

（2）分液漏斗：250mL，最好用聚四氟乙烯（PTFE）活塞。

（3）索氏抽提器：150mL 平底烧瓶，$\phi 35 \times 160$mm 抽出筒，蛇形冷凝管。

注意：玻璃器皿在使用前先用水彻底清洗，然后用 10%的乙醇盐酸清洗，最后用水冲洗干净。

四、试样制备

取样和保存样品应使用清洁的玻璃瓶，并事先经甲醇清洗过。短期保存建议冷藏在 4℃冰箱中，如果样品需保存超过 24h，则应采取保护措施。保存期为 4d，加入 1%（V/V）的 40%（V/V）甲醛溶液即可，保存期长达 8d，则需用氯仿饱和水样。

本方法目的是测定水样中溶解态的阴离子表面活性剂。在测定前，应将水样预先经中速定性滤纸过滤以去除悬浮物。吸附在悬浮物上的表面活性剂不计在内。

五、操作步骤

1. 校准

取一组分液漏斗 10 个，分别加入 100mL、99mL、97mL、95mL、93mL、

91mL、89mL、87mL、85mL、80mL水，然后分别移入0mL、1.00mL、3.00mL、5.00mL、7.00mL、9.00mL、11.00mL、13.00mL、15.00mL、20.00mL直链烷基苯磺酸钠标准溶液（c=10.0μg/mL），摇匀。按“3. 测定”步骤处理每一标准，以测得的吸光度扣除试剂空白值（零标准溶液的吸光度）后与相应的LAS量（μg）绘制校准曲线。

2. 试样体积

为了直接分析水和废水样，应根据预计的亚甲蓝表面活性物质的浓度选用试样体积，见表4-2。

表4-2　亚甲蓝选用试样体积

预计的MBAS浓度/(mg/L)	试样量/mL	预计的MBAS浓度/(mg/L)	试样量/mL
0.05～2.0	100	10～20	5
2.0～10	20	20～40	5

当预计的MBAS浓度超过2mg/L时，按上表选取试样量，用水稀释至100mL。

3. 测定

（1）将所取试样移至分液漏斗，以酚酞为指示剂，逐滴加入1mol/L氢氧化钠溶液至水溶液呈桃红色，再滴加0.5mol/L硫酸到桃红色刚好消失。

（2）加入25mL亚甲蓝溶液，摇匀后再移入10mL氯仿，激烈振摇30s，注意放气。过分地摇动会发生乳化，加入少量异丙醇（小于10mL）可消除乳化现象。加相同体积的异丙醇，至所有的标准中，再慢慢旋转分液漏斗，使滞留在内壁上的氯仿液珠降落，静置分层。

（3）将氯仿层放入预先盛有50mL洗涤液的第二个分液漏斗，用数滴氯仿淋洗第一个分液漏斗的放液管，重复萃取三次，每次用10mL氯仿。合并所有氯仿至第二个分液漏斗中，激烈摇动30s，静置分层。将氯仿层通过玻璃棉或脱脂棉，放入50mL容量瓶中。再用氯仿萃取洗涤液两次（每次用量5mL），此氯仿层也并入容量瓶中，加氯仿到标线。

注意：1）如水相中蓝色变淡或消失，说明水样中亚甲蓝表面活性物（MBAS）浓度超过了预计量，以致加入的亚甲蓝全部被反应掉。应弃去试样，再取一份较少量的试份重新分析。

2）测定含量低的饮用水及地面水可将萃取用的氯仿总量降至25mL。三次萃取用量分别为10mL、5mL、5mL，再用3～4mL氯仿萃取洗涤液，此时检测下限可达到0.02mg/L。

（4）每一批样品要做一次空白试验及一种校准溶液的完全萃取。

（5）每次测定前，振荡容量瓶内的氯仿萃取液，并以此液洗三次比色皿，然后将比色皿充满。在652nm处，以氯仿为参比液，测定样品、校准溶液和空白试验的吸光度。应使用相同光程的比色皿。每次测定后，用氯仿清洗比色皿。以试份的吸光度减去空白试验的吸光度后，从校准曲线上查得LAS的质量。

4. 空白试验

按上述规定进行空白试验，仅用 100mL 水代替试样。在试验条件下，每 10mm 光程长空白试验的吸光度不应超过 0.02，否则应仔细检查设备和试剂是否有污染。

六、结果计算

用亚甲蓝活性物质（MBAS）报告结果，以 LAS 计，平均分子量为 344.4。计算方法：

$$c=m/V$$

式中　c——水样中亚甲蓝活性物（MBAS）的浓度，mg/L；

m——从校准曲线上读取的表观 LAS 质量，μg；

V——试份的体积，mL。

结果以三位小数表示。

【任务准备】

实验方案，实验所需试剂和溶液，分液漏斗、分光光度计等。

【任务实施】

按照实验的方案，采集相关废水，测定其中的阴离子表面活性剂。

【思考题与习题】

1. 萃取过程中应该注意些什么？
2. 检测阴离子表面活性剂的水样应如何保存？

任务四　工业废水监测报告的编写

【任务描述】

掌握工业废水水质监测报告编写的方法及要求，并且能够熟练应用。掌握水质监测报告编写的基本内容。

【任务分析】

水质监测报告编写的基本内容；工业废水水质监测报告编写的方法及要求。

【知识链接】

一、监测报告的类型

（1）国家重点监控企业例行监测报告（废水、废气、污水处理厂、重金属、危险废物）。

（2）国家重点监控企业自动监测设备比对监测报告（废水、废气、污水处理厂）。

（3）外委监测报告（含信访）。

（4）建设项目环境影响评价环境背景值监测报告。

（5）建设项目环境保护设施竣工验收监测报告。

二、监测报告的要求

严格按照负责具体监测业务管理工作的授权签字人出具的“监测任务单”中的要求（监测项目、报告完成时间等），及时、准确、清晰、客观地表述监测结果，出具监测报告，同时提供与监测有关的足够信息。监测结果的表述应易于理解，不生歧义。

在无特殊要求的情况下，无须给出判定监测结果超标与否的执行标准；确需给出的，在判定信息（企业建成年限、锅窑炉启用年限、烟囱高度、污水排入的水域等）齐全并有负责人签字确认的前提下按先行业后综合的原则酌情给出。

三、监测报告的格式和内容

同“项目二 生活饮用水水质监测”中“任务五 生活饮用水监测报告的编写”中“监测报告的格式和内容”及同“项目三 地表水环境监测”中“任务四 地表水环境监测报告编写”中相关内容。

四、报告的有效性

首页有完整的防伪认证标志，报告编写人、审核人、批准人三人签字齐全，报告首页与尾页的底部中端“编制单位处”均加盖“检测专用章”，且监测报告各页均有骑缝章（检测专用章）的监测报告才是法律上有效的被各部门认可的监测报告。

五、工业废水监测报告的编写

当监测人员做好生活饮用水的采样、监测、数据处理等工作后，就应按照水质监测的常规要求和方法进行工业废水监测报告的编写（包括基本情况、监测情况、监测项目与分析方法、监测结果等）。

【任务准备】

做好某工业废水的采样、监测、数据处理等工作。

【任务实施】

按照水质监测的常规要求和方法进行工业废水监测报告的编写（包括基本情况、监测情况、监测项目与分析方法、监测结果等）。

【思考题与习题】

1. 水质监测报告的基本内容是什么？
2. 工业废水水质监测报告该如何编写，包括些什么内容？

项目五　地下水环境监测

国家标准中，地下水指埋藏于地面以下岩土孔隙、裂隙、溶隙饱和层中的重力水，地表以下地层复杂，地下水流动极其缓慢，因此，地下水污染具有过程缓慢、不易发现和难以治理的特点。

由于人为因素，如工业废水向地下直接排放，受污染的地表水侵入地下含水层中，人畜粪便或因过量使用农药而受污染的水渗入地下等使地下水中的有害成分如酚、铬、汞、砷、放射性物质、细菌、有机物等的含量增高，造成地下水质恶化，同时，污染的地下水对人体健康和工农业生产都有危害。地下水一旦受到污染，即使彻底消除其污染源，也得十几年，甚至几十年才能使水质复原。因此，必须对地下水环境进行监测，掌握地下水环境现状并预测其发展趋势。

地下水环境监测是地下水环境研究的基础工作，也是我们认识研究区的水文地质条件、含水层系统结构、地下水环境要素的变化规律的先决条件，是地下水环境评价、预测、数值模拟、地下水污染分析、地下水污染防治的最重要基础。因此它的可靠性，直接影响地下水环境评价工作，影响对地下水环境变化的客观认识和重大决策的制定。进行地下水水质监测的目的是通过对地下水的各种特性指标取样、测定，并进行记录，更好地掌握地下水环境质量状况和地下水体中污染物的动态变化。

【知识目标】

了解地下水资料收集与现场调查，熟悉监测点布设的方法，掌握采样的方法，熟练掌握制定地下水环境监测方案的规范方法，掌握水样采集、测定等方法。

【技能目标】

通过学习本项目内容，熟练掌握制定地下水水质监测方案的方法，能制定完整的地下水环境监测方案，能进行样品采集、保存、测定，能编制地下水环境监测报告。

【重点难点】

本节任务的重点是监测点的布设和地下水样的采集，难点是地下水样的采集和测定。

任务一　地下水环境监测方案的制定

知识点一　地下水资料收集与现场调查

【任务描述】

了解地下水资料收集与现场调查的内容与要求，能进行地下水环境监测具体任务的资料收集和现场调查工作。

【任务分析】

为更方便了解地下水环境情况，制定合理的监测方案，为此需要收集相关的资料进行分析，必要时要进行现场调查，以提高对地下水环境的认识。

【知识链接】

5-1

地下水监测资料收集与现场调查

储存在土壤和岩石空隙（孔隙、裂隙、溶隙）中的水统称为地下水。地下水埋藏在地层不同的深度，相对于地表水而言，流动较慢，水质参数变化慢，一旦受到污染，其恢复也慢，甚至无法恢复。

5-2

地下水监测资料收集与现场调查

（1）收集、汇总监测区域的水文、地质、气象等方面的有关资料和以往的监测资料。例如，地质图、剖面图、测绘图、水井的成套参数、含水层、地下水补给、径流和流向，以及温度、湿度、降水量等。

（2）调查监测区域内城市发展、工业分布、资源开发和土地利用情况，尤其是地下工程规模、应用等；了解化肥和农药的施用面积和施用量；查清污水灌溉、排污和纳污情况、地表水污染现状。

（3）测量或查知水位、水深，以确定采水器和泵的类型，以及所需费用和采样程序。

（4）在完成以上调查的基础上，确定主要污染源和污染物，并根据地区特点与地下水的主要类型把地下水分成若干水文地质单元。

【任务准备】

选定要监测的地下水体，然后根据国家标准的要求进行调查。

【任务实施】

5-3

地下水水质监测方案的制定

查阅给水水质标准，根据某自来水厂出厂水水质检测结果，判断其水质是否达标。

【思考题与习题】

简述地下水资料收集与现场调查的主要内容。

知识点二 地下水环境监测方案的制定

【任务描述】

5-4

地下水水质监测方案的制定 1

了解地下水监测方案制定的流程以及主要内容，能根据调查的信息收集的资料以及国家标准制定地下水环境监测具体实施方案。

【任务分析】

由于地质结构复杂，使地下水采样点的设置也变得复杂，自监测井采集的水样只代表与含水层平行和垂直的一小部分，所以，必须合理选择采样点和采样的时间。

【知识链接】

5-5

地下水水质监测方案的制定 2

一、采样点的确定

1. 监测点网布设原则

（1）在总体和宏观上应能控制不同的水文地质单元，须能反映所在区域地下水系的环境质量状况和地下水质量空间变化。

（2）监测重点为有供水目的的含水层。

(3) 监控地下水重点污染区及可能产生污染的地区，监视污染源对地下水的污染程度及动态变化，以反映所在区域地下水的污染特征。

(4) 能反映地下水补给源和地下水与地表水的水力联系。

(5) 监控地下水水位下降的漏斗区、地面沉降以及本区域的特殊水文地质问题。

(6) 考虑工业建设项目、矿山开发、水利工程、石油开发及农业活动等对地下水的影响。

(7) 监测点网布设密度的原则为主要供水区密，一般地区稀；城区密，农村稀；地下水污染严重地区密，非污染区稀。尽可能以最少的监测点获取足够的有代表性的环境信息。

(8) 考虑监测结果的代表性和实际采样的可行性、方便性，尽可能从经常使用的民井、生产井以及泉水中选择布设监测点。

(9) 监测点网不要轻易变动，尽量保持单井地下水监测工作的连续性。

2. 监测点网布设要求

(1) 国控地下水监测点网密度一般不少于每 100km^2 0.1 个眼井，每个县至少应有 1～2 个眼井，平原（含盆地）地区一般为每 100km^2 0.2 个眼井，重要水源地或污染严重地区适当加密，沙漠区、山丘区、岩溶山区等可根据需要，选择典型代表区布设监测点。省控、市控地下水监测点网密度可根据监测点网布设原则和应布设监测点（监测井）的要求自定。

(2) 在下列地区应布设监测点（监测井）：

1) 以地下水为主要供水水源的地区。

2) 饮水型地方病（如高氟病）高发地区。

3) 对区域地下水构成影响较大的地区，如污水灌溉区、垃圾堆积处理场地区、地下水回灌区及大型矿山排水地区等。

3. 监测点（监测井）设置方法

(1) 背景值监测井的布设。为了解地下水体未受人为影响条件下的水质状况，需在研究区域的非污染地段设置地下水背景值监测井（对照井）。

根据区域水文地质单元状况和地下水主要补给来源，在污染区外围地下水水流上方垂直水流方向，设置一个或数个背景值监测井。背景值监测井应尽量远离城市居民区、工业区、农药化肥施放区、农灌区及交通要道。

(2) 污染控制监测井的布设。污染源的分布和污染物在地下水中扩散形式是布设污染控制监测井的首要考虑因素。各地可根据当地地下水流向、污染源分布状况和污染物在地下水中扩散形式，采取点面结合的方法布设污染控制监测井，监测重点是供水水源地保护区。

1) 渗坑、渗井和固体废物堆放区的污染物在含水层渗透性较大的地区以条带状污染扩散，监测井应沿地下水流向布设，以平行及垂直的监测线进行控制。

2) 渗坑、渗井和固体废物堆放区的污染物在含水层渗透性小的地区以点状污染扩散，可在污染源附近按十字形布设监测线进行控制。

3) 当工业废水、生活污水等污染物沿河渠排放或渗漏以带状污染扩散时，应根据河渠的状态、地下水流向和所处的地质条件，采用网格布点法设垂直于河渠的监测线。

4）污灌区和缺乏卫生设施的居民区生活污水易对周围环境造成大面积垂直的块状污染，应以平行和垂直于地下水流向的方式布设监测点。

5）地下水位下降的漏斗区，主要形成开采漏斗附近的侧向污染扩散，应在漏斗中心布设监控测点，必要时可穿过漏斗中心按十字形或放射状向外围布设监测线。

6）透水性好的强扩散区或年限已久的老污染源，污染范围可能较大，监测线可适当延长，反之，可只在污染源附近布点。

(3) 区域内的代表性泉、自流井、地下长河出口应布设监测点。

(4) 为了解地下水与地表水体之间的补（给）排（泄）关系，可根据地下水流向在已设置地表水监测断面的地表水体设置垂直于岸边线的地下水监测线。

(5) 选定的监测点（井）应经环境保护行政主管部门审查确认。一经确认不准任意变动。确需变动时，需征得环境保护行政主管部门同意，并重新进行审查确认。

4. 监测井的建设与管理

(1) 应选用取水层与监测目的层相一致且常年使用的民井、生产井为监测井。监测井一般不专门钻凿，只有在无合适民井、生产井可利用的重污染区才设置专门的监测井。

(2) 监测井应符合以下要求。

1）监测井井管应由坚固、耐腐蚀、对地下水水质无污染的材料制成。

2）监测井的深度应根据监测目的、所处含水层类型及其埋深和厚度来确定，尽可能超过已知最大地下水埋深以下 2m。

3）监测井顶角斜度每百米井深不得超过 2°。

4）监测井井管内径不宜小于 0.1m。

5）滤水段透水性能良好，向井内注入灌水段 1m 井管容积的水量，水位复原时间不超过 10min，滤水材料应对地下水水质无污染。

6）监测井目的层与其他含水层之间止水良好，承压水监测井应分层止水，潜水监测井不得穿透潜水含水层下的隔水层的底板。

7）新凿监测井的终孔直径不宜小于 0.25m，设计动水位以下的含水层段应安装滤水管，反滤层厚度不小于 0.05m，成井后应进行抽水洗井。

8）监测井应设明显标识牌，井（孔）口应高出地面 0.5～1.0m，井（孔）口安装盖（保护帽），孔口地面应采取防渗措施，井周围应有防护栏。监测水量监测井（或自流井）应尽可能安装水量计量装置，泉水出口处应设置测流装置。

(3) 水位监测井不得靠近地表水体，且必须修筑井台，井台应高出地面 0.5m 以上，用砖石浆砌，并用水泥砂浆护面。人工监测水位的监测井应加设井盖，井口必须设置固定点标志。

(4) 在水位监测井附近选择适当建筑物建立水准标志。用以校核井口固定点高程。

(5) 监测井应有较完整的地层岩性和井管结构资料，能满足进行常年连续各项监测工作的要求。

(6) 监测井的维护管理。

1）应指派专人对监测井的设施进行经常性维护，设施一经损坏，必须及时修复。

2）每两年测量监测井井深，当监测井内淤积物淤没滤水管或井内水深小于1m时，应及时清淤或换井。

3）每5年对监测井进行一次透水灵敏度试验，当向井内注入灌水段1m处井管容积的水量，水位复原时间超过15min时，应进行洗井。

4）井口固定点标志和孔口保护帽等发生移位或损坏时，必须及时修复。

5）对每个监测井建立《基本情况表》（见表5-1），监测井的撤销、变更情况应记入原监测井的《基本情况表》内，新换监测井应重新建立《基本情况表》。

表5-1　　地下水监测井基本情况表

<table>
<tr><td colspan="2">监测井编号</td><td colspan="3"></td><td rowspan="3">位置</td><td colspan="3">市（县）　区（乡、镇）　街（村）
号　方向距离　m</td></tr>
<tr><td colspan="2">监测井名称</td><td colspan="3"></td><td colspan="3" rowspan="2">东经　°　′　″，
北纬　°　′　″</td></tr>
<tr><td colspan="2">监测井类型</td><td colspan="3"></td></tr>
<tr><td colspan="2">成井单位</td><td colspan="3"></td><td>成井日期</td><td></td><td>建立资料日期</td><td></td></tr>
<tr><td colspan="2">井深
/m</td><td colspan="3"></td><td>井径
/mm</td><td></td><td>井口标高
/m</td><td></td></tr>
<tr><td colspan="2">静水位标高
/m</td><td colspan="3"></td><td>流域
（水系）</td><td></td><td>地面高程
/m</td><td></td></tr>
<tr><td colspan="3">地下水类型</td><td colspan="4">地层结构</td><td>监测井地理位置图</td><td>监测井撤销、变更说明</td></tr>
<tr><td>埋藏条件</td><td>含水介质类型</td><td>使用功能</td><td>深度
/m</td><td>厚度
/m</td><td>地层结构</td><td>岩性描述</td><td rowspan="2"></td><td rowspan="2">年　月　日</td></tr>
<tr><td></td><td></td><td></td><td></td><td></td><td></td><td></td></tr>
</table>

注　“埋藏条件”按滞水、潜水、承压水填写，“含水介质类型”按孔隙水、裂隙水、岩溶水填写。

二、采样频次和时间的确定

1. 确定采样频次和采样时间的原则

（1）依据不同的水文地质条件和地下水监测井使用功能，结合当地污染源、污染物排放实际情况，力求以最低的采样频次，取得最有时间代表性的样品，达到全面反映区域地下水质状况、污染原因和规律的目的。

（2）为反映地表水与地下水的水力联系，地下水采样频次与时间尽可能与地表水相一致。

2. 采样频次和采样时间的确定

（1）背景值监测井和区域性控制的孔隙承压水井每年枯水期采样1次。

（2）污染控制监测井逢单月采样1次，全年6次。

（3）作为生活饮用水集中供水的地下水监测井，每月采样1次。

（4）污染控制监测井的某一监测项目如果连续2年均低于控制标准值的五分之一，且在监测井附近确实无新增污染源，而现有污染源排污量未增的情况下，该项目可每年在枯水期采样一次进行监测。一旦监测结果大于控制标准值的五分之一，或在监测井附近有新的污染源或现有污染源新增排污量时，即恢复正常采样频次。

（5）同一水文地质单元的监测井采样时间尽量相对集中，日期跨度不宜过大。

（6）遇到特殊的情况或发生污染事故，可能影响地下水水质时，应随时增加采样频次。

【任务准备】

根据选定校园（或校外）地下水监测区域，收集相关资料和国家标准，实地调查，制定具体监测方案。

【任务实施】

监测方案主要内容：①监测区域基本情况以及采样目的；②布设监测点的方法及要求，并确定采样点；③监测项目、采样数量；④采样的方法与标准；⑤采样时间与频次；⑥采样人员及分工；⑦采样质量保证措施；⑧采样器材和交通工具；⑨样品保存与方法；⑩样品运输以及注意事项；⑪监测方法以及标准；⑫监测数据处理的方法；⑬安全保证等。

【思考题与习题】

1. 简述地下水现场资料收集与现场调查的内容。
2. 简述地下水样采样频次和采样时间的确定原则。

任务二　地下水水样的采集与保存

【任务描述】

了解地下水采样前准备的任务，掌握地下水样品的采集、保存与管理的内容、方法及要求，能进行地下水样品的采集、保存和管理。

【任务分析】

为能掌握地下水样品的采集、保存与管理的内容、方法及要求，保证采集水样的质量，为此需要实地采样并根据样品的保存与管理方法的要求，为样品的监测做准备，以提高对地下水样品采集的认识。

【知识链接】

5-6

地下水采样前的准备

5-7

地下水采样前的准备

一、采样前的准备

1. 确定采样负责人

采样负责人负责制定监测方案并组织实施。采样负责人应了解监测任务的目的和要求，并了解采样监测井周围的情况，熟悉地下水采样方法、采样容器的洗涤和样品保存技术。当有现场监测项目和任务时，还应了解有关现场监测技术。

2. 确定监测方案

监测方案应包括采样目的、监测井位、监测项目、采样数量、采样时间和路线、采样人员及分工、采样质量保证措施、采样器材和交通工具、需要现场监测的项目、安全保证等。

3. 采样器材与现场监测仪器的准备

（1）采样器材主要是指采样器和贮样容器。采样器与贮样容器要求同地表水采样要求。

地下水水质采样器分为自动式和人工式两类，自动式用电动泵进行采样，人工式可分为活塞式与隔膜式，可按要求选用。

地下水水质采样器应能在监测井中准确定位，并能取到足够量的代表性水样。

（2）现场监测仪器。对水位、水量、水温、pH 值、电导率、浑浊度、色、嗅和味等现场监测项目，应在实验室内准备好所需的仪器设备，安全运输到现场，使用前进行检查，确保性能正常。

二、采样方法与要求

（1）地下水水质监测通常采集瞬时水样。

（2）对需测水位的井水，在采样前应先测地下水位。

（3）从井中采集水样，必须在充分抽汲后进行，抽汲水量不得少于井内水体积的 2 倍，采样深度应在地下水水面 0.5m 以下，以保证水样能代表地下水水质。

（4）对于封闭的生产井，可在抽水时从泵房出水管放水阀处采样，采样前应将抽水管中存水放净。

（5）对于自喷的泉水，可在涌口处出水水流的中心采样。采集不自喷泉水时，将停滞在抽水管中的水汲出，新水更替之后，再进行采样。

（6）采样前，除五日生化需氧量、有机物和细菌类监测项目外，先用采样水荡洗采样器和水样容器 2～3 次。

（7）测定溶解氧、五日生化需氧量和挥发性、半挥发性有机污染物项目的水样，采样时水样必须注满容器，上部不留空隙。但对准备冷冻保存的样品则不能注满容器，否则冷冻之后，会因水样体积膨胀使容器破裂。测定溶解氧的水样采集后应在现场固定，盖好瓶塞后需用水封口。

（8）测定五日生化需氧量、硫化物、石油类、重金属、细菌类、放射性等项目的水样应分别单独采样。

（9）采集水样后，立即将水样容器瓶盖紧、密封，贴好标签，标签设计可结合各站具体情况，一般应包括监测井号、采样日期和时间、监测项目、采样人等。

（10）用墨水笔在现场填写“地下水采样记录表”，字迹应端正、清晰，各栏内容填写齐全。

（11）采样结束前，应核对监测方案、采样记录与水样，如有错误或漏采，应立即重采或补采。

三、采样记录

地下水采样记录包括采样现场描述和现场测定项目记录两部分，可按表5－2的格式设计采样记录表。每个采样人员应认真填写“地下水采样记录表”。

表 5-2　　地下水采样记录表

监测站名＿＿＿＿＿＿

采样人员＿＿＿＿＿＿　　　　记录人员＿＿＿＿＿＿

测井编号	监测井名称	采样日期			采样时间	采样方法	采样深度/m	气温/℃	天气状况	现场测定记录									样品性状	样品瓶数量
		年	月	日						水位/m	水量/(m^3/s)	水温/℃	色	嗅和味	浑浊度	肉眼可见物	pH值	电导率/(μS/cm)		
固定剂加入情况										备注										

5-10　地下水样品管理

5-11　地下水样品管理

四、样品的保存

同“项目三　地表水环境监测”中“任务二　水样的收集、运输、保存与预处理”中的“知识点三　水样的运输与保存”中的相关内容。

五、样品管理

1. 样品运输

(1) 不得将现场测定后的剩余水样作为实验室分析样品送往实验室。

(2) 水样装箱前应将水样容器内外盖盖紧，对装有水样的玻璃磨口瓶应用聚乙烯薄膜覆盖瓶口并用细绳将瓶塞与瓶颈系紧。

(3) 同一采样点的样品瓶尽量装在同一箱内，与采样记录逐件核对，检查所采水样是否已全部装箱。

(4) 装箱时应用泡沫塑料或波纹纸板垫底和间隔防震。有盖的样品箱应有“切勿倒置”等明显标志。

(5) 样品运输过程中应避免日光照射，气温异常偏高或偏低时还应采取适当保温措施。

(6) 运输时应有押运人员，防止样品损坏或受沾污。

2. 样品交接

样品送达实验室后，由样品管理员接收。

(1) 样品管理员对样品进行符合性检查，包括：

1) 样品包装、标志及外观是否完好。

2）对照采样记录单检查样品名称、采样地点、样品数量、形态等是否一致，核对保存剂加入情况。

3）样品是否有损坏、污染。

（2）当样品有异常，或对样品是否适合监测有疑问时，样品管理员应及时向送样人员或采样人员询问，样品管理员应记录有关说明及处理意见。

（3）样品管理员确定样品唯一性编号，将样品唯一性标识固定在样品容器上，进行样品登记，并由送样人员签字，见表5-3。

（4）样品管理员进行样品符合性检查、标识和登记后，应尽快通知实验室分析人员领样。

表5-3　　样品登记表

监测站名____________

送样日期	送样时间	监测点（井）名称	样品编号	监测项目	样品数量	样品性状	采样日期	送样人员	监测后样品处理情况

接样人员____________

3. 样品标识

（1）样品唯一性标识由样品唯一性编号和样品测试状态标识组成。各监测站可根据具体情况确定唯一性编号方法。唯一性编号中应包括样品类别、采样日期、监测井编号、样品序号、监测项目等信息。

样品测试状态标识分“未测”“在测”“测毕”3种，可分别以“—□—”“—⧄—”“—⊠—”表示。样品初始测试状态“未测”标识由样品管理员标识。

（2）样品唯一性标识应明示在样品容器较醒目且不影响正常监测的位置。

（3）在实验室测试过程中由测试人员及时做好分样、移样的样品标识转移，并根据测试状态及时做好相应的标记。

（4）样品流转过程中，除样品唯一性标识需转移和样品测试状态需标识外，任何人、任何时候都不得随意更改样品唯一性编号。分析原始记录应记录样品唯一性编号。

4. 样品储存

（1）每个监测站应设样品储存间，用于进站后测试前及留样样品的存放，两者需分区设置，以免混淆。

（2）样品储存间应置冷藏柜，以储存对保存温度条件有要求的样品。必要时，样品储存间应配置空调。

（3）样品储存间应有防水、防盗和保密措施，以保证样品的安全。

（4）样品管理员负责保持样品储存间清洁、通风、无腐蚀的环境，并对储存环境条件加以维持和监控。

（5）地下水样品变化快、时效性强，监测后的样品均留样保存意义不大，但对于测试结果异常样品、应急监测和仲裁监测样品，应按样品保存条件要求保留适当时间。留样样品应有留样标识。

【任务准备】

本节的任务是采集地下水样，通过前期校园或是校外地下环境水样踏勘调查、资料收集及对监测水体的基本情况有清晰了解的前提下，根据制定的监测方案，采集地下水样品并采取有效的保存方法进行保存。

【任务实施】

校园或是校外地下水样采集与保存实施方法及步骤如下所示。

1. 采样前的准备

（1）根据采集水样的要求正确选择和清洗采样及盛样容器。

（2）根据水样的要求选择适当的保存剂。

2. 样品的采集、保存

（1）根据监测方案确定监测井。

（2）润洗采样及盛样容器。

（3）采集2份氨氮水样和1份空白水样，水样要注满盛样容器。

（4）加保存剂，加的过程中注意安全及周围环境。

（5）贴好样品标签，具体格式见表5-4，注意防止浸湿标签。

（6）采样现场数据记录表要现场填写，并且由相关人员当场签字确认。

表5-4 现场采集样品标签

样品编号：		
监测项目：		
待检（）	在检（）	已检（）

【思考题与习题】

1. 地下水采样前的准备包含哪两个方面？

2. 简述地下水采样的原则。

任务三 地下水采样的测定

知识技能点一 监 测 项 目

【任务描述】

了解监测项目确定原则，熟悉现场监测项目以及选测项目的内容，掌握地下水常规监测项目的测定方法。

【任务分析】

为能更准确地掌握地下水环境状况，准确制定监测方案，必须能够根据地下水监测项目选择的原则确定合适的监测项目，为合理评价地下水环境做准备。

【知识链接】

一、监测项目确定原则

5-12

地下水监测项目

5-13

地下水监测项目

（1）选择《地下水质量标准》（GB/T 14848—2017）中要求控制的监测项目，以满足地下水质量评价和保护的要求。

（2）根据本地区地下水功能用途，酌情增加某些选测项目。

（3）根据本地区污染源特征，选择国家水污染物排放标准中要求控制的监测项目，以反映本地区地下水主要水质污染状况。

（4）矿区或地球化学高背景区和饮水型地方病流行区，应增加反映地下水特种化学组分天然背景含量的监测项目。

（5）所选监测项目应有国家或行业标准分析方法、行业性监测技术规范、行业统一分析方法。

（6）随着本地区经济发展、监测条件的改善及技术水平的提高，可酌情增加某些监测项目。

二、监测项目

1. 常规监测项目

地下水常规监测项目见表5-5。

表5-5 地下水常规监测项目表

必测项目	选测项目
pH值、总硬度、溶解性总固体、氨氮、硝酸盐氮、亚硝酸盐氮、挥发性酚、总氰化物、高锰酸盐指数、氟化物、砷、汞、镉、六价铬、铁、锰、大肠菌群	色、嗅和味、浑浊度、氯化物、硫酸盐、碳酸氢盐、石油类、细菌总数、硒、铍、钡、镍、六六六、滴滴涕、总α放射性、总β放射性、铅、铜、锌、阴离子表面活性剂

2. 现场监测项目

包括水位、水量、水温、pH值、电导率、浑浊度、色、嗅和味、肉眼可见物等指标，同时还应测定气温、描述天气状况和近期降水情况。

3. 特殊项目选测

（1）生活饮用水。可根据《生活饮用水卫生标准》（GB 5749—2006）中规定的项目选取。

（2）工业用水。工业上用作冷却、冲洗和锅炉用水的地下水，可增测侵蚀性二氧化碳、磷酸盐、硅酸盐等项目。

（3）城郊、农村地下水。考虑施用化肥和农药的影响，可增加有机磷、有机氯农药及凯氏氮等项目。

当地下水用作农田灌溉时，可按《农田灌溉水质标准》（GB 5084—2005）中规定，选取全盐量等项目。

（4）北方盐碱区和沿海受潮汐影响的地区。可增加电导率、溴化物和碘化物等监测项目。

（5）矿泉水。应增加水量、硒、锶、偏硅酸等反映矿泉水质量和特征的特种监测项目。

(6) 水源性地方病流行地区。应增加地方病成因物质监测项目。如：

1) 在地甲病区，应增测碘化物。

2) 在大骨节病、克山病区，应增测硒、钼等监测项目。

3) 在肝癌、食道癌高发病区，应增测亚硝胺以及其他有关有机物、微量元素和重金属含量。

(7) 地下水受污染地区。根据污染物的种类和浓度，适当增加或减少有关监测项目。如：

1) 放射性污染区应增测总 α 放射性及总 β 放射性监测项目。

2) 对有机物污染地区，应根据有关标准增测相关有机污染物监测项目。

3) 对人为排放热量的热污染源影响区域，可增加溶解氧、水温等监测项目。

(8) 在区域水位下降漏斗中心地区、重要水源地、缺水地区的易疏于开采地段，应增测水位。

【任务准备】

确定监测区域，现场调查，收集相关资料和国家标准［《地下水环境质量标准》(GB/T 14848—2017)］。

【任务实施】

选定要监测的地表水体，然后根据国家标准以及现场调查和资料收集的具体情况，确定监测区域的常规监测项目，并选定选测项目。

【思考题与习题】

1. 确定监测项目的原则？

2. 地下水环境监测常规监测项目有哪些？

知识技能点二　水中总铁的测定

【任务描述】

铁元素是人体必需微量元素，如果铁元素不足，直接导致缺铁性贫血，铁元素过多可引起急慢性金属中毒，同时铁也是地下水的必测项目之一，因此要掌握地下水中铁的含量。

【任务分析】

通过邻菲啰啉分光光度法测定水样中的铁，学会吸收曲线及标准曲线的绘制，了解分光光度法的基本原理，学会分光光度计的正确使用，学会数据处理的基本方法，掌握用邻菲啰啉分光光度法测定水样中的铁的方法原理。

地下水总铁的测定

【知识链接】

一、原理

亚铁离子在 pH 值为 3～9 之间的溶液中与邻菲啰啉生成稳定的橙红色络合物，其反应式为

$$Fe^{2+} + 3\,(\text{phen}) \longrightarrow \left[(\text{phen})_3 Fe\right]^{2+} \qquad (5-1)$$

此络合物在避光时可稳定保存半年。测量波长为510nm，其摩尔吸光度为1.1×10^4L/(mol·cm)。若用还原剂（如盐酸羟胺）将高铁离子还原，则本方法可测高铁离子及总铁含量。

二、试剂和溶液

（1）盐酸（HCl）：$\rho_{20}=1.18$g/mL，优级纯。

（2）（1+3）盐酸。

（3）10%（m/V）盐酸羟胺溶液。

（4）缓冲溶液：40g乙酸铵加50mL冰乙酸用水稀释至100mL。

（5）0.5%（m/V）邻菲啰啉水溶液，可加数滴盐酸帮助溶解。

（6）铁标准贮备液：准确称取0.7020g硫酸亚铁铵[$(NH_4)_2Fe(SO_4)_2\cdot 6H_2O$]，溶于50mL（1+1）硫酸中，移至1000mL容量瓶（A级）中，加水至标线，摇匀。此溶液的浓度为$c(Fe^{2+})=100\mu g/mL$。

（7）铁标准使用液：准确移取铁标注贮备液置于100mL容量瓶中，加水至标线，摇匀，此溶液25.00mL($c=100\mu g/mL$）的浓度为：$c(Fe^{2+})=25\mu g/mL$。

三、仪器

分光光度计，10mm比色皿。

四、干扰的消除

强氧化剂、氰化物、亚硝酸盐、焦磷酸盐、偏聚磷酸盐及某些重金属离子会干扰测定。经过加酸煮沸可将氰化物及亚硝酸盐除去，并使焦磷酸、偏聚磷酸盐转化为正磷酸盐以减轻干扰。加入盐酸羟胺则可消除强氧化剂的影响。

邻菲啰啉能与某些金属离子形成有色络合物而干扰测定。但在乙酸-乙酸铵的缓冲溶液中，不大于铁浓度10倍的铜、锌、钴、铬及小于2mg/L的镍，不干扰测定，当浓度再高时，可加入过量显色剂予以消除。汞、镉、银等能与邻菲啰啉形成沉淀，若浓度低时，可加过量邻菲啰啉来消除；浓度高时，可将沉淀过滤除去。水样有底色，可用不加邻菲啰啉的试液作为参比，对水样底色进行校正。

五、步骤

1. 校准曲线的绘制

依次移取铁标准使用液0mL、2.00mL、4.00mL、6.00mL、8.00mL、10.0mL于150mL锥形瓶中，加入蒸馏水至50.0mL，再加（1+3）盐酸1mL，10%盐酸羟胺1mL，玻璃珠1～2粒。加热煮沸至溶液剩15mL左右，冷却至室温，定量转移至50mL具塞比色管中。加一小片刚果红试纸，滴加饱和乙酸钠溶液至试纸刚刚变红，加入5mL缓冲溶液、0.5%邻菲啰啉溶液2mL，加水至标线，摇匀。显色15min后，用10mm比色皿（若水样含铁量较高，可适当稀释，浓度低时可换用30mm或50mm的比色皿），以水为参比，在510nm处测量吸光度，由经过空白校正的吸光度对铁的微克数作图。各批试剂的铁含量如不同，每新配一次试液，都需重新绘制校准曲线。

2. 总铁的测定

采样后立即将样品用盐酸酸化至pH值<1（含CN^-或S^{2-}离子的水样酸化时，必须小心进行，因为会产生有毒气体），分析时取50.0mL混匀水样于150mL锥形瓶

中，加（1+3）盐酸1mL，10%盐酸羟胺溶液1mL，加热煮沸至体积减小到15mL左右，以保证全部铁的溶解和还原。若仍有沉淀，则应过滤除去。以下按绘制校准曲线同样操作，测量吸光度并作空白校正。

3. 亚铁的测定

采样时将2mL盐酸放在一个100mL具塞的水样瓶内，直接将水样注满样品瓶，塞好瓶塞以防氧化，一直保存到进行显色和测量（最好现场测定或现场显色）。分析时只需取适量水样，直接加入缓冲溶液与邻菲啰啉溶液，显色5～10min，在510nm处以水为参比测量吸光度，并作空白校正。

4. 可过滤铁的测定

在采样现场，用0.45μm滤膜过滤水样，并立即用盐酸酸化过滤水至pH值<1，准确吸取样品50mL置于150mL锥形瓶中，以下操作与步骤1相同。

六、结果表示

铁的含量按下式计算：

$$\text{铁含量(Fe,mg/L)}=\frac{m}{V} \tag{5-2}$$

式中　m——根据校准曲线计算出的水样中铁的含量，μg；

V——取样体积，mL。

【任务准备】

实验方案，实验所需试剂和溶液，玻璃仪器，分光光度计等。

【任务实施】

选用前面章节实训采集的校园内（或校外）地下水样，采用邻菲啰啉分光光度法测定地下水样中的总铁的含量。

【思考题与习题】

1. 地下水常规监测项目有哪些？

2. 分光光度法测定铁实验中加还原剂、缓冲溶液、显色剂的顺序是否可以颠倒？为什么？

知识技能点三　水中总硬度的测定

5-15

水中总硬度的测定

5-16

水中总硬度的测定

【任务描述】

水的硬度是指水中钙离子和镁离子的含量，又称为总硬度，这两种离子的含量越高，水的硬度就越大。水的硬度太高和太低都不好，不仅会影响作为饮用水的口感，还会影响工业生产，因此需要了解地下水的硬度。

【任务分析】

为了测定地下水中的硬度，能够熟练进行滴定分析，准确进行数据处理。

【知识链接】

一、原理

在pH值为10的条件下，用EDTA溶液络合滴定钙和镁离子。铬黑T作指示剂，与钙和镁生成紫红或紫色溶液。滴定中，游离的钙和镁离子首先与EDTA反应，跟指示剂络合的钙和镁离子随后与EDTA反应，到达终点时溶液的颜色由紫红变为亮蓝色。

二、试剂和溶液

1. 缓冲溶液（pH值=10）

（1）称取1.25g EDTA二钠镁（$C_{10}H_{12}N_2O_8Na_2Mg$）和16.9g氯化铵（NH_4Cl）溶于143mL浓的氨水（$NH_3 \cdot H_2O$）中，用水稀释至250mL。

（2）如无EDTA二钠镁，可先将16.9g氯化铵溶于143mL氨水。另取0.78g硫酸镁（$MgSO_4 \cdot 7H_2O$）和1.179g EDTA二钠二水合物（$C_{10}H_{14}N_2O_8Na_2 \cdot 2H_2O$）溶于50mL水，加入2mL配好的氯化铵、氨水溶液和0.2g左右铬黑T指示剂干粉。此时溶液应显紫红色，如出现天蓝色，应再加入极少量硫酸镁使其变为紫红色。逐滴加入EDTA二钠溶液（10mmol/L）直至溶液由紫红转变为天蓝色为止（切勿过量）。将两溶液合并，加蒸馏水定容至250mL。如果合并后，溶液又转为紫色，在计算结果时应减去试剂空白。

2. 铬黑T指示剂

将0.5g铬黑T溶于100mL三乙醇胺[$N(CH_2CH_2OH)_3$]，可最多用25mL乙醇代替三乙醇胺以减少溶液的黏性，盛放在棕色瓶中。或者配成铬黑T指示剂干粉，称取0.5g铬黑T与100g氯化钠（NaCl）充分混合，研磨后通过40～50目，盛放在棕色瓶中，塞紧。

3. 锌标准溶液

称取0.6～0.7g纯锌粒，溶于（1+1）盐酸溶液中，置于水浴上温热至完全溶解，移入容量瓶中，定容至1000mL，并按下式计算锌标准溶液的浓度：

$$c(\text{Zn},\text{mol/L})=\frac{m}{65.39} \tag{5-3}$$

式中　m——锌的质量，g。

4. EDTA二钠标准溶液（$c\approx 10$mmol/L）

（1）制备。称取3.725g乙二胺四乙酸二钠（$Na_2C_{10}H_{14}N_2O_8 \cdot 2H_2O$）溶于水，在容量瓶中定容至1000mL，盛放在聚乙烯瓶中。

（2）标定。吸取25.00mL锌标准溶液于250mL锥形瓶中，加入25mL纯水，加入几滴氨水调节溶液至近中性，再加5mL缓冲溶液和5滴铬黑T指示剂，在不断振荡下，用Na_2EDTA溶液滴定至不变的纯蓝色，按下式计算Na_2EDTA标准溶液的浓度：

$$c(\text{Na}_2\text{EDTA},\text{mol/L})=\frac{c(\text{Zn})\times V_2}{V_1} \tag{5-4}$$

式中　V_1——消耗的Na_2EDTA标准溶液的体积，mL；

　　　V_2——所取锌标准溶液的体积，mL。

5. 氢氧化钠溶液（2mol/L）

将8g氢氧化钠（NaOH）溶于100mL新鲜蒸馏水中。盛放在聚乙烯瓶中，避免空气中二氧化碳的污染。

6. 氰化钠（NaCN）

注意：氰化钠是剧毒品，取用和处置时必须十分谨慎小心，采取必要的防护。含氰化钠的溶液不可酸化。

7. 三乙醇胺（$C_6H_{15}NO_3$）

三、仪器

滴定管：50mL，分刻度至0.10mL。

四、水样采集与保存

采集水样可用硬质玻璃瓶（或聚乙烯容器），采样前先将瓶洗净。采样时用水冲洗3次，再采集于瓶中。

采集自来水及抽水设备的井水时，应先放水数分钟，使积留在水管中的杂质流出，然后将水样收集于瓶中。采集无抽水设备的井水或江、河、湖等地面水时，可将采样设备浸入水中，使采样瓶口位于水面下20～30cm，然后拉开瓶塞，使水进入瓶中。

水样采集后（尽快送往实验室），应于24h内完成测定。否则，每升水样中应加2mL硝酸作保存剂（使pH值降至1.5左右）。

五、步骤

1. 试样的制备

一般样品不需预处理。如样品中存在大量微小颗粒物，需在采样后尽快用0.45μm孔径滤器过滤。样品经过滤，可能大多数的钙和镁被滤除。

试样中钙和镁总量超出3.6mmol/L时，应稀释至低于此浓度，记录稀释因子F。

如试样经过酸化保存，可用计算量的氢氧化钠溶液（2mol/L）中和。计算结果时，应把样品或试样由于加酸或碱的稀释考虑在内。

2. 测定

用移液管吸取50.0mL试样于250mL锥形瓶中，加4mL缓冲溶液和3滴铬黑T指示剂溶液或50～100mg指示剂干粉，此时溶液应呈紫红或紫色，其pH值应为10.0±0.1。为防止产生沉淀，应立即在不断振摇下，自滴定管加入Na_2EDTA溶液，开始滴定时速度宜稍快，接近终点时应稍慢，并充分振摇，最好每滴间隔2～3s，溶液的颜色由紫红色或紫色逐渐转为蓝色，在最后一点紫的色调消失，刚出现天蓝色时即为终点，整个滴定过程应在5min内完成。记录消耗Na_2EDTA溶液体积。同时做空白试验，记录下用量。

如试样含铁离子为30mg/L或以下，在临滴定前加入250mg氰化钠，或数毫升三乙醇胺掩蔽。氰化物使锌、铜、钴的干扰减至最小。加氰化物前必须保证溶液呈碱性。

试样如含正磷酸盐和碳酸盐，在滴定的pH条件下，可能使钙生成沉淀，一些有机物可能干扰测定。

如上述干扰未能消除，或存在铝、钡、铅、锰等离子干扰时，需改用原子吸收法测定。

六、结果表示

总硬度用下式计算：

$$\rho(CaCO_3,mg/L)=\frac{(V_1-V_0)\times c\times 100.09\times 1000}{V} \tag{5-5}$$

式中 V_0——空白滴定所消耗 Na_2EDTA 标准溶液的体积，mL；

V_1——滴定中消耗 Na_2EDTA 标准溶液的体积，mL；

c——Na_2EDTA 标准溶液的浓度，mol/L。

如试样经过稀释，采用稀释因子 F 修正计算。

【任务准备】

实验方案，实验所需试剂和溶液，玻璃仪器，滴定管等。

【任务实施】

按照实验的方案，采集地下水样，采用 EDTA 滴定法测定地下水中的总硬度。

【思考题与习题】

1. 测定地下水的硬度时，缓冲溶液中加入 EDTA 二钠镁的作用是什么？

2. 如果要测定地下水的 Ca^{2+} 硬度，应该如何实施？测 Mg^{2+} 硬度呢？

知识技能点四 水中氯化物的测定

【任务描述】

氯化物（Cl^-）是水和废水中一种常见的无机阴离子，几乎所有的天然水中都有氯离子存在，它的含量范围变化很大。在河流、湖泊、沼泽地区，氯离子含量一般较低，而在海水、盐湖及某些地下水中，含量可高达数十克/升。若饮用水中氯离子含量达到 250mg/L，相应的阳离子为钠离子时，会感觉到咸味；水中氯化物高时，会损害金属管道和构筑物，并妨碍植物生长。因此需要了解地下水中氯化物的含量。

【任务分析】

为了能够准确测定地下水中的氯化物，需熟练地进行滴定操作分析，正确处理实验数据。

【知识链接】

一、原理

银离子与氯离子作用生成氯化银沉淀，当有铬酸钾指示剂存在时，银离子与氯离子反应后，过量的银离子即与铬酸根反应，生成红色铬酸银沉淀，根据硝酸银溶液的消耗量可计算氯离子的含量。

二、试剂和溶液

（1）氯化钠标准溶液 [c(NaCl)=0.05mol/L]：称取 2.9221g 预先经 500℃灼烧 1h，并在干燥器中冷却至室温的氯化钠（NaCl，光谱纯）于烧杯中，加蒸馏水溶解，移入 1000mL 容量瓶中，用蒸馏水稀释至刻度，摇匀。

（2）硝酸银标准溶液 [c($AgNO_3$)=0.05mol/L]。

1）配制：称取 8.5g 硝酸银（$AgNO_3$，基准试剂或 99.99%）于烧杯中，溶于蒸馏水中，移入 1000mL 容量瓶中，用水稀释至刻度，摇匀。储于棕色瓶中。

硝酸银标准溶液浓度的标定

2）标定：准确吸取三份 25.0mL 氯化钠标准溶液 [c($AgNO_3$)=0.05mol/L] 于三个 250mL 锥形瓶中，加 25mL 蒸馏水，加 10 滴铬酸钾指示剂（100g/L），用硝酸银标准溶液滴定至出现稳定的淡橘黄色为止。记录硝酸银的用量 V_2。同时取 25.0mL 蒸馏水代替氯化物溶液按上述步骤滴定，记录硝酸银的用量 V_0。按下式计算硝酸银溶液的准确浓度：

$$c(AgNO_3, mol/L)=\frac{C_1\times V_1}{V_2-V_0} \tag{5-6}$$

式中　C_1——氯化钠标准溶液的浓度，mol/L；

V_1——吸取氯化钠标准溶液的体积，mL；

V_2——滴定氯化钠标准溶液消耗硝酸银溶液的体积，mL；

V_0——空白溶液消耗硝酸银标准溶液的体积，mL。

(3) 铬酸钾溶液（100g/L)：称取10g硝酸钾（K_2CrO_4）溶于少量蒸馏水中，在不断搅拌下，慢慢滴入硝酸银标准溶液中至产生砖红色沉淀。放置过夜，过滤，将滤液稀释至100mL备用。

三、试样制备

测定水样用量：50.0mL。若氯离子含量大于400mg/L，可少取水样，用蒸馏水稀释至50mL后，再进行测定。

四、操作步骤

1. 水样分析

吸取50.0mL水样于250mL锥形瓶中，加入10滴铬酸钾溶液（100g/L)，在不断振摇下，用硝酸银标准溶液滴定至出现稳定的淡橘黄色即为终点。

2. 空白试验

吸取50.0mL蒸馏水代替水样，按上述步骤进行空白测定。

五、结果计算

按下式计算水样中氯离子的含量：

$$\rho_{Cl^-}(mg/L)=\frac{c\times(V_1-V_2)\times 35.453}{V}\times 1000 \tag{5-7}$$

式中　c——硝酸银标准溶液的浓度，mol/L；

V_1——滴定试样所消耗硝酸银标准溶液的体积，mL；

V_2——空白试验消耗硝酸银标准溶液的体积，mL；

35.453——与1.00mL硝酸银标准溶液［$c(AgNO_3)=1.00mg/L$］相当的以毫克表示的氯离子质量；

V——所取水样体积，mL。

【任务准备】

实验方案，实验所需试剂和溶液，玻璃仪器，滴定管等。

【任务实施】

按照实验的方案，采集地下水样，采用氯化银滴定法测定地下水中的氯化物。

【思考题与习题】

1. 铬酸钾作指示剂时，指示剂浓度过高或过低对测定结果有何影响？

2. 用$AgNO_3$标准溶液滴定Cl^-时，为什么必须剧烈摇动？

项目六 水环境评价

【知识目标】

了解地表水环境评价因子的筛选、评价范围及时期的确定；掌握地表水环境现状调查的范围、时期、内容、要求和方法；掌握地表水环境现状评价的内容、要求、依据及方法；熟悉地表水环境影响预测因子、预测范围、预测时期、预测情景、预测内容及模型使用；掌握地表水环境影响评价的方法；了解地下水环境评价等级的划分；熟悉地下水环境现状调查的内容及范围；掌握地下水现状监测的因子、监测频率、样品采集及现场测定；掌握地下水环境现状评价的方法；熟悉地下水环境影响预测的范围、时段、因子、方法及内容；掌握地下水环境影响评价的范围及方法。

【技能目标】

通过本项目的学习，能够确定水环境评价因子、范围及方法，并进行水环境的现状及影响评价。

【重点难点】

水环境评价等级的划分、评价因子的确定、评价范围的确定以及评价方法的使用。

任务一 地表水环境评价

知识点一 地表水环境评价因子的筛选及等级判定

【任务描述】

熟悉地表水环境影响因素识别的要求，掌握评价因子筛选的原则以及评价等级判定的要求。

6-1

地表水环境评价因子的筛选及等级判定

【任务分析】

根据工作任务，能够准确筛选出地表水环境评价因子，能够正确判定评价的等级。

【知识链接】

一、环境影响因素的识别

6-2

地表水环境评价因子的筛选及等级判定

地表水环境影响因素识别应按要求列出建设项目的直接和间接行为，结合建设项目所在区域发展规划、环境保护规划、环境功能区划、生态功能区划及环境现状，分析可能受上述行为影响的环境影响因素。应明确建设项目在建设阶段、生产运行、服务期满后（可根据项目情况选择）等不同阶段的各种行为与可能受影响的环境要素间的作用效应关系、影响性质、影响范围、影响程度等，分析建设项目建设阶段、生产运行阶段和服务期满后（可根据项目情况选择）各阶段对地表水环境质量、水文要素的影响行为，包括有利与不利影响、长期与短期影响、可逆与不可逆影响、直接与间接影响、累积与非累积影响等。

环境影响因素识别可采用矩阵法、网络法、地理信息系统支持下的叠加图法等。

二、评价因子的筛选

各阶段对地表水环境影响的评价因子应根据评价类别、建设项目特点、受影响地表水体环境质量现状及环境管理要求确定。

（1）水污染影响型建设项目。水污染影响型建设项目按照污染源源强核算技术指南，识别污染源、确定水污染因子，筛选水环境影响评价因子。评价因子还应包括建设项目在车间或车间处理设施排放口排放的第一类污染物。引起受纳水体水温明显变化的应将水温作为评价因子。涉及面源污染的应包括在雨水径流过程中汇入受纳水体的所有污染物。根据上述要求确定的评价因子中，属于建设项目所在控制单元或区域的水污染超标因子的，应作为重点评价因子。

（2）水文要素影响型建设项目。水文要素影响型建设项目评价因子根据建设项目对地表水体水文要素扰动特征确定，主要包括水温、水位（水深）、流速、流量等。

（3）建设项目可能导致受纳水体富营养化的，评价因子还应包括与富营养化有关的因子（如叶绿素 a、藻类密度等）。

三、评价等级判定

地面水环境影响型工作的等级判定是按照评价类别、排放方式、排放量或影响情况、受纳水体环境功能要求、水环境保护目标等综合确定。

1. 水污染影响型建设项目

水污染影响型建设项目根据排放方式分别划分评价等级，见表 6－1。

（1）直接排放建设项目评价等级为一级或二级，根据废水排放量、水污染物污染当量数确定。

（2）间接排放建设项目评价等级定为三级。

表 6－1　水污染影响型建设项目评价等级判定

评价等级	判定依据	
	排放方式	废水排放量 Q(m^3/d)；水污染当量数 W（无量纲）
一级	直接排放	$Q \geqslant 20000$ 或 $W \geqslant 600000$
二级	直接排放	$Q < 20000$ 且 $W < 600000$
三级	间接排放	—

注　1. 水污染物的污染当量数等于该污染物的排放量除以该污染物的污染当量值，计算排放污染物的污染当量数，区分第一类水污染物和其他类水污染物，统计第一类污染物当量数总和，然后与其他污染物按照污染当量数从大到小排序，取最大当量数作为建设项目评价等级确定的依据。
2. 涉及雨污水排放的建设项目，应根据初期雨水污染状况及排放方式，将雨污水排放纳入建设项目的排放污水及污染物统计。
3. 废水排放量、水污染当量数两项判别指标，取高的执行。
4. 建设项目直接排放的污染物为受纳水体超标项目的，评价等级为一级。
5. 直接排放受纳水体涉及划定的自然保护区、饮用水水源保护区、重点保护与珍稀水生生物的栖息地、重要水生生物的自然产卵场等保护目标时，评价工作等级为一级。

2. 水文要素影响型建设项目

水文要素影响型建设项目评价等级划分根据水温、径流及受影响地表水域等三类水文要素的影响程度进行判定，见表 6-2。

表 6-2　水文要素影响型建设项目评价等级判定

评价等级	水温	径流		受影响地表水域	
	年径流量与总库容百分比 α/%	年径流量与兴利库容百分比 β/%	取水量占多年平均径流总量百分比 γ/%	工程占用水域面积 A_1/km^2；工程垂直投影面积及外扩范围 A_2/km^2	
				河渠、湖库	入海河口、近岸海域
一级	$\alpha \leqslant 10$；或稳定分层	$\beta \geqslant 20$；或完全年调节及多年调节	$\gamma \geqslant 30$	$A_1 \geqslant 0.3$；或 $A_2 \geqslant 1.5$	$A_1 \geqslant 0.5$；或 $A_2 \geqslant 3.0$
二级	其他	其他	其他	其他	其他

注　1. 涉及饮用水水源保护区、重点保护与珍稀水生生物的栖息地、重要水生生物的自然产卵场、自然保护区等保护目标，评价工作等级为一级。
2. 跨流域调水、引水式电站、可能受到河流感潮河段影响，评价工作等级为一级。
3. 造成入海河口（湾口）宽度束窄（束窄尺度达到原宽度的5%以上），评价工作等级为一级。
4. 对不透水的单方向建筑尺度较长的水工建筑物（如防波堤、导流堤等），其与潮流或水流主流向切线垂直方向投影长度大于 2km 时，评价工作等级为一级。
5. 允许在一类海域建设的项目，评价工作等级为一级。
6. 同时存在多个水文要素影响的建设项目，分别判定各水文要素影响评价等级，并取其中最高等级作为水文要素影响型建设项目评价等级。

【任务准备】

拟准备一环境评价的工作任务案例，给出相关的污染、环境、政策等资料。

【任务实施】

根据工作任务，筛选出评价因子，确定评价工作的等级。

【思考题与习题】

1. 地表水环境评价因子如何筛选？

2. 如何确定地表水环境评价的等级？

知识点二　地表水环境评价范围及时期的确定

6-3

地表水环境评价范围及时期的确定

【任务描述】

熟悉地表水环境评价范围确定的基本要求，熟悉地表水环境评价时期的确定要求。

【任务分析】

根据工作任务，能够确定地表水环境评价的范围和时期。

【知识链接】

6-4

地表水环境评价范围及时期的确定

一、评价范围确定

（1）建设项目地表水环境影响评价范围指建设项目整体实施后可能对地表水环境造成的影响范围。

（2）水污染影响型建设项目评价范围，根据评价等级、工程特点、影响方式及程度、地表水体环境质量管理要求等确定。

1）一级、二级评价，其评价范围应符合以下要求：

a. 应满足国家及地方政府对受纳水体的水环境质量管理要求；

b. 应满足覆盖对照断面、控制断面与削减断面等关键断面的要求；

c. 影响范围涉及水环境保护目标的，评价范围应扩大到包含整个水环境保护目标；

d. 排放污染物中包括有N、P污染物或有毒污染物且受纳水体为湖泊、水库时，评价范围应包括整个湖泊、水库；

e. 同一建设项目有多个（两个及以上）污染源直接排放，或排入不同地表水体时，则按各污染源及所排入地表水体分别确定评价范围；有叠加影响的，应考虑叠加影响。

2）三级评价，不将其依托污水处理设施废水排放受纳水体影响范围作为评价范围。

3）存在地表水环境风险的建设项目，评价范围还应根据区域地形特征、水系分布等方面情况综合确定。

(3) 水文要素影响型建设项目评价范围，根据评价等级、水文要素扰动类别、影响及恢复程度确定。

一级、二级评价，其评价范围应符合以下要求：

1）水温要素扰动评价范围为建设项目形成水温分层水域以及下游未恢复到天然（或建设项目建设前）水温的水域（或至下一个梯级）。

2）径流要素扰动评价范围为水体天然性状发生变化的水域以及下游增减水影响水域（或至下一个梯级或河口）。

3）地表水域要素扰动评价范围为相对建设项目建设前流速及水位（潮位）变化幅度超过5%的水域。

4）评价范围涉及水环境保护目标的，评价范围应扩大到包含整个水环境保护目标的水域。

5）存在多类水文要素影响的建设项目，应分别确定各水文要素影响评价范围，取各水文要素评价范围的外包线作为水文要素影响评价范围。

二、评价时期确定

(1) 建设项目地表水环境影响评价时期根据评价分类、受影响地表水体类型、评价等级等确定，见表6-3。

(2) 评价基准年。依据评价范围地表水环境质量现状、环境水文等数据的可获得性、数据质量、代表性等因素，选择近三年中数据完整的一年作为评价基准年。

(3) 三级评价，可不考虑评价时期。

【任务准备】

拟准备一环境评价的工作任务案例，给出相关的污染、环境、政策等资料。

【任务实施】

根据工作任务，确定出评价的范围和评价的时期。

表 6-3　　评价时期确定表

评价分类	受影响地表水体类型	评价等级	
		一　级	二　级
水污染影响型（直接排放）	河渠、湖库	丰水期、平水期、枯水期；至少2个不利水期	丰水期和枯水期；至少1个不利水期
	入海河口（感潮河段）	河流：丰水期、平水期和枯水期；河口：2个季节；至少2个不利水期，1个不利季节	河流：丰水期和枯水期；河口：2个季节；至少1个不利水期，1个不利季节
	近岸海域	2个季节；至少1个不利季节	2个季节；至少1个不利季节
水文要素影响型	所有地表水体	敏感期、非敏感期	敏感期

注　1. 感潮河段、入海河口、近岸海域在丰、枯水期（或春夏秋冬四季）均应选择大潮期或小潮期中一个潮期开展评价（无特殊要求时，可不考虑一个潮期内高潮期、低潮期的差别）。选择原则为：依据调查监测海域的环境特征，以影响范围较大或影响程度较重为目标，定性判别和选择大潮期或小潮期作为调查潮期。

2. 对于入海河口和近岸海域的建设项目，应根据区域环境特征，从春夏秋冬四季中选择影响较大的一个季节作为评价时期。

3. 冰封期较长且作为生活饮用水与食品加工用水的水源或有渔业用水需求的水域，应将冰封期纳入评价时期。

4. 水文要素影响型建设项目评价范围内存在因水量变化导致水质问题的，需将枯水期作为评价时期。

5. 复合影响型建设项目分别确定评价时期，按照覆盖所有评价时期的原则综合确定。

【思考题与习题】

1. 地表水环境评价范围如何确定？

2. 如何确定地表水环境评价的时期？

知识点三　地表水环境现状调查

【任务描述】

了解地表水环境现状调查的总体要求，熟悉现状调查范围、调查时期、调查内容、调查要求以及所用的调查方法。

6-5

地表水环境现状调查

6-6

地表水环境现状调查

【任务分析】

为更好地进行地表水环境评价，首先要进行地表水环境现状调查，能够确定调查的范围、时期、内容，并能采用适当的方法进行现状调查。

【知识链接】

一、总体要求

（1）环境现状调查与评价应遵循问题导向与管理目标导向统筹、流域（区域）与局部水域兼顾、水质水量协调、利用常规监测数据，并与补充监测数据互补、水环境现状与变化分析结合的原则。

（2）应满足建立污染源与受纳水体水质响应关系的需求，符合地表水环境影响预测的要求。

（3）环境现状调查应包括地表水环境质量管理区划、水环境保护目标，水污染源，环境水文条件、水环境质量、水资源利用状况和开发规划、区（流）域水污染防治规划、区（流）域水环境质量改善目标要求等。

（4）当环境现状调查资料不足或不满足评价工作需要时，应进行补充监测。

（5）工业园区规划环评的地表水环境现状调查与评价可依据本标准执行，流域规划环评参照执行，其他规划环评根据规划特性选择相应的技术规范。

二、调查范围

（1）地表水环境现状调查范围应覆盖评价范围。水污染影响型建设项目三级评价宜将依托污水处理设施废水排放的受纳水体纳入调查范围。

（2）对于水文要素影响型建设项目，如受影响水体为河渠、湖库，除覆盖评价范围外，还应包括库区及支流回水影响区、坝下至下一个梯级或河口、受水区、退水影响区；如受影响水体为入海河口、近岸海域，水环境调查范围还应满足垂向（垂直于工程所在海域中心点潮流主流向）距离不小于3km、水平向（沿工程所在海域中心点潮流主流向）距离一般不小于工程所在海域中心点两侧一个潮周期内水质点可能达到的最大水平距离。

三、调查时期

调查时期和评价时期一致。

四、调查内容

1. 水污染影响型建设项目

（1）一级、二级评价。重点调查地表水环境质量管理区划、水环境保护目标，本项目污染源、与建设项目排放污染物同类的其他在建项目、拟建项目（已批复环境影响评价文件）等污染源，环境水文条件、地表水环境质量及达标状况，水资源利用状况等。如有区域削减方案，还应调查评价范围内所有的拟替代的污染源等。

（2）三级评价。重点调查依托污水处理设施环境影响评价文件批复情况，水环境保护目标，本项目污染源情况，所在区域或水环境控制单元的水质达标状况等。

2. 水文要素影响型建设项目

重点调查地表水环境质量管理区划、水环境保护目标，污染源状况，环境水文条件、地表水环境质量及达标状况，水资源开发利用状况等。

3. 地表水环境质量管理区划

调查水环境功能区划、水环境控制单元环境管理要求、空间位置，区（流）域水污染防治规划、区（流）域水环境质量改善目标要求等。

4. 水污染源

（1）建设项目污染源。根据建设项目工程分析、污染源源强核算技术指南，结合排污许可技术规范等相关要求，分析确定建设项目所有废水排放口（包括涉及一类污染物的车间排放口、企业总排口、雨水排放口、清净下水排放口、温排水排放口等）的污染物源强，明确排放口的相对位置并附图件、地理位置（经纬度）、排放规律等。改建、扩建项目还应调查现有企业所有废水排放口。

（2）关联污染源。

1）点污染源。调查直接排放的废水排放口，根据排污许可证、环境影响评价文件等确定源强。有区域削减方案的，还应调查所有拟削减的污染源。

2）面污染源。按照农村生活污染源、农田污染源、分散式畜禽养殖污染源、城镇地面径流污染源、堆积物污染源、大气沉降源等分类，采用源强系数法、面源模型法等方法，估算面源源强、流失量与入河量等。

a. 农村生活污染源：调查农村人口数量、人均生活用水与污水产生量、污水收集处理与排放情况、主要污染物浓度与排污负荷量、去向及受纳水体等。

b. 农田污染源：调查农药和化肥的施用种类、施用量、流失量及入河系数、去向及受纳水体等情况（包括水土流失、农药和化肥流失强度、流失面积、土壤养分含量等调查分析）。

c. 分散式畜禽养殖污染源：调查分散畜禽养殖的种类、数量、养殖方式、污水收集与处置情况、主要污染物浓度、污水排放方式和排污负荷量、去向及受纳水体等。

d. 城镇地面径流污染源：调查城镇土地利用类型及面积、地面径流收集方式与处理情况、主要污染物浓度、排放方式和排污负荷量、去向及受纳水体等。

e. 堆积物污染源：调查矿山、冶金、火电、建材、化工等单位的原料、燃料、废料、固体废物（包括生活垃圾）的堆放位置、堆放面积、堆放形式及防护情况、污水收集与处置情况、主要污染物和特征污染物浓度、污水排放方式和排污负荷量、去向及受纳水体等。

f. 大气沉降源：调查区域大气沉降（湿沉降、干沉降）的类型、污染物种类、污染物沉降负荷量等。

3）内源污染。底泥物理指标包括力学性质、质地、含水率、粒径等；化学指标包括水域超标项目、与本建设项目排放污染物相关的项目。

5. 环境水文条件

环境水文条件调查内容见表6-4。

表6-4　环境水文条件调查内容表

水体类型	水污染影响型	水文要素影响型
河流	水文年及水期划分；不利水文条件及特征水文参数；水动力学参数等	水文系列及其特征参数；水文年及水期的划分；河流物理形态参数；河流水沙参数、丰枯水期水流及水位变化特征等
湖库	湖库物理形态参数；水库调节性能与运行调度方式；水文年及水期划分；不利水文条件特征及水文参数；出入湖（库）水量过程；湖流动力学参数；水温分层结构等	
入海河口（感潮河段）	潮汐特征、感潮河段的范围、潮区界与潮流界的划分；潮位及潮流；不利水文条件组合及特征水文参数；水流分层特征等	
近岸海域	水温、盐度、泥沙、潮位、流向、流速、水深等；潮汐性质及类型；潮流、余流性质及类型；海岸线、海床、滩涂、海岸蚀淤变化趋势等	

6. 水环境质量

对照断面、排污口断面、控制断面、削减断面水质状况。

7. 水资源利用状况

（1）水资源现状。调查水资源总量、水资源可利用量、水资源时空分布特征、人类活动对水资源量的影响等。主要涉水工程概况调查，包括数量、等级、位置、规模，主要开发任务、开发方式、运行调度及其对水文情势、水环境的影响。应涵盖大型、中型、小型等各类涉水工程，绘制涉水工程分布示意图。

(2) 水资源利用状况。调查城市、工业、农业、渔业、水产养殖业、水域景观等各类用水现状与规划（包括用水时间、取水地点、取用水量等），各类用水的供需关系（包括水权等）、水质要求和渔业、水产养殖业等所需的水面面积。

五、调查要求

1. 水污染源

(1) 建设项目污染源调查应包括正常工况与非正常工况的污染物排放，如建设项目具有充足调节容量，可只调查正常工况的污染物排放。

(2) 应调查建设项目所有废水排放口（包括涉及一类污染物的车间排放口、企业总排口、雨水排放口，清净下水排放口、温排水排放口等）的污染物源强，明确排放口的相对位置并附图件、地理位置（经纬度）、排放规律等。改建、扩建项目还应调查现有企业所有废水排放口。

(3) 建设项目直接导致内源污染变化，且内源污染严重影响建设项目排污受纳水体水环境质量，或存在与建设项目排放污染物同类的，应开展内源污染调查。

2. 环境水文条件

(1) 应尽量收集利用邻近水文站的水文年鉴资料和其他相关的有效水文观测资料。

(2) 流量、水位等水文资料系列应在 30 年以上，水温资料系列应在 10 年以上。当水文资料序列不满足要求时，可采用相关水文计算规范规定的方法插补延长；当无水文站的水文年鉴资料可收集利用时，应采用水文计算等方法分析计算所需水文特征数据。

(3) 入海河口和近岸海域水文水动力调查资料原则上应为近 5 年内的监测数据，一级评价站位数量不少于 6 个，二级评价站位数量不少于 4 个；同步潮位调查资料应满足数值模拟要求。

(4) 冰封河渠及海域还应调查结冰、封冻、解冻等情况；河网地区应调查评价水域的流向、流速、流量及其转换、变化情况。

3. 水环境质量及达标状况

(1) 应调查对照断面、排污口断面、控制断面、削减断面的水环境质量状况，以及调查水环境功能区、水环境控制单元水质达标评价成果。

(2) 对照断面、控制断面应调查近 3 年的水环境监测资料和历史变化趋势。

(3) 水环境质量调查因子根据国家及地方水环境质量标准与污染排放标准、建设项目评价因子、控制单元水质评价要求、水环境功能区水质评价要求等综合确定。调查因子应至少包括建设项目排放污染物、水环境控制单元超标污染物、受纳水体超标污染物等。

4. 水资源利用状况调查

应开展建设项目所在流域、水环境控制单元的水资源利用状况调查。

六、调查方法

可采用资料收集、现场实测、遥感遥测等方法。

【任务准备】

拟准备一环境评价的工作任务案例，给出相关的污染、环境、政策等资料。

【任务实施】

根据工作任务，确定出地表水环境现状调查的范围、时期、内容、要求，制订出地表水环境现状调查的计划。

【思考题与习题】

1. 地表水环境现状调查的范围如何确定?

2. 如何对水环境现状调查中的污染源进行调查?

3. 地表水环境现状调查的要求是什么?

知识点四　地表水环境现状评价

【任务描述】

了解地表水环境现状评级的内容，熟悉评级的依据，掌握评价的方法。

【任务分析】

根据地表水现状调查的基本情况，能够进行地表水环境现状评价。

【知识链接】

一、评价的内容与要求

选择以下全部或部分内容开展评价：

（1）水环境功能区水质达标状况。评价在评价范围内水环境功能区的水质状况与变化特征，给出水环境功能区达标评价结论，明确水环境功能区超标项目、超标程度，识别水环境功能区超标成因。

（2）水环境控制单元水质达标状况。评价建设项目所在控制单元的水质现状与时空变化特征，评价控制单元的达标状况，明确控制单元的超标项目、超标程度，识别控制单元超标原因。

（3）水环境保护目标质量状况。评价涉及水环境保护目标水域的水质状况与变化特征，明确超标项目、超标程度、超标原因。

（4）对照断面、控制断面等断面的水质状况。评价对照断面水质状况，分析对照断面水质水量变化特征，给出水环境影响预测的设计水文条件；评价控制断面水质现状、达标状况，分析控制断面来水水质水量状况，识别上游来水不利组合状况，分析不利条件下的水质达标问题；评价其他监测断面的水质状况，根据断面所在水域的水环境保护目标水质要求，评价水质达标状况与超标项目。

（5）底泥污染评价。评价底泥污染项目及污染程度，识别超标项目，结合底泥处置排放去向，评价退水水质与超标情况。

（6）水资源（水能资源）开发利用程度与水文情势评价。

（7）水环境质量回顾评价。结合历史监测数据与国家及地方环境保护主管部门公开发布的环境状况公告成果，评价建设项目所在水环境控制单元、水环境功能区的水质变化趋势，评价主要超标项目变化状况，识别建设项目所在区域或水域的水质问题，从水污染、水文要素等方面，综合分析水环境质量问题的原因。

(8) 流域（区域）水资源（水能资源）开发利用总体状况、生态流量管理要求与现状满足程度、建设项目占用水域空间的水流状况与河湖演变状况。

二、评价的依据

地面水环境质量标准和有关法规及当地的环保要求是评价的基本依据。地面水环境质量标准应采用《地表水环境质量标准》(GB 3838—2002) 或相应的地方标准，海湾水质标准应采用《海水水质标准》(GB 3097—2007)，有些水质参数国内尚无标准，可参照国外或建议临时标准，所采用的国外标准应按生态环境部规定的程序报有关部门批准。评价区内不同功能的区域应采用不同类别的水质标准。

综合水质的分级应与《地表水环境质量标准》(GB 3838—2002) 中水域功能的分类一致，其分级判据与所采用的多项水质参数综合评价方法有关。

三、评价的方法

1. 水质标准指数法

水质参数数值的确定：在单项水质参数评价中，一般情况，某水质参数的数值可采用多次监测的平均值，但如该水质参数变化甚大，为了突出高值的影响可采用尼梅罗 (Nemerow) 平均值，或其他计算高值影响的平均值，下式为尼梅罗平均值的表达式：

$$C_{i,j}=\left(\frac{C_{\max}^{2}+\overline{C_{i,j}}^{2}}{2}\right)^{1/2} \tag{6-1}$$

式中　$C_{i,j}$——第 i 种污染物在 j 点的实测浓度；

$C_{\max}$——第 i 种污染物在 j 点的实测浓度的最大值；

$\overline{C_{i,j}}$——第 i 种污染物在 j 点的实测浓度的平均值。

(1) 一般性水质因子的标准指数。一般性水质因子（随着浓度增加而水质变差的水质因子）的标准指数，只用单个参数作为评价指标，可以直接了解水质状况与评价标准之间的关系，简单明了，其表达式为

$$S_{i,j}=\frac{C_{i,j}}{C_{si}} \tag{6-2}$$

式中　$S_{i,j}$——评价因子 i 在 j 点的标准指数，大于 1 表明该水质因子超标；

$C_{i,j}$——评价因子 i 在 j 点的实测统计代表值，mg/L；

C_{si}——评价因子 i 的水质评价标准限值，mg/L。

(2) DO 的标准指数为

$$S_{\mathrm{DO},j}=\frac{|\mathrm{DO}_f-\mathrm{DO}_j|}{\mathrm{DO}_f-\mathrm{DO}_s},\mathrm{DO}_j\geqslant \mathrm{DO}_s \tag{6-3}$$

$$S_{\mathrm{DO},j}=10-9\frac{\mathrm{DO}_j}{\mathrm{DO}_s},\mathrm{DO}_j<\mathrm{DO}_s \tag{6-4}$$

式中　$S_{\mathrm{DO},j}$——溶解氧 DO 在预测点（可监测点）j 的标准指数，大于 1 表明该水质因子超标；

DO_j——监测点或预测点（可监测点）j 处的 DO 浓度，mg/L；

DO_s——溶解氧的评价标准限值，mg/L；

DO_f——某水温、气压条件下的饱和溶解氧 DO 的浓度，mg/L，对于河流，$\mathrm{DO}_f=468/(31.6+T)$；对于盐度比较高的湖泊、水库及河口、近岸海域。

$$DO_f=\frac{491-2.65S}{33.5+T} \tag{6-5}$$

式中　S——实用盐度符号，量纲为1；

T——水温，℃。

（3）pH值的标准指数为

$$S_{pH,j}=\frac{7.0-pH_j}{7.0-pH_{sd}},pH_j\leqslant 7.0 \tag{6-6}$$

$$S_{pH,j}=\frac{pH_j-7.0}{pH_{su}-7.0},pH_j>7.0 \tag{6-7}$$

式中　$S_{pH,j}$——pH值的标准指数，大于1表明该水质因子超标；

pH_j——pH值得实测值；

pH_{sd}——水质标准中规定的pH值下限；

pH_{su}——水质标准中规定的pH值上限。

2. 底泥污染指数法

（1）底泥污染指数计算公式为

$$P_{i,j}=\frac{C_{i,j}}{C_{si}} \tag{6-8}$$

式中　$P_{i,j}$——底泥污染因子i在j点的单项污染指数，大于1表明该污染因子超标；

$C_{i,j}$——污染因子i在调查点位j点的实测值，mg/L；

C_{si}——污染因子i的评价标准值或参考值，mg/L。

（2）底泥污染评价标准值或参考值。可以根据土壤环境质量标准或所在水域的背景值确定底泥污染评价标准值或参考值。

【任务准备】

拟准备一环境评价的工作任务案例，给出水环境现状调查的范围、内容等资料。

【任务实施】

根据工作任务及给定的资料，进行水环境现状评价，得出现状评价的结论。

【思考题与习题】

1. 简述地表水环境现状评价的内容。

2. 在某个水环境现状调查的项目中，调查水域的水体环境功能属于Ⅲ类水，调查期间进行了水质监测，监测结果如下，请用水质标准指数法对其进行评价。

表6-5　水质监测结果

断面名称	pH值	DO/(mg/L)	COD/(mg/L)	NH_3-N/(mg/L)	水温/℃
1号	7.30	7.82	24.5	0.82	29.8
2号	6.99	7.90	17.3	1.20	29.8
3号	7.22	7.75	19.2	1.05	29.8

知识点五　地表水环境影响预测

【任务描述】

了解地表水环境影响预测的总体要求，了解水体中污染物的迁移转化与扩散的过程，熟悉地表水环境影响预测的因子、范围、时期，掌握预测的内容，了解预测的模型。

【任务分析】

为更好地进行地表水环境影响评价，必须要进行环境影响预测，要能够确定预测的因子和预测的范围，能够确定预测的时期以及预测的内容，能够选择合适的预测模型，以便开展水环境的影响预测与评价。

【知识链接】

一、总体要求

（1）地表水环境影响预测应遵循《建设项目环境影响评价技术导则 总纲》（HJ 2.1—2016）中规定的原则。

（2）一级评价应定量预测建设项目水环境影响，二级评价可进行水环境影响的定量或半定量预测，三级评价可不对间接影响水域进行水环境影响预测。

（3）影响预测应考虑评价范围内在建和拟建（已批复环境影响评价文件）项目的叠加影响。

二、水体中污染物的转化与扩散

1. 水体中污染物迁移与转化过程

水环境中污染物的迁移与转化主要可以分为物理过程、化学过程和生物过程。

（1）物理过程。物理过程作用指的是污染物在水体中的混合稀释和自然沉淀过程。其中混合稀释作用主要由下面三部分作用所致：

1）紊动扩散。由水流的紊动特性引起水中污染物自高浓度向低浓度区转移。

2）移流。由于水流的推动使污染物的迁移随流输移。

3）离散。由于水流方向横断面上流速分布的不均匀而引起分散。

6-9

水体中污染物的转化与扩散

6-10

水体中污染物的转化与扩散

混合与稀释作用是指在水体作用下污染物的浓度不断变化的过程，沉淀作用是指排入水体中的污染物逐渐沉到水底。混凝沉淀只能降低水中污染物的浓度，不能减少其总量；而沉淀作用降低了水质中污染物的含量，但是底泥中污染物反而增加。

（2）化学过程。化学过程主要是指污染物在水体中发生的理化性质变化等化学反应。其中氧化—还原反应对水体化学净化起到了重要的作用，溶解于水体中的氧气与水体中的污染物发生氧化反应；还原作用对水体净化也有作用，但这类反应多在微生物作用下进行。

（3）生物过程。生物过程主要是水体中的污染物经生物吸收、降解作用而发生消失或浓度降低的过程。影响生物过程的关键因素有溶解氧的浓度，有机污染物的性质、浓度以及微生物的种类、数量等。

生物过程的快慢与有机物的数量和性质有关。其他如水体温度、水流形态、天气、风力等物理和水文条件以及水面有无影响复氧作用的油膜、泡沫等均对生物自净有影响。

2. 水体中污染物的扩散规律

（1）河流水体中污染物的扩散规律。污水进入河流水体后，不是立即就能在整个河流断面上与河流水体完全混合。虽然在垂向方向上一般都能很快地混合，但往往需要经过很长一段纵向距离才能达到横向完全混合。这段距离通常称为横向完全混合距离（L）。纵向距离（x）小于（L）的区域称为横向混合区，大于（L）的区域称为断面完全混合区。如图 6-1 所示。

横向混合长度 L 可用下式估算：

$$L=\frac{(0.4B-0.6a)Bu}{(0.058H+0.0065B)(gHI)^{1/2}} \tag{6-9}$$

式中 L——混合过程段长度，m；

B——河流宽度，m；

a——排放口距岸边的距离，m；

u——河流断面平均流速，m/s；

H——平均水深，m；

I——河流坡度，m；

g——重力加速度，9.81m/s²。

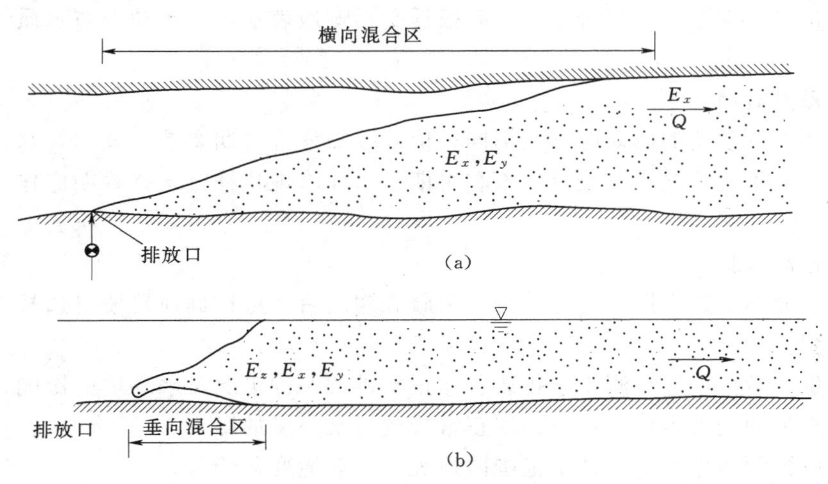

图 6-1　污染物在河流中的混合示意图

在河流中，影响污染物输移最主要的物理过程是对流和横向、纵向扩散混合。

对流是溶解态或颗粒态物质随水流的运动，在横向、纵向、垂向均可发生，主要为纵向对流。河流的流量和流速是表征对流作用的重要参数。

横向扩散是指由于水流中的紊动作用，在流动的横向方向上，溶解态或颗粒态物质的混合，通常用横向扩散系数表示。在横向混合区内，对流和横向扩散混合是最重要的，有时纵向混合也不能忽略。

纵向扩散是指由于主流在横、垂方向上的流速分布不均匀而引起的在流动方向上的溶解态或颗粒态物质的分散混合，同样也可以通过公式大致估算出纵向离散系数。

（2）海水中污染物的扩散规律。排放到海洋中的污水，一般是含有各种污染物的淡水，其密度比海水小，入海后一面与海水混合而稀释，一面在海面向四周扩展。污水层的厚度在排放口附近较深，然后逐渐减小。如图 6-2 所示。

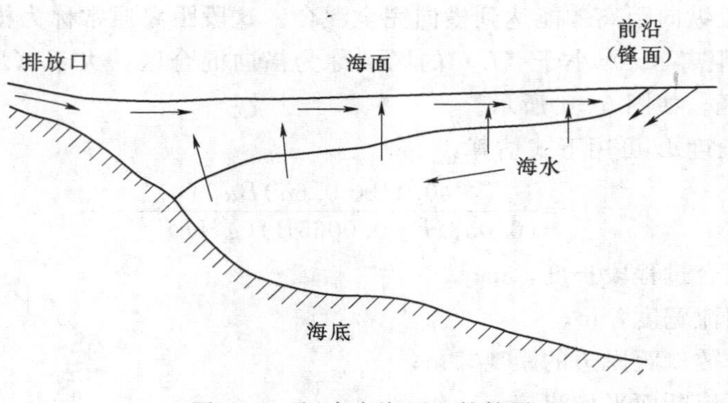

图 6-2　污水在海面上的扩展

三、预测因子与预测范围

（1）预测因子应根据评价因子确定。

（2）预测范围应覆盖评价范围，并根据受影响地表水体的水动力与水质特点合理拓展。

四、预测时期

水环境影响预测的时期应满足不同评价等级的评价时期要求。其中，水体自净能力最不利以及水质状况相对较差的不利时期、水环境现状补充调查时期应作为重点预测时期。

五、预测情景

（1）应分别对建设期、生产运行期和服务期满后（可根据项目情况选择）三个阶段进行预测。

（2）生产运行期应预测正常排放、非正常排放两种工况对水环境的影响，如建设项目具有充足的调节容量，可只预测正常排放对水环境的影响。

（3）应预测规划水平年评价范围内地表水体环境变化趋势。

六、预测内容

预测分析内容根据评价类别、预测因子、预测情景、预测范围地表水体类别、所选用的预测模型及评价要求确定。

（1）水污染影响型建设项目，主要包括：

1）各断面（控制断面、关心断面等）水质预测因子、污染物浓度及变化。

2）到达水环境保护目标处的污染物浓度及时间。

3）各水质预测因子最大影响范围。

4）湖泊、水库及半封闭海湾等，还需关注富营养化状况与水华、赤潮等。

5）规划水平年进入评价范围地表水体各污染源的污染物组成及污染物负荷量。

（2）水文要素影响型建设项目，主要包括：

1）河流、湖泊及水库的水文情势预测分析主要包括水域形态、径流条件、水力条件以及冲淤变化等内容，具体包括水面面积、断面选择、水文条件（典型年、水期）、水量、径流过程、水位、水深、流速、河宽、冲淤变化、底质组成等，湖泊和水库需要重点关注湖库水域面积或蓄水量及水力停留时间等因子。

2）感潮河段、入海河口及近岸海域水动力条件预测分析主要包括流量、流向、潮区界、潮流界、纳潮量、水位、流速、河宽、水深、冲淤变化等因子。

七、预测模型

（1）地表水环境影响预测模型包括数学模型、物理模型。地表水环境影响预测一般选用数学模型。评价工作等级为一级且有特殊要求时选用物理模型，物理模型应遵循水工模型实验技术规程等要求。

（2）数学模型包括：面源污染负荷估算模型、水动力模型、水质（包括水温及富营养化）模型等，可根据地表水环境影响预测的需要选择。

（3）模型选择。

1）面源污染负荷估算模型。根据污染源类型分别选择适用的污染源负荷估算或模拟方法，预测污染源排放量与入河量。面源污染负荷预测可根据评价要求与数据条件，采用源强系数法、水文分析法以及面源模型法等，有条件的地方可以综合采用多种方法进行比对分析确定，各方法适用条件如下：

a. 源强系数法。当评价区域有可采用的源强产生、流失及入河系数等面源污染负荷估算参数时，可采用源强系数法。

b. 水文分析法。当评价区域具备一定数量的同步水质水量监测资料时，可基于基流分割确定暴雨径流污染物浓度、基流污染物浓度，采用通量法估算面源的负荷量。

c. 面源模型法。面源模型选择应结合污染特点、模型适用条件、基础资料等综合确定。

2）水动力模型及水质模型。按照时间分为稳态模型与非稳态模型，按照空间分为零维、一维（包括纵向一维及垂向一维，纵向一维包括河网模型）、二维（包括平面二维及垂向二维）以及三维模型，按照是否需要采用数值离散方法分为解析解模型与数值解模型。水动力模型及水质模型的选取可根据建设项目的污染源特性、受纳水体类型、水力学特征、水环境特点及评价工作等级的要求，选取适宜的预测模型。

a. 河渠数学模型。河渠数学模型适用条件见表 6-6。优先采用数值解模型，在模拟河渠顺直、水流均匀且排污稳定时可以采用解析解模型。

表 6-6　河渠数学模型适用条件

模型分类	模型空间分类					模型时间分类	
	纵向一维模型	河网模型	平面二维	立面二维	三维模型	稳态	非稳态
适用条件	快速充分均匀混合	多条河道相互连通，使得水流运动和污染物交换相互影响的河网地区	垂向均匀混合	垂向分层特征明显	垂向及平面分布差异明显	水流恒定、排污稳定	水流不恒定，或排污不稳定

b. 湖库数学模型。湖库数学模型适用条件见表 6-7。优先采用数值解模型，在模拟湖库水域形态规则、水流均匀且排污稳定时可以采用解析解模型。

表 6-7　　湖库数学模型适用条件

模型分类	模型空间分类						模型时间分类	
	零维模型	纵向一维模型	平面二维	垂向一维	立面二维	三维模型	稳态	非稳态
适用条件	水流交换作用较充分、污染物质分布基本均匀	污染物在断面上均匀混合的河道型水库	浅水湖库，垂向分层不明显	深水湖库，水平分布差异不明显，存在垂向分层	深水湖库，横向分布差异不明显，存在垂向分层	垂向及平面分布差异明显	流场恒定、源强稳定	流场不恒定，或源强不稳定

c. 感潮河段、入海河口数学模型。污染物在断面上均匀混合的感潮河段、入海河口，可采用纵向一维非恒定数学模型，感潮河网区宜采用一维河网数学模型。浅水感潮河段和入海河口宜采用平面二维非恒定数学模型。如感潮河段、入海河口的下边界难以确定，宜采用一、二维连接数学模型。

3）近岸海域数学模型。近岸海域宜采用平面二维非恒定模型。如果评价海域的水流和水质分布在垂向上存在较大的差异（如排污口附近水域），宜采用三维数学模型。

【任务准备】

拟准备一项环境影响评价的工作任务案例，给出水环境现状调查的范围、内容、污染排放等相关资料。

【任务实施】

根据工作任务及给定的资料，进行影响预测。

【思考题与习题】

1. 水体重污染物转化与扩散的过程有哪些？

2. 水污染影响型建设项目预测内容有哪些？

3. 简述常用的水质预测模型及其应用范围。

知识点六　地表水环境影响评价

【任务描述】

了解地表水环境影响评价的内容及评价的要求。

【任务分析】

根据环境影响预测的结果，能够进行地表水环境影响评价。

6-13

地表水环境影响评价

【知识链接】

一、评价内容

一级、二级评价。主要评价内容包括：

（1）水污染控制和水环境影响减缓措施有效性评价。

（2）水环境影响评价。

6-14

地表水环境影响评价

二、评价要求

（1）水污染控制和水环境影响减缓措施有效性评价应满足以下要求：

1）污染控制措施、基准排水量以及各类排放口排放浓度限值等均应满足国家和地方相关排放标准的要求。

2）水动力影响、生态流量、水温影响减缓措施应满足水环境保护目标的要求。

3）涉及面源污染的，还需要满足国家和地方有关面源污染控制治理要求。

4）达标区建设项目选择废水处理措施或多方案比选时，应综合考虑成本和治理效果，选择最佳可行性技术方案，确保废水稳定达标排放且环境影响可以接受。

5）不达标区建设项目选择废水处理措施或多方案比选时，应优先考虑治理效果，结合区（流）域水环境质量限期达标规划和替代源的削减方案的实施情况，以及区（流）域环境质量改善目标要求，在只考虑环境因素的前提下选择最优技术方案，确保废水污染物达到最低排放强度和排放浓度，且环境影响可以接受。

（2）水环境影响评价应满足以下要求：

1）水环境功能区水质达标。说明建设项目对评价范围内的水环境功能区的水质影响特征，分析水环境功能区水质变化状况，在考虑叠加影响的情况下，评价建设项目建成以后水环境功能区达标状况。涉及富营养化问题的，还应评价水温、水文要素、营养盐等变化特征与趋势，分析判断富营养化演变趋势。

2）水环境控制单元水质达标。说明建设项目污染排放或水文要素变化对所在控制单元的水质影响特征，在考虑叠加影响的情况下，分析水环境控制单元控制断面的水质变化状况，评价建设项目建成以后水环境控制单元水质达标状况。

3）满足区（流）域水环境质量改善目标要求。

4）满足水环境保护目标水域水环境质量要求。评价水环境保护目标水域的水质（包括水温）变化特征、影响程度与达标状况。

5）水文要素影响型建设项目同时应包括水文情势变化评价、生态流量符合性评价。

6）对于新设或调整入河（湖库、近岸海域）排放口的建设项目，应包括排污口设置的环境合理性评价。

（3）区域规划环评可针对规划环评的评价因子，评价规划项目污染排放对受纳水体的水环境质量达标影响。

【任务准备】

拟准备一项环境影响评价的工作任务案例，给出水环境现状调查的范围、内容、污染排放，影响预测的成果等相关资料。

【任务实施】

根据工作任务及给定的资料，进行水环境影响预测评价。

【思考题与习题】

1. 水污染控制和水环境影响减缓措施有效性评价应满足什么要求？

2. 水环境影响评价应满足什么要求？

任务二　地下水环境评价

知识点一　地下水环境影响评价工作分级及技术要求

【任务描述】

了解地下水环境评价等级划分的原则及划分的依据，熟悉地下水环境影响评价的技术要求。

【任务分析】

6-15

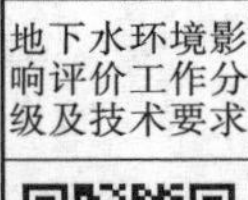

6-16

地下水环境影响评价工作分级及技术要求

能够划分地下水环境影响评价工作等级，并能根据地下水环境影响评价的技术要求编制工作计划。

【知识链接】

一、评价等级划分原则

评价工作等级的划分应依据建设项目行业分类和地下水环境敏感程度分级进行判定，可以划分为一级、二级、三级。

二、评价等级划分

1. 划分依据

（1）根据表6-8确定建设项目所属地下水环境影响评价项目类别。

表6-8　　地下水环境影响评价行业分类表

环评类别 行业类别	报告书	报告表	地下水环境影响评价项目类别	
			报告书	报告表
A 水利				
1. 水库	库容1000万m^3以上；涉及环境敏感区的	其他	Ⅲ类	Ⅳ类
2. 灌区工程	新建5万亩及以上；改造30万亩以上	其他	再生水灌溉工程为Ⅲ类，其余Ⅳ类	Ⅳ类
3. 引水工程	跨流域调水；大中型河流引水；小型河流年总引水量占天然年径流量1/4及以上；涉及环境敏感区的	其他	Ⅲ类	Ⅳ类
4. 防洪治涝工程	新建大中型	其他	Ⅲ类	Ⅳ类
5. 河湖整治工程	涉及环境敏感区的	其他	Ⅲ类	Ⅳ类
6. 地下水开采工程	日取水量1万m^3及以上；涉及环境敏感区的	其他	Ⅲ类	Ⅳ类
B农、林、牧、渔、海洋				
7. 农业垦殖	5000亩及以上；涉及环境敏感区的	其他	Ⅳ类	Ⅳ类
8. 农田改造项目	—	涉及环境敏感区的		Ⅳ类
9. 农产品基地项目	—	涉及环境敏感区的		Ⅳ类
10. 农业转基因项目、物种引进项目	全部	—	Ⅳ类	
11. 经济林基地项目	原料林基地	其他	Ⅳ类	Ⅳ类
12. 森林采伐工程	—	全部		Ⅳ类
13. 防沙治沙工程	—	全部		Ⅳ类

续表

行业类别 环评类别	报告书	报告表	地下水环境影响评价项目类别	
			报告书	报告表
14. 畜禽养殖场、养殖小区	年出栏生猪5000头（其他畜禽种类折合猪的养殖规模）及以上；涉及环境敏感区的	—	Ⅲ类	
15. 淡水养殖工程	—	网箱、围网等投饵养殖；涉及环境敏感区的		Ⅳ类
16. 海水养殖工程	—	用海面积300亩及以上；涉及环境敏感区的		Ⅳ类
17. 海洋人工鱼礁工程	—	固体物质投放量5000m³及以上；涉及环境敏感区的		Ⅳ类
18. 围填海工程及海上堤坝工程	围填海工程；长度0.5km及以上的海上堤坝工程；涉及环境敏感区的	其他	Ⅳ类	Ⅳ类
19. 海上和海底物资储藏设施工程	全部	—	Ⅳ类	
20. 跨海桥梁工程	全部	—	Ⅳ类	
21. 海底隧道、管道、电（光）缆工程	全部	—	Ⅳ类	
C 地质勘查				
22. 基础地质勘查	—	全部		Ⅳ类
23. 水利、水电工程地质勘查	—	全部		Ⅳ类
24. 矿产资源地质勘查（包括勘探活动）	—	全部		Ⅳ类
D 煤炭				
25. 煤层气开采	年生产能力1亿m³及以上；涉及环境敏感区的	其他	水力压裂工艺的Ⅱ类，其余Ⅲ类	Ⅳ类
26. 煤炭开采	全部	—	煤矸石转运场Ⅱ类，其余Ⅲ类	
27. 洗选、配煤	—	全部		Ⅲ类
28. 煤炭储存、集运	—	全部		Ⅳ类
29. 型煤、水煤浆生产	—	全部		Ⅲ类

续表

行业类别 环评类别	报　告　书	报告表	地下水环境影响评价项目类别	
			报告书	报告表
E　电　力				
30. 火力发电（包括热电）	除燃气发电工程外的	燃气发电	灰场Ⅱ类，其余Ⅲ类	Ⅳ类
31. 水力发电	总装机 1000kW 及以上；抽水蓄能电站；涉及环境敏感区的	其他	Ⅲ类	Ⅳ类
32. 生物质发电	农林生物质直接燃烧或气化发电；生活垃圾、污泥焚烧发电	沼气发电、垃圾填埋气发电	Ⅲ类	Ⅳ类
33. 综合利用发电	利用矸石、油页岩、石油焦等发电	单纯利用余热、余压、余气（含煤层气）发电	Ⅲ类	Ⅳ类
34. 其他能源发电	海上潮汐电站、波浪电站、温差电站等；涉及环境敏感区的总装机容量 5 万 kW 及以上的风力发电	利用地热、太阳能热等发电；并网光伏发电；其他风力发电	Ⅳ类	Ⅳ类
35. 送（输）变电工程	500kV 及以上；涉及环境敏感区的 330kV 及以上	其他(不含 100kV 以下)	Ⅳ类	Ⅳ类
36. 脱硫、脱硝、除尘等环保工程	—	全部		Ⅳ类
F　石 油、天 然 气				
37. 石油开采	全部	—	Ⅰ类	
38. 天然气、页岩气开采（含净化）	全部	—	Ⅱ类	
39. 油库（不含加油站的油库）	总容量 20 万 m^3 及以上；地下洞库	其他	Ⅰ类	地下储罐Ⅰ类，其余Ⅱ类
40. 气库（不含加气站的气库）	地下气库	其他	Ⅳ类	Ⅳ类
41. 石油、天然气、成品油管线（不含城市天然气管线）	200km 及以上；涉及环境敏感区的	其他	油Ⅱ类，气Ⅲ类	油Ⅱ类，气Ⅳ类
G　黑　色　金　属				
42. 采选（含单独尾矿库）	全部	—	排土场、尾矿库Ⅰ类，选矿厂Ⅱ类，其余Ⅳ类	
43. 炼铁、球团、烧结	全部	—	焦化Ⅰ类，其余Ⅳ类	
44. 炼钢	全部	—	Ⅳ类	
45. 铁合金制造；锰、铬冶炼	全部	—	锰、铬冶炼Ⅰ类，铁合金制造Ⅲ类	

续表

行业类别 环评类别	报告书	报告表	地下水环境影响评价项目类别	
			报告书	报告表
46. 压延加工	年产 50 万 t 及以上的冷轧	其他	Ⅱ类	Ⅲ类
H 有色金属				
47. 采选（含单独尾矿库）	全部	—	排土场、尾矿库Ⅰ类，选矿厂Ⅱ类，其余Ⅲ类	
48. 冶炼（含再生有色金属冶炼）	全部	—	Ⅰ类	
49. 合金制造	全部	—	Ⅲ类	
50. 压延加工	—	全部		Ⅳ类
I 金属制品				
51. 表面处理及热处理加工	有电镀工艺的；使用有机涂层的；有钝化工艺的热镀锌	其他	Ⅲ类	Ⅳ类
52. 金属铸件	年产 10 万 t 及以上	其他	Ⅲ类	Ⅳ类
53. 金属制品加工制造	有电镀或喷漆工艺的	其他	Ⅲ类	Ⅳ类
J 非金属矿采选及制品制造				
54. 土砂石开采	年采 10 万 m^3 及以上；海砂开采工程；涉及环境敏感区的	其他	Ⅳ类	Ⅳ类
55. 化学矿采选	全部	—	Ⅰ类	
56. 采盐	井盐	湖盐、海盐	Ⅲ类	Ⅳ类
57. 石棉及其他非金属矿采选	全部	—	Ⅲ类	
58. 水泥制造	全部	—	Ⅳ类	
59. 水泥粉磨站	年产 100 万 t 及以上	其他	Ⅳ类	Ⅳ类
60. 混凝土结构构件制造、商品混凝土加工	—	全部		Ⅳ类
61. 石灰和石膏制造	—	全部		Ⅳ类
62. 石材加工	—	全部		Ⅳ类
63. 人造石制造	—	全部		Ⅳ类
64. 砖瓦制造	—	全部		Ⅳ类
65. 玻璃及玻璃制品	日产玻璃 500t 及以上	其他	Ⅳ类	Ⅳ类
66. 玻璃纤维及玻璃纤维增强塑料制品	年产玻璃纤维 3 万 t 及以上	其他	Ⅳ类	Ⅳ类

续表

行业类别 环评类别	报告书	报告表	地下水环境影响评价项目类别	
			报告书	报告表
67. 陶瓷制品	年产建筑陶瓷 100 万 m^2 及以上；年产卫生陶瓷 150 万件及以上；年产日用陶瓷 250 万件及以上	其他	Ⅲ类	Ⅳ类
68. 耐火材料及其制品	石棉制品；年产岩棉 5000t 及以上	其他	Ⅳ类	Ⅳ类
69. 石墨及其他非金属矿物制品	石墨、碳素	其他	Ⅲ类	Ⅳ类
70. 防水建筑材料制造、沥青搅拌站	—	全部		Ⅳ类
K 机械、电子				
71. 通用、专用设备制造及维修	有电镀或喷漆工艺的	其他	Ⅲ类	Ⅳ类
72. 铁路运输设备制造及修理	机车、车辆、动车组制造；发动机生产；有电镀或喷漆工艺的零部件生产	其他	Ⅲ类	Ⅳ类
73. 汽车、摩托车制造	整车制造；发动机生产；有电镀或喷漆工艺的零部件生产	其他	Ⅲ类	Ⅳ类
74. 自行车制造	有电镀或喷漆工艺的	其他	Ⅲ类	Ⅳ类
75. 船舶及相关装置制造	有电镀或喷漆工艺的；拆船、修船	其他	Ⅲ类	Ⅳ类
76. 航空航天器制造	有电镀或喷漆工艺的	其他	Ⅲ类	Ⅳ类
77. 交通器材及其他交通运输设备制造	有电镀或喷漆工艺的	其他	Ⅲ类	Ⅳ类
78. 电气机械及器材制造	有电镀或喷漆工艺的；电池制造（无汞干电池除外）	其他（仅组装的除外）	Ⅲ类	Ⅳ类
79. 仪器仪表及文化、办公用机械制造	有电镀或喷漆工艺的	其他（仅组装的除外）	Ⅲ类	Ⅳ类
80. 电子真空器件、集成电路、半导体分立器件制造、光电子器件及其他电子器件制造	显示器件	有分割、焊接、酸洗或有机溶剂清洗工艺的	Ⅱ类	Ⅲ类
81. 印刷电路板、电子元件及组件制造	印刷电路板	有分割、焊接、酸洗或有机溶剂清洗工艺的	Ⅱ类	Ⅲ类
82. 半导体材料、电子陶瓷、有机薄膜、荧光粉、贵金属粉等电子专用材料	全部	—	Ⅳ类	

续表

行业类别 环评类别	报　告　书	报告表	地下水环境影响评价项目类别	
			报告书	报告表
83. 电子配件组装	—	有分割、焊接、酸洗或有机溶剂清洗工艺的		有机溶剂清洗工艺的Ⅲ类，其余Ⅳ类
L　石化、化工				
84. 原油加工、天然气加工、油母页岩提炼原油、煤制油、生物制油及其他石油制品	全部	—	天然气净化做燃料为Ⅲ类，其余Ⅰ类	
85. 基本化学原料制造；化学肥料制造；农药制造；涂料、染料、颜料、油墨及其类似产品制造、合成材料制造；专用化学品制造；炸药、火工及焰火产品制造；饲料添加剂、食品添加剂及水处理剂等制造	除单纯混合和分装外的	单纯混合和分装的	Ⅰ类	Ⅲ类
86. 日用化学品制造	除单纯混合和分装外的	单纯混合和分装的	Ⅱ类	Ⅳ类
87. 焦化、电石	全部	—	Ⅰ类	
88. 煤炭液化、气化	全部	—	Ⅰ类	
89. 化学品输送管线	全部	—	地面以下Ⅱ类，地面面以上Ⅲ类	
M　医　药				
90. 化学药品制造；生物、生化制品制造	全部	—	Ⅰ类	
91. 单纯药品分装、复配	—	全部		Ⅳ类
92. 中成药制造、中药饮片加工	有提炼工艺的	其他	Ⅲ类	
93. 卫生材料及医药用品制造	—	全部		Ⅳ类
N　轻　工				
94. 粮食及饲料加工	年加工 25 万 t 及以上；有发酵工艺的	其他	Ⅲ类	Ⅳ类

续表

行业类别 环评类别	报 告 书	报告表	地下水环境影响评价项目类别	
			报告书	报告表
95. 植物油加工	年加工油料30万t及以上的制油加工；年加工植物油10万t及以上的精炼加工	其他（单纯分装和调和除外）	Ⅲ类	Ⅳ类
96. 生物质纤维素乙醇生产	全部	—	Ⅲ类	
97. 制糖、糖制品加工	原糖生产	其他	Ⅲ类	Ⅳ类
98. 屠宰	年屠宰10万头畜类（或100万只禽类）及以上	其他	Ⅲ类	Ⅳ类
99. 肉禽类加工	—	年加工2万t及以上		Ⅳ类
100. 蛋品加工	—	—		
101. 水产品加工	年加工10万t及以上	鱼油提取及制品制造；年加工10万～20万t（含）；涉及环境敏感区的年加工2万t以下	Ⅳ类	Ⅳ类
102. 食盐加工	—	全部		Ⅲ类
103. 乳制品加工	年加工20万t及以上	其他	Ⅳ类	Ⅳ类
104. 调味品、发酵制品制造	味精、柠檬酸、赖氨酸、淀粉、淀粉糖等制造	其他（单纯分装除外）	Ⅲ类	Ⅳ类
105. 酒精饮料及酒类制造	有发酵工艺的	其他	Ⅲ类	Ⅳ类
106. 果菜汁类及其他软饮料制造	原汁生产	其他	Ⅲ类	Ⅳ类
107. 其他食品制造	—	除手工制作和单纯分装外的		Ⅳ类
108. 卷烟	年产30万箱及以上	其他	Ⅳ类	Ⅳ类
109. 锯材、木片加工、家具制造	有电镀或喷漆工艺的	其他	Ⅲ类	Ⅳ类
110. 人造板制造	年产20万m^3及以上	其他	Ⅳ类	Ⅳ类
111. 竹、藤、棕、草制品制造	—	有化学处理或喷漆工艺的		Ⅲ类
112. 纸浆、溶解浆、纤维浆等制造；造纸（含废纸造纸）	全部	—	Ⅱ类	
113. 纸制品	—	有化学处理工艺的		Ⅲ类

续表

行业类别 环评类别	报告书	报告表	地下水环境影响评价项目类别	
			报告书	报告表
114. 印刷；文教、体育、娱乐用品制造；磁材料制品	—	全部		Ⅳ类
115. 轮胎制造、再生橡胶制造、橡胶加工、橡胶制品翻新	全部	—	Ⅱ类	
116. 塑料制品制造	人造革、发泡胶等涉及有毒原材料的；有电镀工艺的	其他	Ⅱ类	Ⅳ类
117. 工艺品制造	有电镀工艺的	有喷漆工艺和机加工的	Ⅲ类	Ⅳ类
118. 皮革、毛皮、羽毛（绒制品）	制革、毛皮鞣制	其他	皮革Ⅰ类，其余Ⅲ类	Ⅳ类
O 纺织化纤				
119. 化学纤维制造	除单纯纺丝外的	单纯纺丝	Ⅱ类	—
120. 纺织品制造	有洗毛、染整、脱胶工段的；产生缫丝废水、精炼废水的	其他（编织物及其制品制造除外）	Ⅰ类	Ⅲ类
121. 服装制造	有湿法印花、染色、水洗工艺的	年加工100万件及以上	Ⅲ类	Ⅳ类
122. 鞋业制造	—	使用有机溶剂的		Ⅳ类
P 公路				
123. 公路	新建、扩建三级及以上等级公路；涉及环境敏感区的1km及以上的独立隧道；涉及环境敏感区的主桥长度1km及以上的独立桥梁（均不含公路维护）	其他（配套设施、公路维护除外）	加油站Ⅱ类，其余Ⅳ类	Ⅳ类
Q 铁路				
124. 新建铁路	全部	—	机务段Ⅲ类，其余Ⅳ类	
125. 改建铁路	200km及以上的电气化改造；增建100km及以上的铁路；涉及环境敏感区的	其他	机务段Ⅲ类，其余Ⅳ类	Ⅳ类
126. 枢纽	大型枢纽	其他	涉及维修Ⅲ类，其余Ⅳ类	Ⅳ类
R 民航机场				
127. 机场	新建；迁建；涉及环敏感区的飞行区扩建	其他	地下油库Ⅰ类，地上油库Ⅱ类，其余Ⅳ类	Ⅳ类

续表

行业类别 环评类别	报　告　书	报告表	地下水环境影响评价项目类别	
			报告书	报告表
128. 导航台站、供油工程、维修保障等配套工程	—	供油工程；涉及环境敏感区的		供油工程Ⅱ类，其余Ⅳ类
S　水　运				
129. 油气、液体化工码头	全部	—	Ⅱ类	
130. 干散货（含煤炭、矿石）、杂件、多用途、通用码头	单个泊位1000吨级及以上的内河港口；单个泊位1万吨级及以上的沿海港口；涉及环境敏感区的	其他	Ⅳ类	Ⅳ类
131. 集装箱专用码头	单个泊位3000吨级及以上的内河港口；单个泊位3万吨级及以上的海港；涉及危险品、化学品的；涉及环境敏感区的	其他	涉危险品、化学品、环境敏感区的为Ⅱ类，其余Ⅳ类	Ⅳ类
132. 滚装、客运、工作船、游艇码头	涉及环境敏感区的	其他	Ⅳ类	Ⅳ类
133. 铁路轮渡码头	涉及环境敏感区的	其他	Ⅳ类	Ⅳ类
134. 航道工程、水运辅助工程	航道工程；涉及环境敏感区的防波堤、船闸、通航建筑物	其他	Ⅳ类	Ⅳ类
135. 航电枢纽工程	全部	—	Ⅳ类	
136. 中心渔港码头	涉及环境敏感区的	其他	Ⅳ类	Ⅳ类
T 城市交通设施				
137. 轨道交通	全部	—	机务段Ⅲ类，其余Ⅳ类	—
138. 城市道路	新建、扩建快速路、主干路；涉及环境敏感区的新建、扩建次干路	其他快速路、主干路、次干路；支路	加油站Ⅲ类，其余Ⅳ类	Ⅳ类
139. 城市桥梁、隧道	1km及以上的独立隧道或独立桥梁；立交桥	其他（人行天桥和人行地道除外）	Ⅳ类	Ⅳ类
U 城镇基础设施及房地产				
140. 煤气生产和供应工程	煤气生产	煤气供应	Ⅳ类	Ⅳ类
141. 城市天然气供应工程	—	全部	Ⅳ类	Ⅳ类
142. 热力生产和供应工程	燃煤、燃油锅炉总容量65t/h（不含）以上	其他	Ⅳ类	Ⅳ类
143. 自来水生产和供应工程	—	全部	Ⅳ类	Ⅳ类

续表

行业类别 环评类别	报告书	报告表	地下水环境影响评价项目类别	
			报告书	报告表
144. 生活污水集中处理	日处理10万t及以上	其他	Ⅱ类	Ⅲ类
145 工业废水集中处理	全部	—	Ⅰ类	
146. 海水淡化、其他水处理和利用	—	全部		Ⅳ类
147. 管网建设	—	全部		Ⅳ类
148. 生活垃圾转运站	—	全部		Ⅳ类
149. 生活垃圾（含餐厨废弃物）集中处置	全部	—	生活垃圾填埋处置项目Ⅰ类，其余Ⅱ类	
150. 粪便处置工程	—	日处理50t及以上		Ⅳ类
151. 危险废物（含医疗废物）集中处置及综合利用	全部	—	Ⅰ类	
152. 工业固体废物（含污泥）集中处置	全部	—	一类固废Ⅲ类，二类固废Ⅱ类	
153. 污染场地治理修复工程	全部	—	Ⅲ类	
154. 仓储（不含油库、气库、煤炭储存）	有毒、有害及危险品的仓储、物流配送项目	其他	有毒、有害及危险品的仓储Ⅰ类，其余Ⅲ类	Ⅲ类
155. 废旧资源（含生物质）加工、再生利用	废电子电器产品、废电池、废汽车、废电机、废五金、废塑料、废油、废船、废轮胎等加工、再生利用	其他	危废Ⅰ类，其余Ⅲ类	Ⅳ类
156. 房地产开发、宾馆、酒店、办公用房等		建筑面积5万m^2及以上；涉及环境敏感区的		Ⅳ类
Ⅴ社会事业与服务业				
157. 学校、幼儿园、托儿所	—	建筑面积5万m^2及以上，有实验室的学校（不含P3、P4生物安全实验室）		Ⅳ类
158. 医院	新建、扩建	其他	三甲为Ⅲ类，其余Ⅳ类	Ⅳ类

续表

环评类别 行业类别	报告书	报告表	地下水环境影响评价项目类别	
			报告书	报告表
159. 专科防治院（所、站）	涉及环境敏感区的	其他	传染性疾病的专科Ⅲ类，其余Ⅳ类	Ⅳ类
160. 疾病预防控制中心	涉及环境敏感区的	其他		Ⅳ类
161. 社区医疗、卫生院（所、站）、血站、急救中心等其他卫生机构	—	全部		Ⅳ类
162. 疗养院、福利院、养老院	—	建筑面积5万m^2及以上	Ⅳ类	Ⅳ类
163. 专业实验室	P3、P4生物安全实验室；转基因实验室	其他	Ⅲ类	Ⅳ类
164. 研发基地	含医药、化工类等专业中试内容的	其他	Ⅲ类	Ⅳ类
165. 动物医院	—	全部		Ⅳ类
166. 体育场、体育馆	—	占地面积2.2万m^2及以上		Ⅳ类
167. 高尔夫球场、滑雪场、狩猎场、赛车场、跑马场、射击场、水上运动中心	高尔夫球场	其他	高尔夫球场为Ⅱ类，其余Ⅳ类	Ⅳ类
168. 展览馆、博物馆、美术馆、影剧院、音乐厅、文化馆、图书馆、档案馆、纪念馆	—	占地面积3万m^2及以上		Ⅳ类
169. 公园（含动物园、植物园、主题公园）	占地40万m^2及以上	其他	Ⅳ类	Ⅳ类
170. 旅游开发	缆车、索道建设；海上娱乐及运动、景观开发工程	其他	Ⅳ类	Ⅳ类
171. 影视基地建设	涉及环境敏感区的	其他	Ⅳ类	Ⅳ类
172. 影视拍摄、大型实景演出	—	涉及环境敏感区的		Ⅳ类
173. 胶片洗印厂	—	全部		Ⅲ类
174. 批发、零售市场	—	营业面积5000m^2及以上		Ⅳ类
175. 餐饮场所	—	涉及环境敏感区的6个基准灶头及以上		Ⅳ类
176. 娱乐场所	—	营业面积1000m^2及以上		Ⅳ类

续表

行业类别 环评类别	报　告　书	报告表	地下水环境影响评价项目类别	
			报告书	报告表
177. 洗浴场所	—	营业面积 1000m² 及以上		Ⅳ类
178. Ⅱ类社区服务项目	—	—		
179. 驾驶员训练基地	—	全部		Ⅳ类
180. 公交枢纽、大型停车场	—	车位 2000 个及以上；涉及环境敏感区的		Ⅳ类
181. 长途客运站	—	新建		Ⅳ类
182. 加油、加气站	—	全部		加油站Ⅱ类，加气站Ⅳ类
183. 洗车场	—	营业面积 1000m² 及以上；涉及环境敏感区的		Ⅲ类
184. 汽车、摩托车维修场所	—	营业面积 5000m² 及以上；涉及环境敏感区的		Ⅲ类
185. 殡仪馆	涉及环境敏感区的	其他	Ⅳ类	Ⅳ类
186. 陵园、公墓	—	涉及环境敏感区的		Ⅳ类

注　本表未提及的行业，或《建设项目环境影响评价分类管理名录》（环境保护部令第 44 号，2018 年修正版）修订后较本表行业类别发生变化的行业，应根据对地下水环境影响程度，参照相近行业分类，对地下水环境影响评价项目类别进行分类。

（2）建设项目的地下水环境敏感程度可分为敏感、较敏感、不敏感三级，分级原则见表 6－9。

表 6－9　　地下水环境敏感程度分级表

敏感程度	地下水环境敏感特征
敏感	集中式饮用水水源（包括已建成的在用、备用、应急水源，在建和规划的饮用水水源）准保护区；除集中式饮用水水源以外的国家或地方政府设定的与地下水环境相关的其他保护区，如热水、矿泉水、温泉等特殊地下水资源保护区
较敏感	集中式饮用水水源（包括已建成的在用、备用、应急水源，在建和规划的饮用水水源）准保护区以外的补给径流区；未划定准保护区的集中式饮用水水源，其保护区以外的补给径流区；分散式饮用水水源地；特殊地下水资源（如矿泉水、温泉等）保护区以外的分布区等其他未列入上述敏感分级的环境敏感区
不敏感	上述地区之外的其他地区

注　“环境敏感区”是指《建设项目环境影响评价分类管理名录》（环境保护部令第 44 号，2018 年修正版）中所界定的涉及地下水的环境敏感区。

2. 建设项目评价工作等级

(1) 建设项目地下水环境影响评价工作等级分级见表6-10。

表6-10 评价工作等级分级表

环境敏感程度 项目类别	Ⅰ类	Ⅱ类	Ⅲ类
敏感	一	一	二
较敏感	一	二	三
不敏感	二	三	三

(2) 对于利用废弃盐矿井洞穴或人工专制盐洞穴、废弃矿井巷道加水幕系统、人工硬岩洞库加水幕系统、地质条件较好的含水层储油、枯竭的油气层储油等形式的地下储油库，危险废物填埋场应进行一级评价，不按表6-10划分评价工作等级。

(3) 当同一建设项目涉及两个或两个以上场地时，各场地应分别判定评价工作等级，并按相应等级开展评价工作。

(4) 线性工程根据所涉及地下水环境敏感程度和主要站场位置（如输油站、泵站、加油站、机务段、服务站等）进行分段判定评价等级，并按相应等级分别开展评价工作。

三、地下水环境影响评价技术要求

1. 原则性要求

地下水环境影响评价应充分利用已有资料和数据，当已有资料和数据不能满足评价要求时，应开展相应评价等级要求的补充调查，必要时进行勘察试验。

2. 一级评价要求

(1) 详细掌握调查评价区环境水文地质条件，主要包括含（隔）水层结构及分布特征、地下水补径排条件、地下水流场、地下水动态变化特征、各含水层之间以及地表水与地下水之间的水力联系等，详细掌握调查评价区内地下水开发利用现状与规划。

(2) 开展地下水环境现状监测，详细掌握调查评价区地下水环境质量现状和地下水动态监测信息，进行地下水环境现状评价。

(3) 基本查清场地环境水文地质条件，有针对性地开展场地勘察试验，确定场地包气带特征及其防污性能。

(4) 采用数值法进行地下水环境影响预测，对于不宜概化为等效多孔介质的地区，可根据自身特点选择适宜的预测方法。

(5) 预测评价应结合相应环保措施，针对可能的污染情景，预测污染物运移趋势，评价建设项目对地下水环境保护目标的影响。

(6) 根据预测评价结果和场地包气带特征及其防污性能，提出切实可行的地下水环境保护措施与地下水环境影响跟踪监测计划，制定应急预案。

3. 二级评价要求

(1) 基本掌握调查评价区环境水文地质条件，主要包括含（隔）水层结构及分布特征、地下水补径排条件、地下水流场等。了解调查评价区内地下水开发利用现状与规划。

(2) 开展地下水环境现状监测，基本掌握调查评价区地下水环境质量现状，进行地下水环境现状评价。

(3) 根据场地环境水文地质条件的掌握情况，有针对性地补充必要的现场勘查试验。

(4) 根据建设项目特征、水文地质条件及资料掌握情况，选择采用数值法或解析法进行影响预测，预测污染物运移趋势和对地下水环境保护目标的影响。

(5) 提出切实可行的环境保护措施与地下水环境影响跟踪监测计划。

4. 三级评价要求

(1) 了解调查评价区和场地环境水文地质条件。

(2) 基本掌握调查评价区的地下水补径排条件和地下水环境质量现状。

(3) 采用解析法或类比分析法进行地下水影响分析与评价。

(4) 提出切实可行的环境保护措施与地下水环境影响跟踪监测计划。

5. 其他技术要求

(1) 一级评价要求场地环境水文地质资料的调查精度，不低于1：10000比例尺，评价区的环境水文地质资料的调查精度，不低于1：50000比例尺。

(2) 二级评价环境水文地质资料的调查精度要求能够清晰反映建设项目与环境敏感区、地下水环境保护目标的位置关系，并根据建设项目特点和水文地质条件复杂程度确定调查精度，建议一般不低于1：50000比例尺为宜。

【任务准备】

拟准备一地下水环境评价的工作任务案例，给出相关的污染、环境、政策等资料。

【任务实施】

根据工作任务，确定评价工作的等级。

【思考题与习题】

1. 简述地下水环境影响评价工作等级划分的依据。

2. 简述地下水环境影响评价的技术要求。

知识点二　地下水环境现状调查的范围及内容

6-17

地下水现状调查的范围及内容

【任务描述】

了解地下水环境现状调查的基本要求，熟悉调查范围确定的方法，掌握地下水环境现状调查的内容。

【任务分析】

为更好地进行地下水环境评价，首先要进行地下水环境现状调查，能够确定调查的范围、内容，并能采用适当的方法进行现状调查。

6-18

地下水现状调查的范围及内容

【知识链接】

一、基本要求

地下水环境现状调查评价范围应包括与建设项目相关的地下水环境保护目标，以能说明地下水环境的现状，反映调查评价地区地下水基本流场特征，满足地下水环境影响预测和评价为基本原则。

污染场地修复工程项目的地下水环境影响现状调查参照《场地环境调查技术导则》（HJ 25.1—2014）相关内容执行。

二、调查评价范围的确定

（1）建设项目（除线性工程外）地下水环境影响现状调查评价范围可采用公式计算法、查表法和自定义确定。

当建设项目所在地水文地质条件相对简单，且所掌握的资料能够满足公式计算法的要求时，应采用公式计算法确定［《饮用水水源保护区划分技术规范》（HJ/T 338—2007)］；当不满足公式计算法的要求时，可采用查表法确定。当计算或查表范围超出所处水文地质单位边界时，应以所处水文地质单元边界为宜。

1）公式计算法。

$$L = a \times K \times I \times T / ne \tag{6-10}$$

式中　L——下游迁移距离，m；

a——变化系数，$a \geqslant 1$，一般取 2；

K——渗透系数，m/d，常见渗透系数见表 6-11；

I——水利坡度，无量纲；

T——质点迁移天数，取值不小于 5000d；

ne——有效孔隙度，无量纲。

表 6-11　渗透系数经验值表

岩性名称	主要颗粒粒径/mm	渗透系数/(m/d)	渗透系数/(cm/s)
轻亚黏土		0.05～0.1	5.79×10^{-5}～1.16×10^{-4}
亚黏土		0.1～0.25	1.16×10^{-4}～2.89×10^{-4}
黄土		0.25～0.5	2.89×10^{-4}～5.79×10^{-4}
粉土质砂		0.5～1.0	5.79×10^{-4}～1.16×10^{-3}
粉砂	0.05～0.1	1.0～1.5	1.16×10^{-3}～1.74×10^{-3}
细砂	0.1～0.25	5.0～10	5.79×10^{-3}～1.16×10^{-2}
中砂	0.25～0.5	10.0～25	1.16×10^{-2}～2.89×10^{-2}
粗砂	0.5～1.0	25～50	2.89×10^{-2}～5.78×10^{-2}
砾砂	1.0～2.0	50～100	5.78×10^{-2}～1.16×10^{-1}
圆砾		75～150	8.68×10^{-2}～1.74×10^{-1}
卵石		100～200	1.16×10^{-1}～2.31×10^{-1}
块石		200～500	2.31×10^{-1}～5.79×10^{-1}
漂石		500～1000	5.79×10^{-1}～1.16×10^{-0}

采用该方法时应包含重要的地下水环境保护目标，所得的调查评价范围如图 6-3 所示。

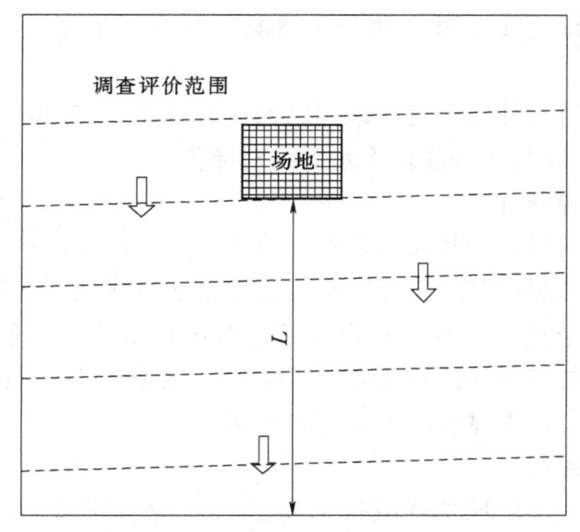

图 6-3　调查评价范围示意图

（注：虚线表示等水位线；空心箭头表示地下水流向；
场地上游距离根据评价需求确定，场地两侧不小于 $L/2$。）

2）查表法（参照表 6-12）。

表 6-12　　地下水环境现状调查评价范围参照表

评价等级	调查评价范围/km^2	备　注
一级	≥20	应包括重要的地下水环境保护目标，必要时适当扩大范围。
二级	6～20	
三级	≤6	

3）自定义法。可根据建设项目所在地水文地质条件自行确定，需说明理由。

（2）线性工程应以工程边界两侧向外延伸 200m 作为调查评价范围；穿越饮用水源准保护区时，调查评价范围应至少包含水源保护区；线性工程站场的调查评价范围确定参照（1）。

三、水文地质条件调查

在充分收集资料的基础上，根据建设项目特点和水文地质条件复杂程度，开展调查工作，主要内容包括：

（1）气象、水文、土壤和植被状况。

（2）地层岩性、地质构造、地貌特征与矿产资源。

（3）包气带岩性、结构、厚度、分布及垂向渗透系数等。

（4）含水层的岩性、分布、结构、厚度、埋藏条件、渗透性、富水程度等；隔水层（弱透水层）的岩性、厚度、渗透性等。

（5）地下水类型、地下水补给、径流和排泄条件。

（6）地下水水位、水质、水温、地下水化学类型。

（7）泉的成因类型，出露位置、形成条件及泉水流量、水质、水温，开发利用情况。

(8) 集中供水水源地和水源井的分布情况（包括开采层的成井的密度、水井结构、深度以及开采历史）。

(9) 地下水现状监测井的深度、结构以及成井历史、使用功能。

(10) 地下水环境现状值（或地下水污染对照值）。

四、地下水污染源调查

(1) 调查评价区内具有与建设项目产生或排放同种特征因子的地下水污染源。

(2) 对于一级、二级的改、扩建项目，应在可能造成地下水污染的主要装置或设施附近开展包气带污染现状调查，对包气带进行分层取样，一般在 0～20cm 埋深范围内取一个样品，其他取样深度应根据污染源特征和包气带岩性、结构特征等确定，并说明理由。样品进行浸溶试验，测试分析浸溶液成分。

五、地下水现状监测

(1) 建设项目地下水环境现状监测应通过对地下水水质、水位的监测，掌握或了解评价区地下水水质现状及地下水流场，为地下水环境现状评价提供基础资料。

(2) 污染场地修复工程项目的地下水环境现状监测参照《场地环境监测技术导则》(HJ 25.2—2014) 执行。

【任务准备】

拟准备一地下水环境评价的工作任务案例，给出相关的污染、环境、政策等资料。

【任务实施】

根据工作任务，确定出地下水环境现状调查的范围、内容、要求，制订出地下水环境现状调查的计划。

【思考题与习题】

1. 地下水环境现状调查的范围如何确定？

2. 如何对水环境现状调查中的污染源进行调查？

知识点三　地下水环境现状监测

【任务描述】

6-20
地下水环境
现状监测

了解地下水环境现状监测点的布设原则，熟悉地下水水质现状监测取样要求，掌握现状监测因子的确定，熟悉现状监测频率的要求，掌握地下水样品采集的方法以及现场测定的项目。

【任务分析】

通过对地下水水质、水位的监测，掌握或了解评价区地下水水质现状及地下水流场，为地下水环境现状评价提供基础资料。

【知识链接】

一、现状监测点的布设原则

(1) 地下水环境现状监测点采用控制性布点与功能性布点相结合的布设原则。监测点应主要布设在建设项目场地、周围环境敏感点、地下水污染源以及对于确定边界条件有控制意义的地点。当现有监测点不能满足监测位置和监测深度要求时，应布设新的地下水现状监测井，现状监测井的布设应兼顾地下水环境影响跟踪监测计划。

(2) 监测层位应包括潜水含水层、可能受建设项目影响且具有饮用水开发利用价值的含水层。

(3) 一般情况下，地下水水位监测点数应大于相应评价级别地下水水质监测点数的2倍。

(4) 地下水水质监测点布设的具体要求：

1) 监测点布设应尽可能靠近建设项目场地或主体工程，监测点数应根据评价等级和水文地质条件确定。

2) 一级评价项目潜水含水层的水质监测点应不少于7个，可能受建设项目影响且具有饮用水开发利用价值的含水层3～5个。原则上建设项目场地上游和两侧的地下水水质监测点均不得少于1个，建设项目场地及其下游影响区的地下水水质监测点不得少于3个。

3) 二级评价项目潜水含水层的水质监测点应不少于5个，可能受建设项目影响且具有饮用水开发利用价值的含水层2～4个。原则上建设项目场地上游和两侧的地下水水质监测点均不得少于1个，建设项目场地及其下游影响区的地下水水质监测点不得少于2个。

4) 三级评价项目潜水含水层的水质监测点应不少于3个，可能受建设项目影响且具有饮用水开发利用价值的含水层1～2个。原则上建设项目场地上游及下游影响区的地下水水质监测点各不得少于1个。

(5) 管道型岩溶区等水文地质条件复杂的地区，地下水现状监测点应视情况而定，并说明布设理由。

(6) 在包气带厚度超过100m的评价区或监测井较难布置的基岩山区，地下水监测点无法满足(4)的要求时，可视情况调整数量，并说明调整理由。一般情况下，该类地区一级、二级评价项目至少设置3个监测点，三级评价项目跟进需要设置一定数量的监测点。

二、地下水水质现状监测取样要求

(1) 地下水水质取样应根据特征因子在地下水中的迁移性选取适当的取样方法。

(2) 一般情况下，只取一个水质样品，取样点深度宜在地下水位以下1.0m左右。

(3) 建设项目为改、扩建项目，且特征因子为DNAPLs(重质非水相液体)时，应至少在含水层底部取一个样品。

三、地下水水质现状监测因子

(1) 监测分析地下水环境中的K^+、Na^+、Ca^{2+}、Mg^{2+}、CO_3^{2-}、HCO_3^-、Cl^-、SO_4^{2-}的浓度。

(2) 地下水水质现状监测因子原则上应包括两类：一类是基本水质因子，另一类为特征因子。

1) 基本水质因子以pH值、氨氮、硝酸盐、亚硝酸盐、挥发性酚类、氰化物、砷、汞、铬(六价)、总硬度、铅、氟、镉、铁、锰、溶解性总固体、高锰酸盐指数、硫酸盐、氯化物、总大肠菌群、细菌总数等及背景值指标的水质因子为基础，可根据区域地下水类型、污染源现状适当调整。

2）特征因子根据识别结果（识别建设项目可能导致地下水污染的特征因子，特征因子应根据建设项目污废水成分、液体物料成分、固废浸出液成分等确定）确定，可根据区域地下水化学类型、污染源状况适当调整。

四、地下水环境现状监测频率要求

（1）水位监测频率要求。

1）评价等级为一级的建设项目，若掌握近3年内至少一个连续水文年的枯、平、丰水期的地下水位动态监测资料，评价期内至少开展一期地下水水文监测；若无上述资料，依据表6-13开展水位监测。

2）评价等级为二级的建设项目，若掌握近3年内至少一个连续水文年的枯、丰水期地下水位动态监测资料，评价期可不再开展现状地下水位监测；若无上述资料，依据表6-13开展水位监测。

3）评价等级为三级的建设项目，若掌握近3年内至少一期的监测资料，评价期可不再进行现状地下水位监测；若无上述资料，依据表6-13开展水位监测。

（2）基本水质因子的水质监测频率应参照表6-13，若掌握近3年至少一期水质监测数据，基本水质因子可在评价期补充开展一期现状监测；特征因子在评价期内需至少开展一期现状值监测。

（3）在包气带厚度超过100m的评价区或监测井较难布置的基岩山区，若掌握近3年内至少一期的监测资料，评价期内可不进行现状水位、水质监测；若无上述资料，至少开展一期现状水位、水质监测。

表6-13　　地下水环境现状监测评率参照表

地　区	水位监测评率			水质监测评率		
	一级	二级	三级	一级	二级	三级
山前冲（洪）积	枯平丰	枯丰	一期	枯丰	枯	一期
滨海（含填海区）	二期[a]	一期	一期	一期	一期	一期
其他平原区	枯丰	一期	一期	枯	一期	一期
黄土地区	枯平丰	一期	一期	二期	一期	一期
沙漠地区	枯丰	一期	一期	一期	一期	一期
丘陵山区	枯丰	一期	一期	一期	一期	一期
岩溶裂隙	枯丰	一期	一期	枯丰	一期	一期
岩溶管道	二期	一期	一期	二期	一期	一期

a “二期”的间隔有明显水位变化，其变化幅度接近年内变幅。

五、地下水样品采集与现场测定

（1）地下水样品应采用自动式采样泵或人工活塞闭合式与敞口式定深采样器进行采集。

（2）样品采集前，应先测量井孔地下水水位（或地下水水位埋藏深度）并做好记录，然后采用潜水泵或离心泵对采样井（孔）进行全井孔清洗，抽汲的水量不得小于

3倍的井筒水（量）体积。

（3）地下水水质样品的管理、分析化验和质量控制按《地下水环境监测技术规范》（HJ/T 164—2004）执行。pH值、Eh值、溶解氧（DO）、水温等不稳定项目应在现场测定。

（4）地下水水质现状监测点取样深度的确定。

1）评价级别为一级的Ⅰ类和Ⅲ类建设项目，对地下水监测井（孔）点应进行定深水质取样，具体要求：

a. 地下水监测井中水深小于20m时，取两个水质样品，取样点深度应分别在井水位以下1.0m之内和井水位以下井水深度约3/4处。

b. 地下水监测井中水深大于20m时，取三个水质样品，取样点深度应分别在井水位以下1.0m之内、井水位以下井水深度约1/2处和井水位以下井水深度约3/4处。

2）评价级别为二级、三级的Ⅰ类和Ⅲ类建设项目和所有评价级别的Ⅱ类建设项目，只取一个水质样品，取样点深度应在井水位以下1.0m之内。

（5）监测内容。

1）水质。自然界中影响地下水质量的有害物质很多，不同地区工业布局不同，污染源类型差异大，污染物种类也各不相同，因此，地下水质量因子的选择要根据研究区的具体情况而定，选择对生物、环境、人体和社会经济危害大的参数作为主要评价对象。

通常建设项目的环境影响评价，其地下水水质监测主要考虑能够反映地下水正常的水质状况及建设项目的特征污染物两方面即可。监测因子一般选取pH值、Cl^-、SO_4^{2-}、NO_3^-、NO_2^-、NH_4^+、总硬度、高锰酸盐指数等。特征污染物则与具体工程项目有关，常有F^-、As、石油类、挥发酚、Cr^{6+}、Hg、Pb、Cd等。卫生指标选用大肠杆菌数和细菌总数两项指标。监测因子的选择关键是能选准工程项目的特征污染物。

进行区域地下水环境质量综合评价时，为了能全面评价地下水水质，应选择以下监测项目中的20项以上：

Cl^-、SO_4^{2-}、NO_3^-、NO_2^-、NH_3^+、F^-、pH值、总硬度、矿化度、高锰酸盐指数、挥发酚、氰化物、As、Cr^{6+}、Hg、Pb、Cd、Fe、Mn、Ag、Mo、Se、大肠菌群等。必要时还应监测反映评价区水质主要问题的其他项目，如阴离子合成洗涤剂、有机氯、有机磷、苯类、溶解氧、耗氧量及其他的工业排放有机物质。

地下水水质现状监测项目的选择，应根据建设项目行业污水特点、评价等级、存在或可能引发的环境水文地质问题而确定。即评价等级较高，环境水文地质条件复杂的地区可适当多取，反之可适当减少。

2）水位。水位是确定地下水流向的重要因素，应通过水准仪进行测定。当不具备条件时，要测量其水位埋深。

3）水温。水温是确定含水层埋深、循环深度及补、径、排条件的重要指标。当水温出现异常时，应分析原因，判断取样工作的正确性，水温应现场测定。

（6）现状监测频率要求。

1）评价等级为一级的建设项目，应在评价期内至少分别对一个连续水文年的枯、平、丰水期的地下水水位、水质各监测一次。

2）评价等级为二级的建设项目，对于新建项目，若有近3年内不少于一个连续水文年的枯、丰水期监测资料，应在评价期内进行至少一次地下水水位、水质监测。对于改、扩建项目，若掌握现有工程建成后近3年内不少于一个连续水文年的枯、丰水期观测资料，也应在评价期内进行至少一次地下水水位、水质监测。

若已有的监测资料不能满足本条要求，应在评价期内分别对一个连续水文年的枯、丰水期的地下水水位、水质各监测一次。

3）评价等级为三级的建设项目，应至少在评价期内监测一次地下水水位、水质，并尽可能在枯水期进行。

（7）地下水水质样品采集与现场测定。

1）地下水水质样品应采用自动式采样泵或人工活塞闭合式与敞口式定深采样器进行采集。

2）样品采集前，应先测量井孔地下水水位（或地下水水位埋藏深度）并做好记录，然后采用潜水泵或离心泵对采样井（孔）进行全井孔清洗，抽汲的水量不得小于3倍的井筒水（量）体积。

3）地下水水质样品的管理、分析化验和质量控制按《地下水环境监测技术规范》（HJ 164—2020）执行。pH值、溶解氧（DO）、水温等不稳定项目应在现场测定。

【任务准备】

拟准备一地下水环境评价的工作任务案例，给出相关的污染、环境等资料。

【任务实施】

根据工作任务，制订地下水现状监测的计划，设置现状监测的点位，确定地下水环境监测的因子和频率，确定样品采集的方法与现场测定的项目。

【思考题与习题】

1. 简述地下水现状监测的布设。

2. 评价等级为一级的建设项目现状监测的频率要求是什么？

3. 需要现场测定的项目有哪些？

知识点四　地下水环境现状评价

6-21

地下水环境现状评价

6-22

地下水环境现状评价

【任务描述】

熟悉地下水水质现状评价的标准，掌握评价的方法。

【任务分析】

能够选择合适的方法评价地下水环境现状。

【知识链接】

一、地下水水质现状评价

1. 评价标准

根据评价目的通常有两种评价标准，一是国家标准，如《地下水环境质量标准》（GB/T 14848—2017）；二是以评价地区的污染起始值或背景值作为标准。通常把以前者为标准进行的评价称为环境质量评价，即地下水质量是否符合各种目的的用水标准，也就是评价地下水质量的好与坏，优与劣；以后者为标准进行的评价称为地下水污染评价，即地下水的人为污染程度。

环评工作中的执行标准由政府主管部门给出。无特殊要求时执行《地下水质量标准》（GB/T 14848—2017）。其中的Ⅲ类标准，基本对应了《生活饮用水卫生标准》（GB 5749—2006）。

2. 评价方法

评价方法可选用单因子指数法、综合评分法、尼梅罗指数法、双指数法、模糊数学法及灰色关联度法等。各种方法的评价目标、适用范围不同，所满足的评价目的要求亦不同，监测因子数量要求也有很大区别，应根据实际情况和评价要求具体选用。下面介绍几种方法：

（1）标准指数法。实际工作中，一般评价范围较小，工程评价要求较简单，常采用标准指数法，基本公式如下：

$$P_i=\frac{C_i}{C_O} \tag{6-11}$$

式中　P_i——污染物的标准指数，无量纲；

C_i——污染物的实测浓度，mg/L；

C_O——污染物的评价标准，mg/L。

对于评价标准为区间值的水质因子（如 pH 值），其标准指数计算方法如下：

$$S_{pH,j}=\frac{7.0-pH_j}{7.0-pH_{sd}},pH_j\leqslant 7.0 \tag{6-12}$$

$$S_{pH,j}=\frac{pH_j-7.0}{pH_{su}-7.0},pH_j>7.0 \tag{6-13}$$

式中　$S_{pH,j}$——pH 的标准指数；

pH_j——pH 值得实测值；

pH_{sd}——水质标准中规定的 pH 值下限；

pH_{su}——水质标准中规定的 pH 值上限。

标准指数法计算评价简单，使用方便，可以明确表示污染因子与标准值的相关情况，是环评工作中最常用的评价方法。但该方法只能就单项指标进行评述，不能综合评价地下水的整体环境质量状况或污染情况。需要进行综合评价时，应采用后面提出的几种方法。

（2）综合评分法。该方法由《地下水质量标准》（GB/T 14848—2017）推荐，方法如下：将水质各单项组分（不包括细菌学指标）按《地下水质量标准》（GB/T 14848—2017）划分所属质量类别，对各类别按表 6-14 确定单项组分评分值 F_i；不同类别标准相同时取优不取劣。例如挥发酚Ⅰ类、Ⅱ类标准均为不大于 0.001mg/L，如果水质监测结果不大于 0.001mg/L，应定为Ⅰ类而不定为Ⅱ类。

表 6-14　　地下水环境质量单项组分评分表

类别	Ⅰ	Ⅱ	Ⅲ	Ⅳ	Ⅴ
F_i	0	1	3	6	10

综合评价分值：

$$F=\sqrt{\frac{\overline{F}^2+F_{max}^2}{2}} \tag{6-14}$$

$$\overline{F}=\frac{1}{n}\sum_{i=1}^{n}F_i \tag{6-15}$$

式中　$\overline{F}$——各单项组分评分值 F_i 的平均值；

F_{max}——单项组分评分值 F_i 中最大值；

n——项目数（标准规定的监测项目，不少于 20 项）。

根据计算的 F 值，按表 6-15 可划分地下水质量级别，再将细菌学指标评价类别注在级别定名之后。

表 6-15　　地下水环境质量分级表

级别	优良	良好	较好	较差	极差
F	<0.8	0.8～2.5	2.5～4.25	4.25～7.2	>7.2

（3）尼梅罗指数法。尼梅罗指数是比标指数类的一种，该方法选取最大值和平均值的平方和，强调最大值的作用。

$$PI_n=\sqrt{\frac{(C_i/C_{oi})_{cp}^2+(C_i/C_{oi})_{max}^2}{2}} \tag{6-16}$$

考虑到所选择评价项目对人体健康的危害性不同，仅对其作最高限量（评价标准）尚不足以显示出各项组分对地下水整体质量状态的影响，因此，需对各评价因子取一反映其在饮用水质量中所起的作用强弱的数值 ε_i，称为人体健康效应系数：

$$\varepsilon_i=\lg\frac{\sum_{i=1}^{n}C_{oi}}{C_{oi}} \tag{6-17}$$

以此系数对尼梅罗公式作一修正变为

$$PI_n=\sqrt{\frac{\left(\varepsilon_i\frac{C_i}{C_{oi}}\right)_{cp}^2+\left(\varepsilon_i\frac{C_i}{C_{oi}}\right)_{max}^2}{2}} \tag{6-18}$$

式中　PI_n——尼梅罗指数，无量纲；

C_i——实测浓度，mg/L；

C_{oi}——评价标准，mg/L；

ε_i——评价因子权重（人体健康效应系数）。

根据监测计算结果，按如下指数大小进行分级：

1）地下水环境质量较好：$PI_n<3.5$，各项组分均不超标。

2）地下水环境质量一般：$3.5 \leqslant PI_n \leqslant 7$，有1～2项组分超标。

3）地下水环境质量较差：$PI_n > 7$，有3项以上组分超标。

需要指出，国家的规范标准中并没有统一的分级标准。以上划分标准是在华北平原多年工作经验的基础上提出来的，只适用于某一特定的区域，在此只注重其评价方法。

二、包气带环境现状分析

对于污染场地修复工程项目和评价工作等级为一级、二级的改、扩建项目，应开展包气带现状调查，分析包气带污染状况。

【任务准备】

拟准备一地下水环境评价的工作任务案例，给出地下水环境现状调查的范围、内容等资料。

【任务实施】

根据工作任务及给定的资料，进行地下水环境现状评价，得出现状评价的结论。

【思考题与习题】

1. 简述地下水环境现状评价的方法。

2. 某一地下水监测项目的质量浓度数据为：BOD_5 为15mg/L、化学需氧量（COD）为10mg/L、溶解氧（DO）为9mg/L，Cd为0.004mg/L，Cr^{6+} 为0.005mg/L，Cu为0.6mg/L，As为0.05mg/L，石油为0.04mg/L。采用《地下水质量标准》（GB/T 14848—2017）Ⅱ类的水质标准。请用标准指数法对其进行评价，并求出尼梅罗指数。

知识点五　地下水环境影响预测

【任务描述】

了解地下水环境预测的原则，熟悉预测的范围与时段，掌握预测的因子、方法及内容。

【任务分析】

为更好地进行地下水环境影响评价，要能够正确选择预测的因子，判断预测的范围和时段，选择合适的预测方法，进行地下水环境预测。

【知识链接】

一、预测原则

6－23

地下水环境影响预测

（1）建设项目地下水环境影响预测应遵循《建设项目环境影响评价技术导则》（HJ 2.1—2016）中确定的原则进行。考虑到地下水环境污染的复杂性、隐蔽性和难恢复性，还应遵循保护优先、预防为主的原则，预测应为评价各方案的环境安全和环境保护措施的合理性提供依据。

6－24

地下水环境影响预测

（2）预测的范围、时段、内容和方法均应根据评价工作等级、工程特征与环境特征，结合当地环境功能和环保要求确定，应预测建设项目对地下水水质产生的直接影响，重点预测对地下水环境保护目标的影响。

（3）在结合地下水污染防控措施的基础上，对工程设计方案或可行性研究报告推荐的选址（选线）方案可能引起的地下水环境影响进行预测。

二、预测范围

（1）地下水环境影响预测的范围一般与调查评价范围一致。

（2）预测层位应以潜水含水层或污染物直接进入的含水层为主，兼顾与其水力联系密切且具有饮用水开发利用价值的含水层。

（3）在建设项目场地天然包气带垂向渗透系数小于 1×10^{-6} cm/s 或厚度超过100m 时，预测范围应扩展至包气带。

三、预测时段

地下水环境影响预测时段应选取可能产生地下水污染的关键时段，至少包括污染发生后 100d、1000d，服务年限或能力反映特征因子迁移规律的其他重要的时间节点。

四、预测因子

（1）根据识别出的建设项目可能导致地下水污染的特征因子，按照重金属、持久性有机污染物和其他类别进行分类，并对每一类别中的各项因子采用标准指数法进行排序，分别取标准指数最大的因子作为预测因子。

（2）现有工程已经产生的且改、扩建后将继续产生的特征因子，改、扩建后新增加的特征因子。

（3）污染场地已查明的主要污染物。

（4）国家或地方要求控制的污染物。

五、预测方法

（1）建设项目地下水环境影响预测方法包括数学模型法和类比分析法。其中，数学模型法包括数值法、解析法、均衡法、回归分析、趋势外推、时序分析等方法。

（2）预测方法的选取应根据建设项目工程特征、水文地质条件及资料掌握程度来确定，当数值方法不适用时，可用解析法或其他方法预测。一般情况下，一级评价应采用数值法，不宜概化为等效多孔介质的地区除外；二级评价中水文地质条件复杂且适宜采用数值法时，建议优先采用数值法；三级评价可采用解析法或类比分析法。

（3）采用数值法预测前，应先进行参数识别和模型验证。

（4）采用解析法模型预测污染物在含水层中的扩散时，一般应满足以下条件：

1）污染物的排放对地下水流场没有明显的影响。

2）评价区内含水层的基本参数（如渗透系数、有效孔隙度等）不变或变化很小。

（5）采用类比分析法时，应给出类比条件。类比分析对象与拟预测对象之间应满足以下要求：

1）二者的环境水文地质条件、水动力场条件相似。

2）二者的工程类型、规模及特征因子对地下水环境的影响具有相似性。

（6）地下水环境影响预测过程中，对于采用非《环境影响评价技术导则　地下水环境》（HJ 610—2016）推荐模式进行预测评价时，须明确所采用的模式适用条件，给出模型中的各参数物理意义及参数取值，并尽可能地采用《环境影响评价技术导则　地下水环境》（HJ 610—2016）中的推荐模式进行验证。

六、预测内容

（1）给出特征因子不同时段的影响范围、程度，最大迁移距离。

（2）给出预测期内场地边界或地下水环境保护目标处特征因子随时间的变化规律。

（3）当建设项目场地天然包气带垂向渗透系数小于 1×10^{-6} cm/s 或厚度超过100m时，须考虑包气带阻滞作用，预测特征因子在包气带中迁移。

（4）污染场地修复治理工程项目应给出污染物变化趋势或污染控制的范围。

【任务准备】

拟准备一项地下水环境影响评价的工作任务案例，给出地下水水环境现状调查的范围、内容、污染排放等相关资料。

【任务实施】

根据工作任务及给定的资料，进行影响预测。

【思考题与习题】

1. 简述地下水影响预测的范围。
2. 简述地下水影响因子确定的方法。
3. 简述地下影响预测常用的方法。

知识点六　地下水环境影响评价

【任务描述】

了解地下水环境影响评价的原则，熟悉地下水环境影响评价的范围、方法及评价的结论。

6-25

地下水环境影响评价

【任务分析】

根据环境影响预测的结果，能够进行地下水环境影响评价。

【知识链接】

一、评价原则

6-26

地下水环境影响评价

（1）评价应以地下水环境现状调查和地下水环境影响预测结果为依据，对建设项目各实施阶段（建设期、运营期和服务期满后）不同环节及不同污染防控措施下的地下水环境影响进行评价。

（2）地下水环境影响预测未包括环境质量现状值时，应叠加环境质量现状值后再进行评价。

（3）应评价建设项目对地下水水质的直接影响，重点评价建设项目对地下水环境保护目标的影响。

二、评价范围

地下水环境影响评价范围一般与调查评价范围一致。

三、评价方法

（1）采用标准指数法对建设项目地下水水质影响进行评价。

（2）对于属于《地下水质量标准》（GB/T 14848—2017）水质指标的评价因子，应按其规定的水质分类标准值进行评价，不属于《地下水质量标准》（GB/T 14848—

2017）水质指标的评价因子，可参照（行业、地方）相关标准的水质标准值［如《地表水环境质量标准》（GB 3838—2002）、《生活饮用水卫生标准》（GB 5749—2006）、《地下水水质标准》（DZ/T 0290—2015）等］进行评价。

四、评价结论

评价建设项目对地下水水质影响时，可采用以下判据评价水质能否满足标准的要求。

1. 以下情况应得出可以满足标准要求的结论

（1）建设项目各个不同阶段，除场界内小范围以外地区，均能满足《地下水质量标准》（GB/T 14848—2017）或国家（行业、地方）相关标准要求的。

（2）在建设项目实施的某个阶段，有个别评价因子出现较大范围超标，但采取环保措施后，可满足《地下水质量标准》（GB/T 14848—2017）或国家（行业、地方）相关标准要求的。

2. 以下情况应得出不能满足标准要求的结论

（1）新建项目排放的主要污染物，改、扩建项目已经排放的及将要排放的主要污染物在评价范围内地下水中已经超标的。

（2）环保措施在技术上不可行，或经济上明显不合理的。

【任务准备】

拟准备一项地下水环境影响评价的工作任务案例，给出水环境现状调查的范围、内容、污染排放，影响预测的成果等相关资料。

【任务实施】

根据工作任务及给定的资料，进行地下水环境影响预测评价。

【思考题与习题】

1. 地下水环境影响评价一般采用什么方法？

2. 地下水环境影响评价结论的要求是什么？

项目七　建设项目的环境影响评价

【知识目标】

了解建设项目环境影响评价工作的程序；熟悉建设项目环境影响评价的类型以及编制要点；熟悉建设项目环境影响评价文件报批、审批的程序和时效；熟悉建设项目环境影响评价文件的实施与后评价；了解建设项目环境影响评价的法律责任；熟悉各类环境质量评价图的绘制；掌握建设项目环境影响评价报告书的编写技能。

【技能目标】

通过本项目的学习，能够编制建设项目环境影响评价文件，能够绘制环境质量评价图，了解建设项目环境影响评价文件报批的程序，能在有效期内进行文件的报批，同时能按照法律法规的要求实施环境影响评价文件的相关建设内容，并根据要求进行后评价。

【重点难点】

本任务重点在于建设项目环境影响评价报告书的编写、环境质量评价图的绘制。

任务一　建设项目的环境影响评价

知识点一　建设项目环境影响评价的程序

【任务描述】

了解建设项目环境影响评价工作的程序。

7－1

建设项目环境影响评价的程序

【任务分析】

为进行建设项目环境影响评价，必须掌握环境影响评价的程序，熟悉每一个阶段需要完成的工作任务，以达到进行环境影响评价的目的。

【知识链接】

环境影响评价工作一般分为三个阶段，前期准备、调研和工作方案阶段，分析论证和预测评价阶段，环境影响评价文件编制阶段。

7－2

建设项目环境影响评价的程序

一、前期准备、调研和工作方案阶段

环境影响评价的第一阶段，主要完成以下工作内容：接受环境影响评价委托后，首先要研究国家和地方有关水环境保护的法律法规、政策、标准及相关规划等文件，确定环境影响评价的类型。在研究相关技术文件和其他有关文件的基础上，进行初步的工程分析，同时开展初步的环境状况调查及公众意见调查。结合初步工程分析结果和环境现状资料，可以识别建设项目的环境影响因素，筛选主要的环境影响评价因子，明确评价重点和环境保护目标，确定环境影响评价的范围、评价工作等级和评价标准，最后制定工作方案。

二、分析论证和预测评价阶段

环境影响评价的第二个阶段，主要工作是进一步的工程分析，进行充分的环境现状调查、监测并开展水环境质量现状评价，之后根据污染源强和环境现状资料进行建设项目的环境影响预测，评价建设项目的水环境影响，并开展公众意见调查。

若建设项目需要进行多个厂址必选，则需要对各个厂址分别进行预测和评价，并从环境保护角度推荐最佳厂址方案；如果对原选厂址得出了否定的结论，则需要对新选厂址重新进行水环境影响评价。

三、环境影响评价文件编制阶段

环境影响评价第三阶段，其主要工作是汇总、分析第二阶段工作所得的各种资料、数据，根据建设项目的环境影响、法律法规和标准等的要求以及公众的意愿，提出减少环境污染和生态影响的环境管理措施和工程措施。从环境保护的角度确定项目建设的可行性，给出评价结论和提出进一步减缓水环境影响的建议，并最终完成环境影响报告书或报告表的编制。

环境影响评价工作程序可用图 7-1 表示。

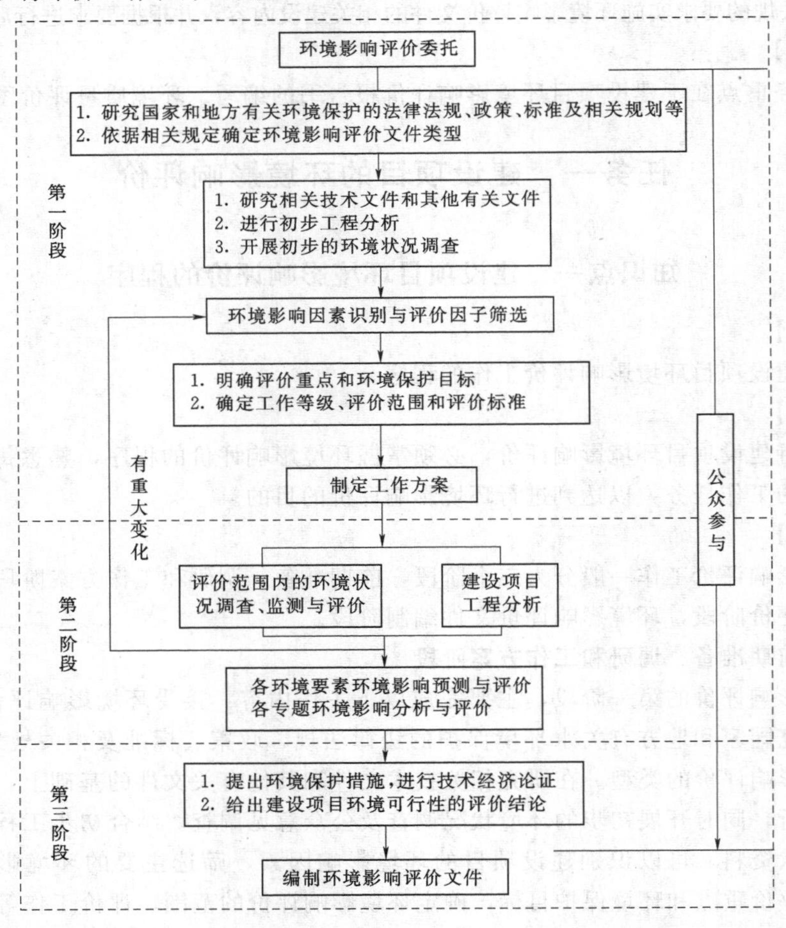

图 7-1　环境影响评价工作程序

【任务准备】

在实训室准备编制建设项目环境影响评价程序文件，制订工作计划。

【任务实施】

学生要了解建设项目环境影响评价程序，熟悉每个阶段需要做的工作，然后根据工作内容制订计划，为后续工作的实施制定方案。

【思考题与习题】

1. 简述环境影响评价的第一阶段的主要工作内容。

2. 简述环境影响评价的第二阶段的主要工作内容。

知识点二　建设项目环境影响评价文件的类型及编制要点

【任务描述】

了解建设项目环境影响评价文件的类型以及编制的要点。

7-3

建设项目环境影响评价文件的类型及编制要点

【任务分析】

建设项目环境影响评价文件是建设项目环境影响评价工作的集中体现，因此必须熟悉环境影响评价文件的类型，能够根据工作任务正确判断出应该编制的文件类型，熟练掌握每种文件的编制要求，以能够达到编制环境影响评价文件的目的。

【知识链接】

一、建设项目环境影响评价文件的类型

7-4

建设项目环境影响评价文件的类型及编制要点

根据《建设项目环境影响评价分类管理名录》（环境保护部令第44号，2018年修正版）的规定，根据建设项目对环境的影响程度，对建设项目的环境影响评价实施分类管理。建设单位应当按照下列规定组织编制环境影响评价文件：

（1）建设项目对环境可能造成重大影响的，应当编制环境影响报告书，对产生的环境影响进行全面的、详细的评价。对环境可能造成重大影响的项目是指：

1）原料、产品或生产过程中涉及的污染物种类多、数量大或毒性大、难以在环境中降解的项目。

2）可能造成生态系统结构重大变化、重要生态功能改变或生物多样性明显减少的项目。

3）可能对脆弱生态系统产生较大影响或可能引发和加剧自然灾害的项目。

4）容易引起跨行政区环境影响纠纷的建设项目。

5）所有流域开发、开发区建设、城市新区建设和旧区改建等区域性开发活动或建设项目。

（2）建设项目对环境可能造成轻度影响的，应当编制环境影响报告表，对产生的环境影响进行分析或者专项评价。对环境可能造成轻度影响的项目是指：

1）污染因素单一，而且污染物种类少、产生量小或毒性较低的建设项目。

2）对地形、地貌、水文、土壤、生物多样性等有一定影响，但不改变生态系统结构和功能的建设项目。

3）基本不对环境敏感区造成影响的小型建设项目。

（3）建设项目对环境影响很小，不需要进行环境影响评价的，应当填报环境影响

登记表。该类项目指的是：

1）基本不产生废水、废气、废渣、粉尘、恶臭、噪声、震动、热污染、放射性、电磁波等不利环境影响的建设项目。

2）基本不改变地形、地貌、水文、土壤、生物多样性等，不改变生态系统结构和功能的建设项目。

3）不对环境敏感区造成影响的小型建设项目。

需要指出的是，《环境影响评价技术导则 总纲》（HJ 2.1—2011）中所指环境影响评价文件包括建设项目环境影响报告书和建设项目环境影响评价报告表，不包括环境影响登记表。

二、环境影响评价文件的编制

1. 编制的总体要求

（1）环境影响评价文件应概括地反映环境影响评价的全部工作，环境现状调查应全面、深入，主要环境问题应阐述清楚，重点突出，论点应明确，环境保护措施应可行、有效，评价结论应明确。

（2）文字应简洁、准确，文本应规范，计量单位应标准化，数据可靠，资料应翔实，并尽量采用能反映需求信息的图表和照片。

（3）资料表述应清楚，利于阅读和审查，相关数据、应用模式需编入附录，并说明引用来源；所参考的主要文献应注意时效性，并列出目录。

（4）跨行业建设项目的环境影响评价，或评价内容较多时，其环境影响报告书中各专项评价根据需要可繁可简，必要时，其重点专业评价应另编专项评价分报告，特殊技术问题另编专题技术报告。

2. 编制要点

环境影响评价文件是环境影响评价工作的基本成果，是环境影响评价承担单位向其委托单位——工程建设单位或其主管单位提交的工作文件。

经生态环境主管部门审查批准的环境影响报告书，是计划部门和建设项目主管部门审批建设项目可行性研究报告或设计任务书的重要依据，是领导部门对建设项目作出正确决策主要依据的技术文件之一，也是设计建设单位进行环境保护设计和管理的重要参考文件，并具有一定的指导意义，它对建设单位在工程竣工后进行环境管理有重要的指导作用。因此，必须认真编写环境影响评价文件。

（1）环境影响登记表。建设项目环境影响登记表主要包括项目内容及规模，原辅材料（包括名称、用量）及主要设施规格、数量（包括锅炉、发电机等），水及能源消耗，废水（工业废水、生活废水）排水量及排放去向，周围环境简况（可附图说明），生产工艺流程简述，与项目有关的老污染源情况，拟采取的防治措施（包括建设期、营运期及原有污染治理）等内容。

（2）环境影响报告表。建设项目环境影响报告表主要包括建设项目基本情况、建设项目所在地自然环境社会环境简况、环境质量状况、评价适用标准、建设项目工程分析、项目主要污染物产生及预计排放情况、环境影响分析、建设项目拟采取的防治措施及预期治理效果、结论与建议等内容。

（3）环境影响报告书。建设项目环境影响报告书主要包括前言、总则、建设项目概况与工程分析、环境现状调查与评价、环境影响预测与评价、社会环境影响评价、环境风险评价、环境保护措施及其经济、技术论证、清洁生产分析和循环经济、污染物排放总量控制、环境影响经济损益分析、环境管理与环境监测、公众意见调查、方案比选、结论及建议、附录和附件等内容。

【任务准备】

拟定某个建设项目的基本情况。

【任务实施】

根据拟定的建设项目的基本情况，学生判断需要编制的环境影响评价类型，制定编制文件的提纲。

【思考题与习题】

1. 简述环境影响评价文件的主要类型。
2. 简述环境影响评价文件编制的总体要求。
3. 环境影响报告书的主要内容是什么？

知识点三　建设项目环境影响评价文件报批和审批

【任务描述】

了解建设项目环境影响评价文件的报批和审批程序。

建设项目环境影响评价文件报批和审批

【任务分析】

建设项目的环境影响评价制度是环境管理的一项基本制度，要熟悉环境影响文件报批和审批的程序，以便能够有效实施环境影响评价文件。

建设项目环境影响评价文件报批和审批

【知识链接】

一、建设项目环境影响评价文件报批

建设单位应在建设项目可行性研究阶段报批建设项目环境影评价文件。但是，铁路、交通等建设项目，经有审批权的环境保护行政主管部门同意，可以在初步设计完成前报批环境影响评价文件（不含登记表）。

按照国家的有关规定，不需要进行可行性研究的建设项目，建设单位应当在建设项目开工前报批建设项目的环境影响评价文件。其中，需要办理营业执照的，建设单位应当在办理营业执照前报批建设项目环境影响评价文件（含登记表）。

二、审批时限

建设项目的环境影响评价文件，由建设单位按照国务院的规定报有审批权的环境保护行政主管部门审批；建设项目有行业主管部门的，其环境影响报告书或环境影响报告表应当经行政主管部门预审后，报有审批权的环境保护行政主管部门审批。

海岸工程建设项目的环境影响报告书经海洋行政主管部门提出审核意见后，报环境保护行政主管部门审批。环境保护行政主管部门在批准环境影响报告书之前，必须征求海事、渔业行政主管部门和军队生态环境部门的意见。

审批部门应当自收到环境影响报告书之日起60日内，收到环境影响报告表之日起

30 日内，收到环境影响登记卡之日起 15 日内，分别做出审批决定并书面通知建设单位。

预审、审核、审批建设项目环境影响评价文件，不得收取任何费用。

三、重新报批和重新审核

建设项目的环境影响评价文件经批准后，建设项目的性质、规模、地点、采用的生产工艺或者防治污染、防止生态破坏的措施发生重大变动的，建设单位应当重新报批建设项目的环境影响评价文件。

建设项目的环境影响评价文件自批准之日起超过五年，方决定该项目开工建设的，其环境影响评价文件应当报原审批部门重新审核；原审批部门应当自收到建设项目环境影响评价文件之日起 10 日内，将审核意见书面通知建设单位。逾期未通知的，视为审核同意。

四、分级审批

（1）国务院环境保护行政主管部门负责审批下列建设项目的环境影响评价文件：

1）核设施、绝密工程等特殊性质的建设项目。

2）跨省、自治区、直辖市行政区的建设项目。

3）由国务院审批的或者由国务院授权有关部门审批的建设项目。

以上规定以外建设项目的环境影响评价文件的审批权限，由省、自治区、直辖市人民政府规定。建设项目可能造成跨行政区域的不良环境影响，有关环境保护行政主管部门对该项目的环境影响评价结论有争议的，其环境影响评价文件由共同的上一级环境保护行政主管部门审批。

（2）省级环境保护行政主管部门根据以下原则提出建设环境影响评价文件的分级审批或调整的建议：

建设项目环境影响评价文件的分级审批权限，原则上是按照建设项目的审批、核准和备案权限及建设项目对环境的影响性质和程度确定。

有色金属冶炼及矿山开发、钢铁加工、电石、铁合金、焦炭、垃圾焚烧及发电、制浆等对环境可能造成重大影响的建设项目环境影响评价文件由省级生态环境部门负责审批。

化工、造纸、电镀、印染、酿造、味精、柠檬酸、酶制剂、酵母等污染较重的建设项目环境影响评价文件由省级或地市级生态环境部门负责审批。

法律和法规关于建设项目环境影响评价文件分级审批管理另有规定的，按照有关规定执行。

【任务准备】

拟设定一系列的环境影响评价文件。

【任务实施】

根据环境影响评价的类型，按照分级审批的程序，确定审批的部门及时间。

【思考题与习题】

1. 建设项目环境影响评价文件的报批是什么时候？

2. 建设项目环境影响评价文件的审批时限是多久？

3. 什么情况下的建设项目环境影响评价文件需要重新报批和重新审核？

知识点四 建设项目环境影响评价文件的实施及后评价

【任务描述】

了解建设项目实施环境保护的对策，了解建设项目环境风险防范和风险评价的要求，熟悉建设项目环境影响后评价。

7-7

建设项目环境影响评价文件的实施及后评价

7-8

建设项目环境影响评价文件的实施及后评价

【任务分析】

建设项目的环境影响评价制度是环境管理的一项基本制度，要熟悉环境影响文件报批和审批的程序，以便能够有效实施环境影响评价文件。

【知识链接】

一、建设项目实施环境保护对策

建设项目建设过程中，建设单位应当同时实施环境影响报告书、环境影响评价报告表以及环境影响评价文件审批部门审批意见中提出的环境保护对策措施。

建设项目需要配套建设的环境保护设施，必须与主体工程同时设计、同时施工、同时投入使用。

建设项目的初步设计，应当按照环境保护设计规范的要求，编制环境保护篇章，并依据经批准的建设项目环境影响报告书或者环境影响报告表，在环境保护篇章中落实防治环境污染和生态破坏的措施以及环境保护设施投资概算。

建设项目的主体工程完工后，需要进行试生产的，其配套建设的环境保护设施必须与主体工程同时投入试运行。

二、建设项目环境风险防范和风险评价

1. 充分认识防范环境风险的重要性，进一步加强环境影响评价管理

对重点行业建设项目，应进一步加强环境影响评价管理，针对环境影响评价文件编制与审批、工程设计与施工、试运行、竣工环保验收等各个阶段实施全过程监管，强化环境风险防范及应急管理要求。其他存在易燃易爆、有毒有害物质（如危险化学品、危险废物、挥发性有机物、重金属等）的建设项目，其环境管理工作可参照相关规定执行。

建设单位及其所属企业是环境风险防范的责任主体，应建立有效的环境风险防范与应急管理体系并不断完善。环评单位要加强环境风险评价工作，并对环境影响评价结论负责；环境监理单位要督促建设单位按环评及批复文件要求建设环境风险防范设施，并对环境监理报告结论负责；验收监测或验收调查单位要全面调查环境风险防范设施建设和应急措施落实情况，并对验收监测或验收调查结论负责。各级环保部门要严格建设项目环境影响评价审批和监管，在环境影响评价文件审批中对环境风险防范提出明确要求。

2. 严格建设项目环境影响评价管理，强化环境风险评价

建设项目环境风险评价是相关项目环境影响评价的重要组成部分。新、改、扩建相关建设项目环境影响评价应按照相应技术导则要求，科学预测评价突发性事件或事故可能引发的环境风险，提出环境风险防范和应急措施。

改、扩建相关建设项目应按照现行环境风险防范和管理要求，对现有工程的环境

风险进行全面梳理和评价，针对可能存在的环境风险隐患，提出相应的补救或完善措施，并纳入改、扩建项目“三同时”验收内容。

对存在较大环境风险的相关建设项目，应严格按照相关规定做好环境影响评价公众参与工作。项目信息公示等内容中应包含项目实施可能产生的环境风险及相应的环境风险防范和应急措施。

环境风险评价结论应作为相关建设项目环境影响评价文件结论的主要内容之一。无环境风险评价专章的相关建设项目环境影响评价文件不予受理；经论证，环境风险评价内容不完善的相关建设项目环境影响评价文件不予审批。

环保部门在相关建设项目环境影响评价文件审批中，对存在较大环境风险隐患的，应提出环境影响后评价的要求。相关建设项目的环境影响评价文件经批准后，环境风险防范设施发生重大变动的，建设单位应按《环境影响评价法》（2018 年修正版）要求重新办理报批手续。

建设项目的环境风险防范设施和应急措施是企业环境风险防范与应急管理体系的组成部分，也是企业制定和完善突发环境事件应急预案的基础。企业突发环境事件应急预案的编制、评估、备案和实施等，应按相关规定执行。

三、建设项目环境影响后评价

在项目建设、运行过程中产生不符合经审批的环境影响评价文件的情形的，建设单位应当组织环境影响后评价，采取改进措施，并报原环境影响评价文件审批部门和建设项目审批部门备案；原环境影响评价文件审批部门也可以责成建设单位进行环境影响的后评价，采取改进措施。

【任务准备】

准备相关案例。

【任务实施】

根据不同的案例，分析影响评价文件的实施和后评价。

【思考题与习题】

1.“三同时”的含义是什么？

2. 什么样的建设项目需要进行后评价？

知识点五　建设项目环境影响评价的法律责任

【任务描述】

了解建设单位及其工作人员的法律责任，了解环评机构的法律责任，了解预审、审核、审核部门及其工作人员的法律责任。

【任务分析】

环评机构应依法编制建设项目环境影响评价文件，建设单位及其工作人员应依法报批建设项目环境影响评价文件，预审、审核、审批部门及其工作人员依法审批建设项目环境影响评价文件。

【知识链接】

一、建设单位及其工作人员的法律责任

建设单位未依法报批建设项目环境影响评价文件，或者未依照相关规定重新报批或者报请重新审核环境影响评价文件，擅自开工建设的，由有权审批该项目环境影响评价文件的环境保护行政主管部门责令停止建设，限期补办手续；逾期不补办手续的，可以处以相应的罚款，对建设单位直接负责的主管人员和其他直接责任人员，依法给予行政处分。

7-9

建设项目环境影响评价的法律责任

建设项目环境影响评价文件未经批准或者未经原审批部门重新审核同意，建设单位擅自开工建设的，由有权审批该项目环境影响评价文件的环境保护行政主管部门责令停止建设，可以处以相应的罚款，对建设单位直接负责的主管人员和其他直接责任人员，依法给予行政处分。

7-10

建设项目环境影响评价的法律责任

建设单位未依法备案建设项目环境影响登记表的，由县级以上环境保护行政主管部门责令备案，处五万元以下的罚款。

海洋工程建设项目的建设单位有以上违法行为的，依照《中华人民共和国海洋环境保护法》的规定处罚。

二、环评机构的法律责任

接受委托为建设项目环境影响评价提供技术服务的机构在环境影响评价工作中不负责任或者弄虚作假，致使环境影响评价文件失实的，由授予环境影响评价资质的环境保护行政主管部门降低其资质等级或者吊销其资质证书，并处所收费用一倍以上三倍以下的罚款；构成犯罪的，依法追究刑事责任。

三、预审、审核、审批部门及其工作人员的法律责任

建设项目依法应当进行环境影响评价而未评价，或者环境影响评价文件未经依法批准，审批部门擅自批准该项目建设的，对直接负责的主管人员和其他直接责任人员，由上级机关或者监督监察机关依法给予行政处分；构成犯罪的，依法追究刑事责任。

负责预审、审核、审批建设项目环境影响评价文件的部门在审批中收取费用的，由其上级机关或者监察机关责令退还；情节严重的，对直接负责的主管人员和其他直接责任人员依法给予行政处分。

环境保护行政主管部门或者其他部门的工作人员徇私舞弊，滥用职权，玩忽职守，违法批准建设项目环境影响评价文件的，依法给予行政处分；构成犯罪的，依法追究刑事责任。

【任务准备】

准备相关案例。

【任务实施】

根据不同的案例，分析建设项目环境影响评价的法律责任主体。

【思考题与习题】

1. 简述建设单位及其工作人员的法律责任。

2. 简述预审、审核、审批部门及其工作人员的法律责任。

任务二　环境质量评价图的绘制

【任务描述】

了解环境质量图的分类，熟悉各种类型的环境质量图的绘制。

7-11

环境质量评价图的绘制

7-12

环境质量评价图的绘制

【任务分析】

为了使环境影响评价更为形象、直观，易于理解，能够绘制各种类型的环境质量评价图，以增加环境影响评价文件的可读性。

【知识链接】

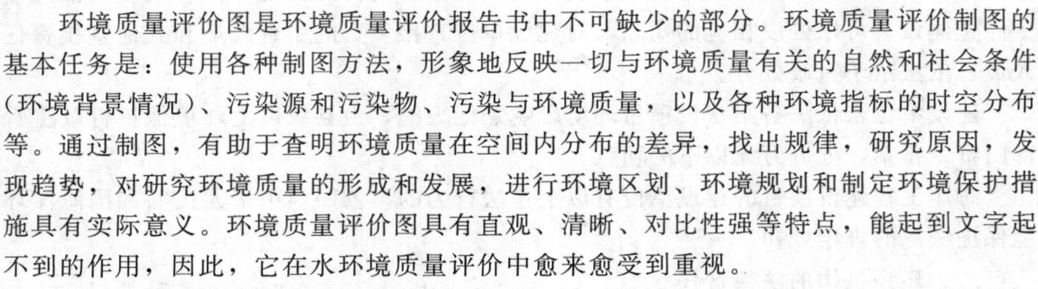

环境质量评价图是环境质量评价报告书中不可缺少的部分。环境质量评价制图的基本任务是：使用各种制图方法，形象地反映一切与环境质量有关的自然和社会条件（环境背景情况）、污染源和污染物、污染与环境质量，以及各种环境指标的时空分布等。通过制图，有助于查明环境质量在空间内分布的差异，找出规律，研究原因，发现趋势，对研究环境质量的形成和发展，进行环境区划、环境规划和制定环境保护措施具有实际意义。环境质量评价图具有直观、清晰、对比性强等特点，能起到文字起不到的作用，因此，它在水环境质量评价中愈来愈受到重视。

一、环境质量评价图的分类

环境质量评价图是环境质量评价的基本表达方式和手段。环境质量评价图有各种类型，其分类如下。

按环境要素可分为：大气环境质量评价图、水环境（地表水、地下水、湖泊、水库）质量评价图、土壤环境质量评价图等。

按区域类型可分为：城市环境质量评价图、流域环境质量评价图、海域环境质量评价图、农业区域环境质量评价图、风景浏览区环境质量评价图、区域环境质量评价图。

按环境质量评价图的性质分为：普通图、环境质量评价地图。

二、环境质量评价地图

凡是以地理地图为底图的环境质量评价图统称为环境质量评价地图。它是环境质量评价所独有的图，专门为表示环境质量评价各参数的时空分布而设计的。

环境质量评价地图包括以下几方面。

(1) 环境条件地图：包括自然条件和社会条件两个方面的内容。

(2) 环境污染现状地图：包括污染源分布图、污染物分布（或浓度分布）图、主要污染源和污染物评价图等。

(3) 环境质量评价图：包括污染物污染指数图、单项环境质量评价图、环境质量综合评价图。

(4) 环境质量影响地图：包括人和生物的影响。

(5) 环境规划地图。

1. 符号法

用一定形状或颜色的符号表示环境现象的不同性质、特征等。各种专业符号如果不用符号的大小表示某种特征的数量关系，则应保持符号大小一致；有量值大小区别时，其符号大小或等级差别应做到既明显，又不过分悬殊，使整幅图美观、大方、匀称。凡中、小比例尺图，符号的定位应做到相对准确。凡大比例尺图，应按下列规定，做到准确定位。

（1）凡用各种几何图形（圆形、正方形、长方形、正三角形、菱形、正五边形、正六边形、星形等）定位时，以图形的中心作为实地中心位置。

（2）凡用宽底符号（烟囱、古塔、墓葬、石刻等）定位时，以底线中心位置表明实地位置。

（3）凡用线状符号（铁路、公路、管道、渠道等）定位时，以符号中心线表示实际位置。

（4）用其他不规则符号定位时，以中心点为实地位置。

如有标记号，则应标注在符号的右下角，如图 7-2 所示。

图 7-2 图形标记号

2. 定位图表法

定位图表法是在确定的地点或各地区中心用图表示该地点或该地区某些环境特征。此法适用于编制采样点上各种污染物浓度值或污染指数值、风向频率图、各区工业构成图等（图 7-3）。

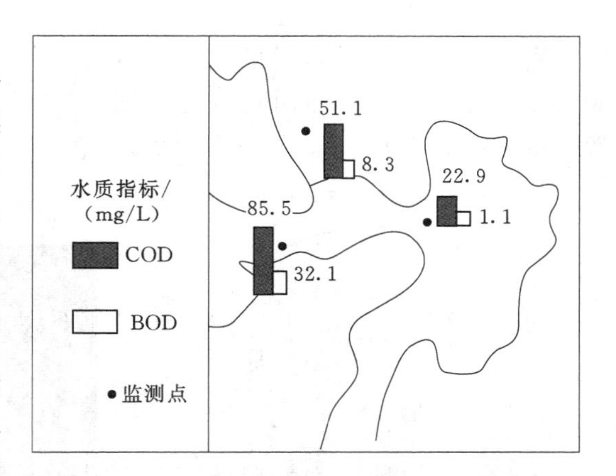

图 7-3 河流湖泊监测点上的水质污染

3. 类型图法

根据某些指标，对具有相同指标的区域用一种晕线或颜色表示，对具有不同指标的各个环境区域用不同晕线或颜色表示。此方法适用于编制土地利用现状、各种环境要素（如地形、土壤、植被等）类型图、河流水质图、交通噪声图、环境区划图等，如图 7-4 所示。

4. 等值线法

利用一定的观测资料或调查资料，内插出等值线，用来表示某种属性在空间内的连续分布和渐变的环境现象。它是在环境质量评价制图中常用的方法，主要用于编制

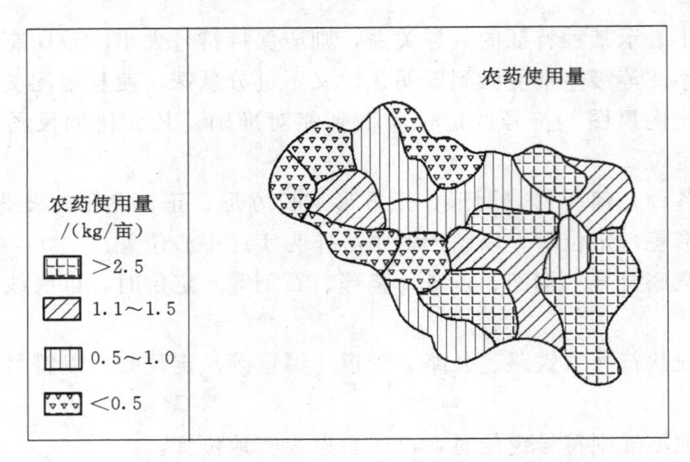

图 7-4　类型图

温度等值线图、各种污染物的等浓度线图（图 7-5）或等指数线图。

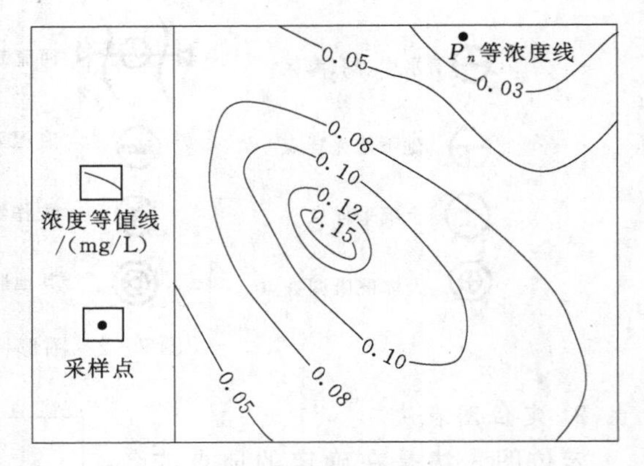

图 7-5　等浓度线图

三、环境质量评价中的普通图

普通图不是环境质量评价所特有的，是各科学、各种技术中通用的。环境质量评价中的普通图主要是在分析各种资料数据时，为了便于说明数据之间的内在联系、相对关系而采用。

1. 分配图表

用于表示分量和总量的比例，有圆形图、方形图等，即用百分比的图形表示法，如图 7-6、图 7-7 所示。

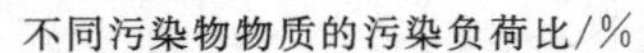

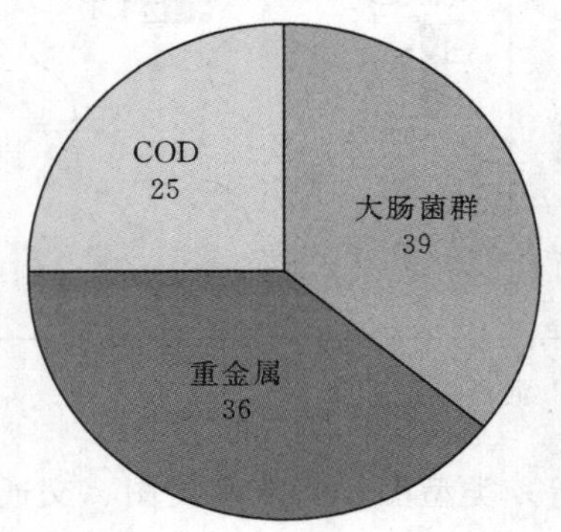

图 7-6　圆形分配图

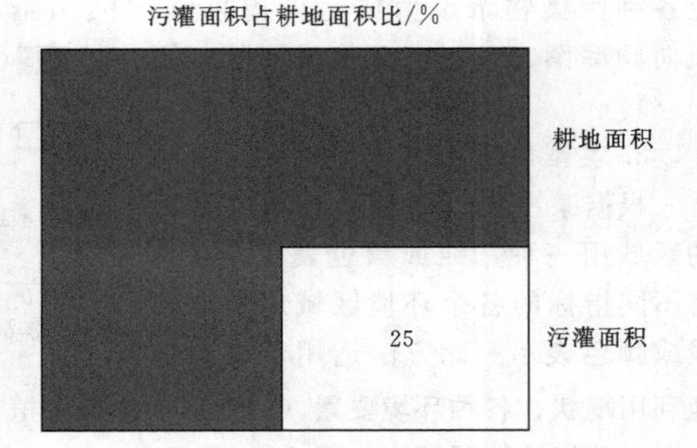

图 7-7　方形分配图

2. 时间变化图

常用曲线图表示各种污染物浓度、环境要素在时间上的变化，如日变化、季变化

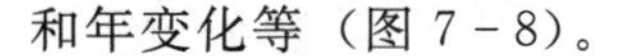
和年变化等（图 7-8）。

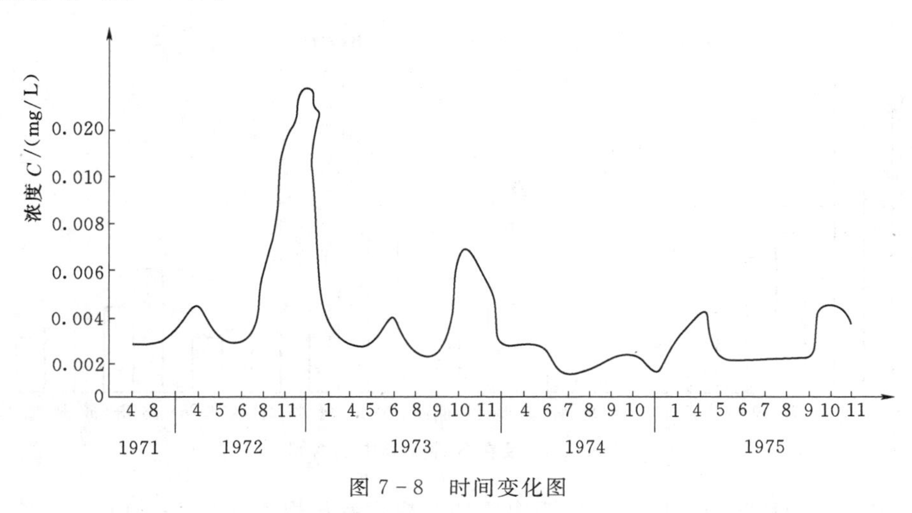

图 7-8　时间变化图

3. 相对频率图

污染物浓度测定值常在一个范围内变动，可用平均值法、某一保证频率下的取值法等来取该数值，再利用求出的数值绘制相对频率图，常用的相对频率图还有风向频率玫瑰图、风速频率玫瑰图等（图 7-9）。

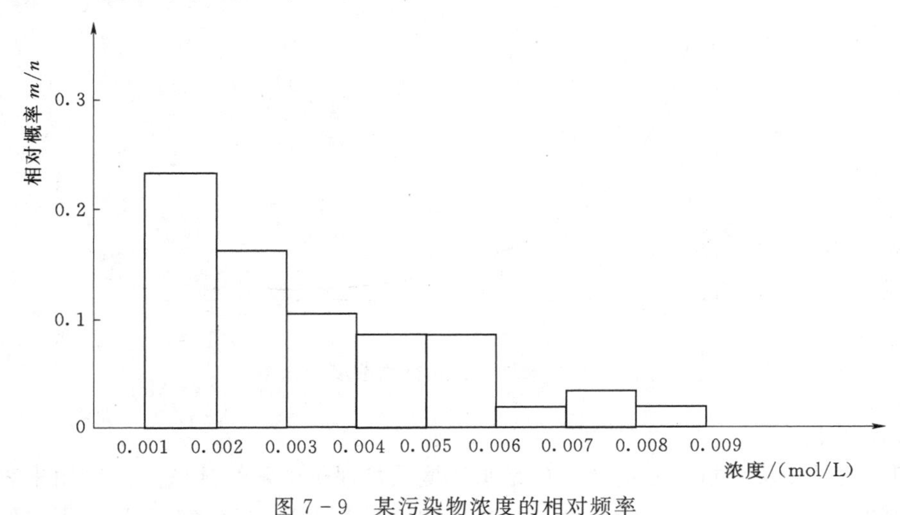

图 7-9　某污染物浓度的相对频率

4. 累积图

累积图是表示污染物在不同空间（地点、生物体内）的累积量，一般以累积量与时间的关系表示。在同一生物体内各部位累积量可以用毒物累积图表示，如图 7-10 所示。

5. 过程线图

过程线图表示某污染物在运动的进程中，其污染量（或浓度）随距离变化的关系，或污染量（或浓度）随时间的变化关系，在环境调查中，常需研究污染物的自净

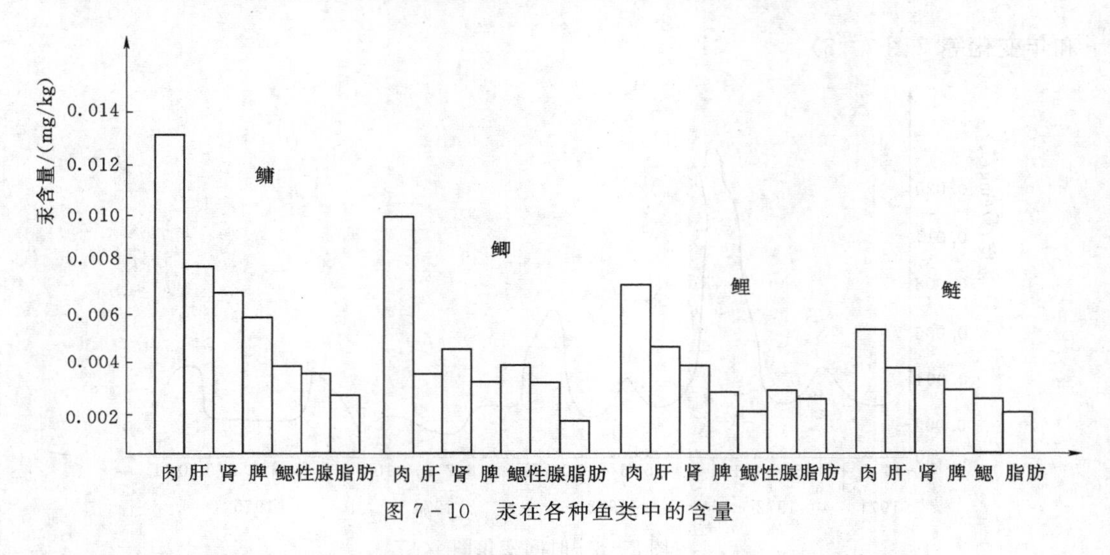

图 7-10　汞在各种鱼类中的含量

过程。如污染物从排出口随着水域距离增加的浓度变化规律（图 7-11）。

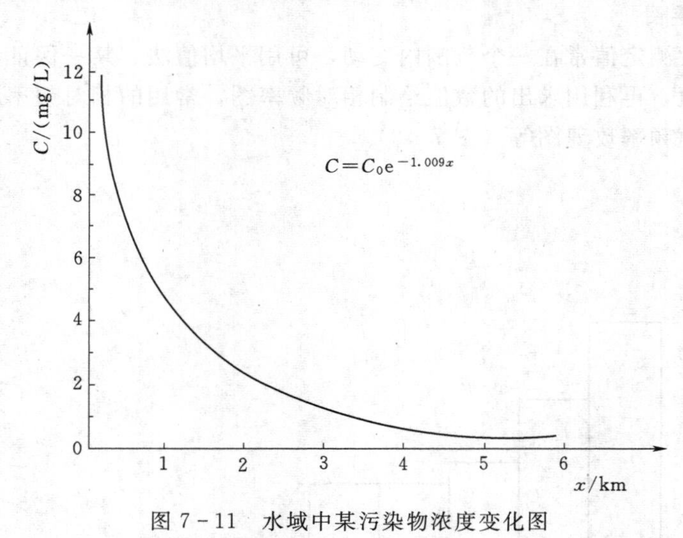

图 7-11　水域中某污染物浓度变化图

6. 相关图

相关图是相关分析必绘的图，也是水环境质量评价中常绘的图，一般用来表示现象之间的相关联系，如污染物浓度与某些事物的相关关系、污染物含量与人体健康相关图、污染物浓度变化与环境要素间的相关图（图 7-12）。

应该指出的是，图表的绘制是为了说明水环境质量评价服务的，它的取舍应以既说明问题又明确精练为原则，不应以追求图的多样性为目的。

【任务准备】

准备相关环境监测、环境污染数据及案例。

【任务实施】

根据不同的数据及案例，绘制环境质量评价图。

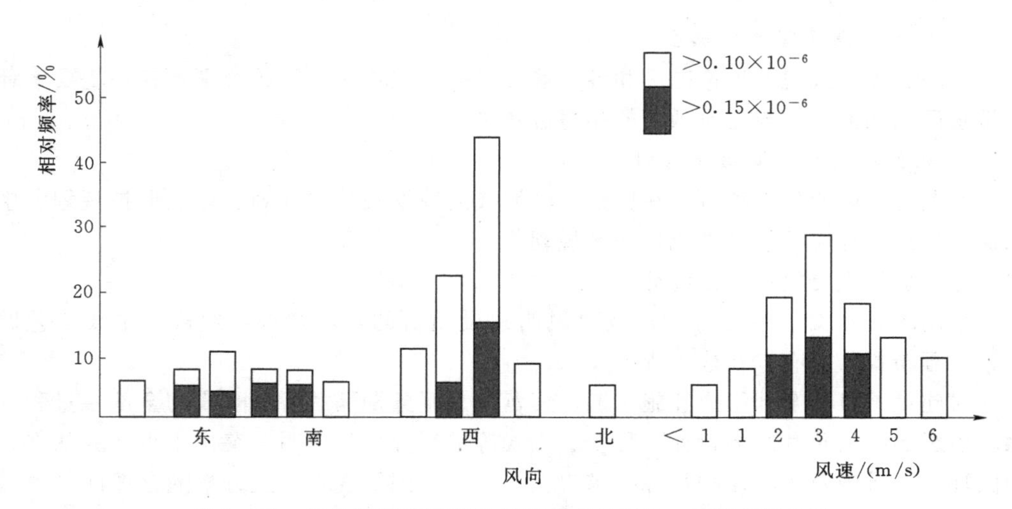

图7-12　氧化剂高浓度出现相对频率与风向、风速之间关系

【思考题与习题】

1. 环境质量评价地图的类型有哪些?

2. 环境质量评价中的普通图的类型有哪些?

任务三　编制水环境影响评价报告书

【任务描述】

熟悉水环境影响评价报告书的编制步骤。

【任务分析】

水环境影响评价报告书是水环境影响评价的最终工作成果，通过学习环境影响评价报告书的步骤和内容，最终能够编制水环境影响评价报告书。

编制水环境影响评价报告书

编制水环境影响评价报告书

【知识链接】

一、前言

简要说明建设项目的特点、环境影响评价的工作过程、关注的主要环境问题及环境影响报告书的主要结论。

二、总则

1. 编制依据

编制依据必须包括建设项目应执行的相关法律法规、相关政策及规划、相关导则及技术规范、有关技术文件和工作文件，以及水环境影响报告书编制中引用的资料等。

2. 评价因子与评价标准

分列现状评价因子和预测评价因子，给出各评价因子所执行的水环境质量标准、排放标准、其他有关标准及具体限值。

3. 评价工作等级和评价重点

说明各专项评价工作等级，明确重点评价内容。

4. 评价范围及环境敏感区

以图、表形式说明评价范围和各环境要素的环境功能类别或级别，各环境要素环境敏感区和功能及其与建设项目的相对位置关系等。

5. 相关规划及环境功能区划

附图列表说明建设项目所在城镇、区域或流域发展总体规划、环境保护规划、生态保护规划、环境功能区划或保护区规划等。

三、建设项目概况与工程分析

采用图表及文字结合方式，概要说明建设项目的基本情况、组成、主要工艺路线、工程布置与原有、在建工程的关系。

对建设项目的全部组成和施工期、运营期、服务期满后所有时段的全部性过程的水环境影响因素及其影响特征、程度、方式等进行分析与说明，突出重点；并从保护周围环境、景观及环境保护目标要求出发，分析总图及规划布置方案的合理性。

四、水环境现状调查与评价

根据当地水环境特征、建设项目特点和专项评价设置情况、从自然环境、社会环境、水环境质量和区域污染源等方面选择相应内容进行现状调查与评价。

五、水环境影响预测与评价

给出预测时段、预测内容、预测范围、预测方法及预测结果，并根据水环境质量标准或评价指标对建设项目的水环境影响进行评价。

六、社会环境影响评价

明确建设项目可能产生的社会环境影响，定量预测或定性描述社会环境影响评价因子的变化情况，提出降低影响的对策与措施。

七、水环境风险评价

根据建设项目环境风险识别、分析情况，给出环境风险评估后果、环境风险的可接受程度，从环境风险角度论证建设项目的可行性，提出具体可行的风险防范措施和应急预案。

八、水环境保护措施及其经济、技术论证

明确建设项目拟采取的具体水环境保护措施。结合水环境影响评价结果，论证建设项目拟采取水环境保护措施的可行性，并按技术先进、适用、有效的原则，进行多方案比选，推荐最佳方案。

按工程实施不同时段，分别列出其水环境保护投资额，并分析其合理性。给出各项措施及投资估算一览表。

九、清洁生产分析和循环经济

量化分析建设项目清洁生产水平，提高资源利用率、优化废物处置途径，提出节能、降耗、提高清洁生产水平的改进措施与建议。

十、污染物排放总量控制

根据国家和地方总量控制要求、区域总量控制的实际情况和建设项目主要污染物排放指标分析情况，提出污染物排放总量控制指标建议和满足指标要求的水环境保护措施。

十一、环境影响经济损益分析

根据建设项目水环境影响所造成的经济损失与效益分析结果，提出补偿措施与建议。

十二、水环境管理与水环境监测

根据建设项目环境影响情况，提出设计期、施工期、运营期的水环境管理及监测计划要求，包括水环境管理制度、结构、人员、监测点位、监测时间、监测频次、监测因子等。

十三、公众意见调查

给出采取的调查方式、调查对象、建设项目的水环境影响信息、拟采取的环境保护措施、公众对环境保护的主要意见、公众意见的采纳情况等。

十四、方案比选

建设项目的选址、选线和规模，应从是否与规划相协调、是否符合法规要求、是否满足环境功能区要求、是否影响环境敏感区或造成重大资源经济和社会文化损失等方面进行环境合理性论证。如要进行多个厂址或选线方案的优选时，应从各选址或选线方案的环境影响进行全面比较，从环境保护角度出发，提出选址、选线意见。

十五、结论及建议

水环境影响评价的结论是全部评价工作的结论，应在概况全部评价工作的基础上，简洁、准确、客观地总结建设项目实施过程各阶段的生产和生活活动与当地环境的关系，明确一般情况下和特定情况下的水环境影响，规定采取的环境保护措施，从环境保护的角度分析，得出建设项目是否可行的结论。

水环境影响评价结论一般应包括建设项目的建设概况、水环境现状与主要水环境问题、水环境影响预测与评价结论、建设项目建设的环境可行性、结论与建议等内容，可有针对性地选择其中的全部或部分内容进行编写。环境可行性结论应从与法规政策及相关规划一致性、清洁生产和污染物排放水平、水环境保护措施可靠性和合理性、达标排放稳定性、公众参与接受性等方面分析得出。

十六、附录和附件

将建设项目依据文件、评价标准和污染物排放总量批复文件、引用文献资料、原燃料品质等必要的有关文件、资料附在环境影响报告书后。

(1) 附件主要有建设项目建议书及其批复，评价大纲及其批复。

(2) 在图、表特别多的报告中可编制附图分册，一般情况下不另编附图分册。若缺少某图对理解报告书内容有较大困难时，该图应编入报告中，不入附图。

(3) 参考文献应给出作者、文献名称、出版单位、版次、出版日期等。

【任务准备】

相关法律法规、相关政策及规划、相关导则及技术规范、有关技术文件和工作文件。

【任务实施】

根据水环境影响评价的工作步骤和内容要求，编制水环境影响评价报告书。

【思考题与习题】

1. 环境影响报告书的主要内容有哪些？

2. 环境影响报告书的结论包含哪些内容？

参 考 文 献

[1] 崔树军. 环境监测 [M]. 北京：中国环境出版社，2014.

[2] 姚运先. 水环境监测 [M]. 北京：化学工业出版社，2013.

[3] 张宝军. 水环境监测与评价 [M]. 北京：高等教育出版社，2008.

[4] 汪葵，吴奇. 环境监测 [M]. 上海：华东理工大学出版社，2013.

[5] 王鹏. 环境监测 [M]. 北京：中国建筑工业出版社，2011.

[6] 姜洪文，陈淑刚. 化验室组织与管理 [M]. 北京：化学工业出版社，2014.

[7] 环境保护部环境工程评估中心. 环境影响评价技术导则与标准 [M]. 北京：中国环境出版社，2014.

[8] 环境保护部环境工程评估中心. 环境影响评价相关法律法规 [M]. 北京：中国环境出版社，2014.

[9] 环境保护部环境工程评估中心. 环境影响评价技术方法 [M]. 北京：中国环境出版社，2014.

[10] 环境保护部科技标准司. HJ 610—2017 环境影响评价技术导则　地下水环境 [S]. 北京：中国环境出版社，2017.

[11] 环境保护部科技标准司. HJ 213—2018 环境影响评价技术导则　地表水环境 [S]. 北京：中国环境出版社，2019.

[12] 环境保护部科技标准司. HJ 2.1—2016 环境影响评价技术导则　总纲 [S]. 北京：中国环境出版社，2016.

[13] 中国环境监测总站. HJ/T 91—2002 地表水和污水监测技术规范 [S]. 北京：中国环境出版社，2002.

[14] 中国环境监测总站. HJ/T 164—2020 地下水环境监测技术规范 [S]. 北京：中国环境出版社，2020.

[15] 刘晓冰. 环境影响评价 [M]. 北京：中国环境出版社，2014.